普通高等教育"十一五"国家级规划教材　高等院校

The C Programming Language (6th Edition)

C语言
程序设计教程

| 第6版 |

李丽娟◎主编

人民邮电出版社

北　京

图书在版编目（CIP）数据

C 语言程序设计教程 / 李丽娟主编. -- 6 版.
北京 ： 人民邮电出版社, 2025. -- （高等院校程序设计
新形态精品系列）. -- ISBN 978-7-115-66920-9

Ⅰ. TP312.8

中国国家版本馆 CIP 数据核字第 202550791B 号

内 容 提 要

　　本书以 C 语言的基本语法、语句为基础，深入浅出地讲述了 C 语言程序设计的基本概念、思想与方法。全书以程序案例为导向，采用结构化方法设计程序，通过程序案例拓宽学生的思维，引导学生自主思考，使学生逐步掌握程序设计的一般规律和方法。全书理论联系实际，突出模块化程序设计方法。

　　全书内容分为 3 个部分，共 11 章。第 1 部分为第 1、2 章，为初学者介绍入门知识，主要内容有 C 语言程序的结构，基本数据类型及取值范围，基本运算符、表达式及运算的优先级。第 2 部分为第 3～5 章，介绍程序设计的基本结构，主要内容有程序的简单算法设计、程序语句的基本控制结构。只要掌握了第 1、2 部分的内容，学生就可以完成简单的程序设计。第 3 部分为第 6～11 章，介绍模块化程序设计的概念和实现方法，主要内容有函数、数组、指针、结构体、文件、位运算等，为处理一些复杂数据提供了多种不同的方法和途径。通过对这 3 个部分内容的学习，学生能够逐步认识模块化程序设计的思想，掌握模块化程序设计的方法。

　　本书语言简洁、通俗易懂，程序案例丰富，内容叙述由浅入深，可作为高校程序设计相关课程的教材，也可供相关领域的工程技术人员参考。

◆ 主　　编　李丽娟
　　责任编辑　王　宣
　　责任印制　胡　南

◆ 人民邮电出版社出版发行　　北京市丰台区成寿寺路 11 号
　　邮编　100164　　电子邮件　315@ptpress.com.cn
　　网址　https://www.ptpress.com.cn
　　北京隆昌伟业印刷有限公司印刷

◆ 开本：787×1092　1/16
　　印张：20　　　　　　　　　2025 年 8 月第 6 版
　　字数：485 千字　　　　　　2025 年 8 月北京第 1 次印刷

定价：59.80 元

读者服务热线：(010)81055256　印装质量热线：(010)81055316
反盗版热线：(010)81055315

前言

"C 语言程序设计"是计算机类专业及其他理工类专业重要的基础课程之一。理论与实践结合是该课程的一个特点，怎样将理论知识应用于解决实际问题是学好这门课程的重点和难点。为适应我国计算机技术的应用和发展，培养学生解决实际问题的能力，编者根据多年的教学和实践经验，结合当前高等教育大众化的趋势，在分析国内外多种同类教材的基础上，编写了本书。

本书第 1 版于 2006 年出版，2009 年进行了改版。2011 年，编者对全书内容进行分离和重组，直接从函数部分开始，加入 C++语言的入门基础，出版了《C/C++语言程序设计教程——从模块化到面向对象（第 3 版）》。2012 年，编者根据教学的特点和要求，对第 3 版的内容进行了优化，出版了《C 语言程序设计教程（第 4 版）》。2019 年，编者针对第 4 版中的一些不足进行了修订，出版了《C 语言程序设计教程（第 5 版）》。

本次改版，编者在保留前几版特色的基础上，结合现代学习的特点，特别是信息化高速发展及社会对人才培养的高标准要求，对内容做了进一步的优化、补充和完善。本书通过理论联系实际，循序渐进、由浅入深地引导和启发学生的发散思维。全书将程序案例分为两种类型：一种为验证型，通过程序的运行帮助学生了解和掌握 C 语言的基础知识，加深学生对基础知识的理解和掌握；另一种为应用型，通过对实际案例问题的分析，逐步引导学生掌握思考问题和解决问题的方法。全书大部分案例后面都留有思考问题，鼓励学生对解决问题的方法举一反三，激发学生的创新思维。近几年的教学实践表明，在程序设计课程教学中引导学生使用发散思维的方法来解决问题，有利于培养学生的综合应用能力，对培养工程应用型人才是有益的。实践还表明，用流程图来表达算法，能使学生更好地理解结构化程序设计的思想，掌握 C 语言程序设计的核心方法。这些内容对各类普通高校都是适用的。

本书将 C 语言程序设计分成以下 3 个循序渐进的部分。

第 1 部分是入门基础，由第 1、2 章组成，这部分程序的语句结构主要是顺序结构。这部分主要介绍 C 语言程序的结构、数据的表达方式、基本表达式语句、C 语言程序的运行方式等，这部分内容奠定了 C 语言程序设计的基础。通过对这一部分内容的学习，学生应达到的目标是"可以设计由简单表达式语句组成的按顺序执行的程序"。

第 2 部分是程序设计的基本结构，由第 3～5 章组成，这部分程序的语句结构为分支结构和循环结构。这部分主要介绍程序设计的简单算法表示方法，以及两种重要的程序语句结构——分支结构和循环结构。这两种结构是程序设计的应用基础。通过对这一部分内容的学习，学生应充分了解分支结构和循环结构的基本规则。结合第 1 部分的顺序结构，学习第 2 部分后，学生应达到的目标是"能采用计算思维的方法，设计简单的算法，并依据算法编写程序，掌握思考问题和解决问题的方法"。

第 3 部分是程序设计方法和手段的提高，为处理复杂数据提供了更多有效的方法和手段，由第 6～11 章组成，这部分程序的结构为模块化的形式。这部分主要介绍程序的模块化实现方法和更多的程序设计手段。这部分内容为程序设计应用核心。通过对这一部分内容的学习，学生应充分了解模块化程序设计的思想。结合前两部分的内容，学习第 3 部分后，学生应达到的目标是"掌握程序模块的设计方法，采用计算思维的方法对问题进行分解，灵活地使用指针、结构、文件、位运算等手段和方法编写程序，培养创新思维和解决问题的能力"。

本书还提供了 C 语言的关键字、ASCII 字符表和预备知识等内容作为附录，方便读者查阅。

本书具有以下特色。

1. 引导学生从感性认识上升到理性认识

本书的开始部分介绍 C 语言程序的基本结构和开发环境，使学生可以从感性上认识 C 语言程序的基本组成，了解 C 语言从程序编写到程序调试、运行的基本过程。第 3 章介绍程序的简单算法表示方法，为程序设计提供有效的依据。附录 C 部分描述数据存储的预备知识，供有兴趣的学生自行阅读，以加深对计算机数据的了解。

2. 案例丰富，层次感强，具有较好的可扩展性

本书共精选了 100 多个程序，大部分程序都在 Visual Studio 2010 环境和 Dev C++ 5.11 环境下通过验证（个别不能在 Visual Studio 2010 环境和 Dev C++ 5.11 环境下通过的程序有特别说明），并且对程序的结构、函数的设计、变量的设置进行了恰当的注释和说明。其中大部分程序案例采用计算思维的方法给出了分析，并留有可进一步探讨的余地，给学习留下广阔的空间，可以启发学生思考，从中发现问题，寻找解决问题的方法，从而不断激发学生的学习兴趣，激发其想象力和创新思维。

3. 问题分析引导，程序流程图规范

本书通过对问题的分析引导，找出解决问题的关键，并给出规范的流程图，强化解决问题的科学过程和手段，培养学生严谨的思考问题和解决问题的能力。

本书每章都附有习题，以帮助学生理解基本概念，巩固所学的知识。学生通过理论结合实践，进行书面练习和上机实验，进一步熟练掌握 C 语言的基本思想和基本语句，提高程序设计能力。

与本书配套的《C语言程序设计教程实验指导与习题解答（第6版）》给出了学生上机实验的内容和本书中习题的参考答案。在实验中，学生可以先编写程序，然后编译、运行，查看程序的运行结果，根据程序的运行结果验证程序的正确与否，从而逐步掌握 C 语言程序设计的基本方法和基本技能。

"C 语言程序设计"课程的建议学时数为 88，其中，课堂教学学时数为 40，上机实验学时数为 48，书中有*号标注的内容可根据教学安排不讲或少讲。本书各章内容及学时建议大致如表 1 所示。实际教学中可以根据具体情况予以调整，适当减少或增加学时数。

表 1　本书各章内容及学时建议

章	内容	课堂教学/学时	上机实验/学时
1	引言	2	2
2	基本的程序语句	4	6
3	程序的简单算法设计	2	2
4	分支结构	2	4
5	循环结构	2	4
6	函数与宏定义	8	8
7	数组	4	4
8	指针	8	8
9	构造数据类型	4	4
10	文件操作	2	4
11	位运算	2	2
合计		40	48

本书可以作为高校程序设计相关课程的教材，也可作为研究生入学考试和各类计算机认证考试的参考书，还可作为计算机应用工作者和工程技术人员的参考书。

由于编者水平有限，书中难免存在不足与疏漏之处，敬请广大读者批评指正。

用书教师如果需要书中的源程序代码和教学用的 PPT 课件，请登录人邮教育社区（www.ryjiaoyu.com）下载，或者与编者联系（电子邮箱：jt_lljh@hnu.cn）。

李丽娟

2025 年 1 月于岳麓山

目录

第 3 章

程序的简单
算法设计

第 4 章

分支结构

第 8 章

指针

第1章 引言

1.1 C语言的发展过程

C语言的发展历史并不长，但其在计算机科学技术的发展过程中所起的作用不容小觑，C语言的前身是ALGOL 60。之后英国剑桥大学将ALGOL 60发展成为CPL（Combined Programming Language），1967年，英国剑桥大学的Matin Richards对CPL进行了简化，产生了BCPL。1970年，美国贝尔实验室的Ken Thompson对BCPL进行了修改，将其命名为"B语言"，并用B语言写了第一个UNIX操作系统。

1973年，美国贝尔实验室的D.M.Ritchie在B语言的基础上设计出了一种新的语言——C语言。1977年，Dennis M.Ritchie发表了不依赖于具体机器系统的C语言编译文本《可移植的C语言编译程序》。1978年，Brian W.Kernighian和Dennis M.Ritchie合作出版了著名的 The C Programming Language 一书。1983年，美国国家标准协会（American National Standards Institute，ANSI）在此基础上制定了一个C语言标准，我们通常称之为ANSI C，从而使C语言成为世界上应用最为广泛的高级程序设计语言。

1.2 C语言的特点

C语言是一种结构化的程序设计语言，它简明易懂，功能强大，适用于各种硬件平台。与常见的高级语言不一样的是，C语言兼有高级语言和低级语言的功能，既适用于系统软件的开发，也适用于应用软件的开发。

C语言的特点主要表现在以下几个方面。

1．程序设计结构化

结构化就是将程序的功能进行模块化，每个模块都具有不同的功能，程序将一些不同功能的模块有机组合在一起，通过模块之间的相互协同工作，共同完成程序所要完成的任务。这种模块化的程序设计方式使C语言程序易于调试和维护。

了解和掌握结构化程序设计的思想，有助于提高我们分析问题和解决问题的能力。

2．运算符丰富

C语言共有34种运算符。它把括号、赋值、逗号等都作为运算符处理，因而C语言的运算类型极为丰富，可以实现其他高级语言难以实现的一些运算。

3．数据类型丰富

C 语言除了具有系统本身规定的一些数据类型，还允许用户定义自己的数据类型，以满足程序设计的需要。

4．书写灵活

只要符合 C 语言的语法规则，程序的书写格式并不会受到严格的限制。

> ⚠️ **注意：** 实际编写程序时并不提倡这样做，要求根据语法规则按缩进格式书写程序。

5．适应性广

C 语言程序生成的目标代码质量高，程序执行效率高，与汇编语言相比，用 C 语言写的程序可移植性好。

6．关键字简洁

在 C 语言中，关键字有其特殊的意义和作用，不允许用户将其用于其他用途，所有关键字都必须是小写英文字母。ANSI C 规定，C 语言共有 32 个关键字，这 32 个关键字可以分为以下 4 类。

（1）数据类型关键字 12 个。

（2）控制类型关键字 12 个。

（3）存储类型关键字 4 个。

（4）其他关键字 4 个。

C 语言的关键字及其作用如表 1-1 所示。

表 1-1　C 语言的关键字及其作用

序号	类型	关键字					作　用
1	数据类型（9个）	char	int	float	double	void	用于数据类型的声明
		short			long		用于声明整型数据的大小
		signed			unsigned		用于声明整型数据在正负坐标上的区间
	自定义的数据类型（3个）	struct					用于声明结构体数据类型
		union					用于声明共用体数据类型
		enum					用于声明枚举数据类型
2	控制类型（12个）	if	else	switch	case	default	用于分支结构
		for	while	do...while			用于循环结构
		continue					结束本次循环，进入下一轮循环
		break					直接跳出循环结构或分支结构
		goto					直接转移到指定的语句处
		return					返回到函数调用处
3	存储类型（4个）	auto					用于声明自动变量（可缺省）
		extern					用于声明外部变量
		register					用于声明寄存器变量
		static					用于声明静态变量
4	其他类型（4个）	const					用于声明只读变量
		sizeof					计算数据类型长度
		typedef					给自定义数据类型取别名等
		volatile					变量在程序执行中可被隐含地改变

需要说明的是，除上述关键字外，不同的实现环境对 C 语言的关键字有所扩充，并且扩充的关键字会因实现环境的不同而不同，读者只需要从使用的实现环境中去了解即可，在此不多加赘述，扩充的关键字只适用于特定的实现环境。

7．控制结构灵活

C 语言的程序结构简洁高效，使用方便、灵活，程序书写自由。C 语言一共有 9 种控制结构，可以完成复杂的计算，9 种控制结构及作用如表 1-2 所示。

表 1-2　C 语言的 9 种控制结构及作用

关键字	作用	关键字	作用	关键字	作用
goto	直接转移	for	循环语句	break	直接跳出循环结构或分支结构
if	条件分支	do…while	循环语句	continue	结束本次循环，开始下一轮循环
switch	多路分支	while	循环语句	return	返回到函数调用处

表 1-2 所示的关键字与表 1-1 所示的关键字的意义和作用是相同的，表 1-2 中的 continue 只能用于循环，而 break 可以用于循环或 switch 多路分支。

了解 C 语言的上述特点，对我们学习和掌握好 C 语言程序设计很有帮助。虽然 C 语言程序对书写的要求没有太多限制，只要符合语法规则就行，但在这里我们强调程序书写必须规范，特别是对初学者，这一点很重要。一个书写规范、整齐的 C 语言程序能够帮助程序员快速读懂程序所表达的思想，同时也能更清晰地将程序设计的意图正确地表达出来。

1.3　简单的 C 语言程序

为了说明 C 语言源程序结构的特点，先看以下几个程序。这几个程序由易到难，表现了 C 语言源程序在组成结构上的特点。虽然有关内容还未介绍，但从这些例子可以了解一个 C 语言源程序的基本组成部分和程序的书写格式。

【例 1-1】编写程序，在屏幕上输出"Hello,World！"的字符串。

程序如下：

```
/* example1_1.c  在屏幕上输出字符串*/
#include <stdio.h>
int main()
{
    printf("Hello,World!\n");
    return 0;

}
```

程序运行结果：

```
Hello,World!
```

程序说明：

（1）#include 称为文件包含命令。其作用是把系统目录下的头文件 stdio.h 包含到本程序中，成为本程序的一部分。这里被包含的文件是由系统提供的，所以用尖括号<>来标定，其扩展名为.h，也称为头文件或首部文件。

C 语言系统提供的头文件包括各种标准库函数的函数原型，因此，凡是在程序中调用某个库函数，都必须将该函数原型所在的头文件包含进来。在这里，包含的文件是 stdio.h。该文件里的函数主要是处理数据流的标准输入/输出，此时表示在程序中要用到这个文件中的函数。"#"只是一个标志。

（2）main 是主函数的函数名，表示这是一个主函数。1 个可执行的 C 语言源程序只允许有 1 个 main 函数。

（3）printf()函数是一个库函数，其函数原型在头文件 stdio.h 中。该函数的功能是将圆括号内的内容输出到显示器。

（4）main()函数中的内容必须放在一对花括号（{}）中。

【例 1-2】请从键盘输入一个角度的弧度值 x，计算该角度的正弦值，将计算结果输出到屏幕。

程序如下：

```
/* example1_2.c 计算角度的正弦值*/
#include<stdio.h>
#include<math.h>
int main()
{
    double x,y,s;
    printf("Please input value of angle x: ");
    scanf("%lf",&x);
    y=x*3.1415926/180;   /*角度转换成弧度*/
    s=sin(y);
    printf("sin(%4.2lf)=%lf\n",x,s);
    return 0;
}
```

程序运行结果：

```
Please input value of angle x: 30↵
sin(30.00)=0.500000
```

注意：C 语言函数 sin()计算的是角度的弧度值，因此需要将输入的角度值转换成弧度值，另外，π 的值并不是一个精确值，取小数点后面位数多少，可直接影响计算的精度。

程序说明：

（1）程序包含两个头文件：stdio.h、math.h。

（2）main()函数定义了三个双精度浮点型变量 x、y、s。

（3）printf("Please input value of angle of x:"); 用于显示提示信息。

（4）scanf(" %lf ",&x); 用于从键盘获得一个角度值 x。

（5）y=x*3.1415926/180; 用于将输入的角度值 x 转换成弧度值 y。

（6）s=sin(y); 用于计算角度的正弦，并把计算结果赋给变量 s。

（7）printf ("sin(%4.2lf)=%lf\n",x,s); 将计算结果输出到屏幕。双引号中有两个格式字符"%4.2lf"和"%lf"，分别对应着 x 和 s 两个输出变量，其中的格式符的使用规则将在后面详细讲解。

（8）程序运行后会在屏幕的左上方显示提示信息，要求用户从键盘输入一个角度值 x，接下来程序会计算该角度的正弦值，并将计算结果输出到屏幕。

本例使用了 3 个库函数：输入函数 scanf()、正弦函数 sin()和输出函数 printf()。正弦函数 sin()是数学函数，其函数原型在头文件 math.h 中，scanf()和 printf()是标准输入/输出函数，其函数原型在头文件 stdio.h 中。

需要说明的是，在有些编译环境中，可以省去 scanf()和 printf()这两个函数的包含命令。所以在【例 1-1】和【例 1-2】中可以省略文件包含命令#include <stdio.h>。但我们不建议这么做，很显然，任何时候，明确地表达对程序的理解是有益的，一般情况下，只要程序中用到了头文件中的函数原型，都应该将相应的头文件包含进来。这是一个良好的习惯，否则，有可能由于编译系统的不同而发生语法错误。希望读者在开始学习的时候就养成良好的书写习惯。

【例 1-3】 设计一个加法器，能实现两数的相加。通过调用该加法器，计算两数的和。

```c
/* example1_3 两数相加的加法器*/
#include<stdio.h>
int add(int x, int y);
int main()
{
    int a, b, sum;
    printf ("please input value of a and b:\n");
    scanf("%d%d", &a,&b);
    sum=add(a,b);
    printf ("%d+%d=%d\n",a,b,sum);
    return 0;
}
int add(int x, int y)
{
    return(x+y);
}
```

程序运行结果：

```
please input value of a and b:
54 39↵
54+39=93
```

程序说明如下。

（1）【例 1-3】中的主函数体分为两部分，一部分为说明部分，另一部分为执行部分。说明是指变量的类型说明（【例 1-1】中未使用任何变量，因此无说明部分）。C 语言规定，源程序中所有用到的变量都必须先说明，后使用；否则会出现语法错误。这是编译型高级程序语言的一个特点，说明部分是 C 语言源程序结构中很重要的组成部分。

（2）程序语句 sum=add(a,b);通过调用加法器 add()来完成（a+b）的计算，并将计算结果赋给变量 c。

（3）运行程序时，首先在显示屏幕上显示字符串"please input value of a and b:"，提示用户从键盘输入 a 和 b 的值，用户在提示下从键盘上键入两个数，如 54 39↵（或 54↵39↵），最后程序显示出计算结果：54+39=93。

1.4 C 语言程序的结构

上面所述的 3 个 C 语言程序范例虽然功能简单，却包含了 C 语言程序的基本组成部分，概括来说，一个 C 语言程序可由下面几个不同的部分组合而成。

（1）文件包含部分。　　　　　　　　（2）预处理部分。

（3）变量说明部分。　　　　　　　　（4）函数原型声明部分。

（5）主函数部分。　　　　　　　　　（6）函数定义部分。

对上面所述 C 语言程序的 6 个部分，有以下几点需要说明。

（1）并不是每个程序都必须包含上面的 6 个部分，一个最简单的 C 语言程序可以只包含文件包含部分和主函数部分。

（2）每个 C 语言程序都必须有且仅有一个主函数，主函数的框架主要有下面两种形式，具体用哪一种依不同的实现环境而定。

```
int main()                              void main()
{                          或：         {
    变量说明部分                             变量说明部分
    程序语句部分                             程序语句部分
    return 0;                           }
}
```

（3）每个 C 语言程序可以有 0 个或多个自定义的函数，自定义函数的形式同主函数形式一样。

```
<函数的返回值类型> <函数名>(<参数列表>)
{
    变量说明部分
    程序语句部分
    return 函数的返回值;

}
注：上述的<程序语句部分>中也可以包含有<变量说明语句>。
```

（4）每一条语句均由分号结束。

通过后续章节的学习，读者可以了解 C 语言程序基本表达式、控制结构语句的作用，并通过了解模块化程序设计的思想和方法，掌握基本的 C 语言程序设计方法。

1.5 C 语言程序的执行

用程序语言编写的程序称为源程序（Source Program），实际上计算机本身并不能直接理解这样的语言，必须将程序语言翻译成机器语言。将源程序翻译成机器语言的过程称为编译，编译的结果是得到源程序的目标代码（Object Program）；最后还要将目标代码与系统提供的函数和自定义的过程（或函数）链接起来，以得到机器可执行的程序。机器可执行的程序称为可执行程序或执行文件。

1.5.1 源程序翻译

C 语言源程序的扩展名为.c。它是不能直接在计算机上运行的，必须先通过机器翻译成目标代码，再将目标代码链接成可加载模块（可执行文件）。这种把源程序翻译成目标代码的程序被称为编译器或翻译器。适合 C 语言的编译器不止一种，不同的机器、不同的操作系统可能会有一种或多种不同的编译器。C 语言源程序的翻译过程如图 1-1 所示。

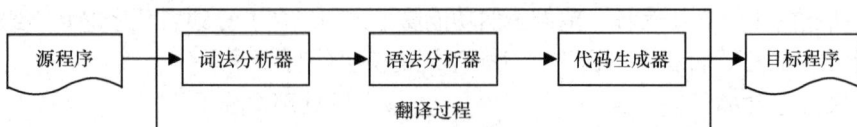

```
源程序 → 词法分析器 → 语法分析器 → 代码生成器 → 目标程序
                        翻译过程
```

图 1-1　C 语言源程序的翻译过程

1．词法分析器

词法分析器（Lexical Analyzer）主要是对源程序进行词法分析，它是按单个字符的方式阅读源程序，并且识别出哪些符号的组合可以代表单一的单元，并根据它们是否是数字值、单词（标识符）、运算符等，将这些单词分类。词法分析器将词法分析结果保存在一个结构单元里，这个结构单元称为记号（Token），并将这个记号交给语法分析器。词法分析会忽略源程序中的所有注释。

2．语法分析器

语法分析器（Parser）直接对记号进行分析，并识别每个成分所扮演的角色。这些语法规则也就是程序设计语言的语法规则。

3．代码生成器

代码生成器（Code Generator）将经过语法分析后没有语法错误的程序指令转换成机器语言指令。

例如，假定编写了一个名为 mytest 的程序，源程序的全名为 mytest.c，用 Microsoft C 编译器，在命令方式下，可以采用下面的方式对 mytest.c 进行编译。

```
cl -c mytest.c↵
```

如果源程序没有错误，就会生成一个名为 mytest.obj 的目标代码程序。其他程序语言也会有类似的命令将源程序翻译成目标代码，具体的命令与每种程序语言的编译器有关。

1.5.2　链接目标程序

通过翻译产生的目标代码程序尽管是机器语言的形式，却不是机器可以执行的方式，这是因为为了支持软件的模块化，允许程序语言在不同的时期开发出具有独立功能的软件模块作为一个单元，一个可执行的程序中有可能包含一个或多个这样的程序单元，这样可以降低程序开发的低水平重复所带来的低效率。因此，目标程序只是一些松散的机器语言，要获得可执行的程序，还需将它们链接起来。

程序的链接工作由链接器（Linker）完成。链接器的任务就是将目标程序链接成可执行的程序（又称载入模块），这种可执行的程序是一种可存储在磁盘存储器上的文件。

例如，假设对源程序 mytest.c 进行编译后生成了目标代码程序 mytest.obj，我们可以利用链接器生成可执行代码。在命令方式下，可用下面的方式来链接程序。

```
link /out:mytest.exe mytest.obj↵
```

如果不发生错误，将会生成一个名为 mytest.exe 的加载模块，也就是可执行的代码程序。最后，可以通过操作系统将这个加载模块加载到内存，执行程序的进程。

上面对程序进行编译、链接都只针对一个源程序文件，实际上，可以将多个源程序文件通过编译、链接成一个可执行文件。

例如，假定有 3 个源程序 file1.c、file2.c 和 file3.c，每一个源程序都包含不同的函数或过程，在命令方式下可先用编译器对 3 个源程序进行编译。

```
cl  -c file1.c↵
cl  -c file2.c↵
cl  -c file3.c↵
```

编译后，分别得到 3 个目标程序 file1.obj、file2.obj 和 file3.obj。接下来可用链接器将 3 个目标程序进行链接。

```
Link /out:mytest.exe file1.obj file2.obj file3.obj↵
```

链接后，可得到一个可执行的程序 mytest.exe。

对于程序的编译、链接，有必要强调以下几点。

（1）并不是每一个目标程序都可以链接成可执行程序。

（2）被链接成可执行程序的目标程序，只允许在一个程序中有且只有一个可被加载的入口点，即只允许在一个源程序中包含一个 main()函数。在上面的范例中，这个可被加载的入口点在源程序 file1.c 中。

（3）对于具体的程序语言，编译、链接程序的方法会有所不同。针对某一种程序语言的编译器，不可以用于对另一种源程序语言进行编译。

（4）上面对 C 语言进行编译、链接的方式并不是唯一的，它允许有一些其他的变化，具体可参考各编译器的使用说明。

总之，完整的 C 语言程序生成过程主要包括 4 个部分——编辑、编译、链接和加载，如图 1-2 所示。

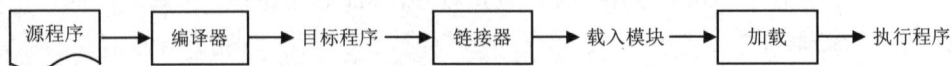

源程序 → 编译器 → 目标程序 → 链接器 → 载入模块 → 加载 → 执行程序

图 1-2　完整的 C 语言程序生成过程

一旦生成了可执行程序，就可以反复地被加载执行，而不需要重新编译、链接。如果修改了源程序，也不会影响到已生成的可执行程序，除非对修改后的源程序进行重新编译和链接，生成一个新的可执行程序。

1.5.3　集成开发工具

显然，用命令方式来编译、链接生成可执行的程序，并不是很方便，尤其是源程序的编辑。一般地，纯文本编辑器都可以输入源程序，如果编译时有错误，就必须回到编辑器修改程序。如此反复，程序开发效率不高，目前已很少采用这种方法来编辑 C 语言源程序，大多采用集成开发工具来开发 C 语言程序。

程序的集成开发工具是一个经过整合的软件系统，它将编辑器、编译器、链接器和其他软件单元集合在一起。在这个工具里，程序员可以很方便地对程序进行编辑、编译、链接及跟踪程序的执行过程，以便寻找程序中的问题。

适合 C 语言的集成开发工具有许多，如 Turbo C、Microsoft C、Visual C++、Visual Studio、Dev C++、Borland C++、C++ Builder、GCC 等。这些集成开发工具各有特点，分别适用于 DOS 环境、Windows 环境和 Linux 环境，随着技术的发展，会不断地出现一些新的开发工具，几种常用的 C 语言开发工具如表 1-3 所示。

表中的 Visual Studio 每年都会对其版本进行更新，到目前为止已有很多版本，如 Visual Studio2010/2012/2013/2014/2015/2017/2019/2022 等，但基本功能不变，初学者选择其中一款适合的即可，不必追求最新版本。

有不少初学者对 C 语言和 C++语言的概念有些模糊，认为它们是一样的，其实不然。C++是在 C 语言的基础上发展而来，C 语言是面向过程的，而 C++是面向对象的，C 语言的基本表达式、基本结构和基本语法等方面同样适合 C++语言，学习 C 语言可以为 C++语言的学习打好基础。

表 1-3　几种常用的 C 语言开发工具

开发工具	运行环境	各工具的差异	基本特点
Turbo C	DOS	不能开发 C++语言程序	（1）符合标准 C （2）各系统具有一些扩充内容 （3）能开发 C 语言程序（集程序编辑、编译、链接、调试、运行于一体）
Borland C	DOS		
Microsoft C	DOS		
Visual C++	Windows	能开发 C++语言程序（集程序编辑、编译、链接、调试、运行于一体）	
Dev C++	Windows		
Borland C++	DOS、Windows		
C++ Builder	Windows		
GCC	Linux		
Visual Studio	Windows 10 及以上版本	集成开发环境	支持多种语言开发，例如，C、C++、C#、F#、JavaScript、XML 等

从表 1-3 中可以看出，有些集成开发工具不仅适合开发 C 语言程序，同时也适合开发 C++语言程序。这些既适合 C 语言又适合 C++语言的开发工具，一开始并不是为 C 语言而设计的，而是为 C++语言设计的集成开发工具，因此，这些集成开发工具也适合开发 C 语言程序。

事实上，表 1-3 所示的几种适合 DOS 环境的集成开发工具，也有适合 Windows 环境的版本，但在计算机的图形用户界面还没有像现在这样普遍和成熟的时候，人们大多采用 DOS 环境下的集成开发工具，如 Turbo C 2.0，它既能作为初学者的一个实验工具，同时又是很多专业人员进行程序开发的首选工具。

另外，还有一些小型的集成开发工具比较适合初学者使用，如 Dev C++、Turbo C/C++ for Windows，这些工具都支持 C、C++、Windows C 等程序的编辑、编译、调试、运行，并且使用灵活，为学习 C 语言提供了方便。

1.6　本章小结

本章首先介绍了 C 语言的特点和发展过程，以及 C 语言程序的基本组成部分，通过 3 个程序样例，让读者对 C 语言程序的组成部分有一个初步的了解，并简要介绍了 C 语言程序的开发过程，具体步骤如下：

（1）编辑源程序——输入程序的源代码；

（2）编译源程序——用编译器对源代码进行语法检查，若查出语法错误，则修改源代码后再进行编译，若编译通过，则生成目标代码程序；

（3）生成可执行的程序——对目标代码进行链接，生成可执行的文件；

（4）检验——运行上面生成的可执行程序，通过程序的运行结果检验该程序是否符合逻辑和算法设计要求。

另外，还介绍了几种适合开发 C 语言程序的开发工具，使读者明白开发 C 语言程序可以有多种途径，开发工具也是有简有繁，读者可以根据自己的喜好和用途选择不同的开发工具。建议 C 语言的初学者选择那些操作简单、易学易用的开发工具来作为学习 C 语言程序设计的实验平台，这样可以让初学者将注意力更好地集中在 C 语言程序设计方面，而不是更多地去了解开发工具本身。当学习者对 C 语言程序设计有了一定的认识和了解之后，可以根据程序设计的目的和要求，选择合适的开发工具来完成 C 语言程序的开发。

在正式开始学习 C 语言知识之前，我们粗略地了解了这些 C 语言的发展历史和其实现环境，为后面的学习建立一个初步概念，让我们沉下心来进入一个看似枯燥实则有趣的学习当中，打好基础，努力前行。

习题

【题 1.1】 请查阅文献，了解 C 语言的发展过程及 ANSI C 是如何形成的。

【题 1.2】 Brian W.Kernighan 和 Dennis M.Ritchie 合著的 *The C Programming Language* 是否定义了完整的标准 C 语言？

【题 1.3】 请查阅资料，了解 "K&R" 标准指的是什么。

【题 1.4】 请查阅资料，了解标准 C 语言和扩展 C 语言是什么关系。

【题 1.5】 请查阅资料，了解标准 C 语言中的关键字共有多少个，是否可以用大写字母表示。

【题 1.6】 请查阅资料，了解怎样在程序中使用系统提供的函数。

【题 1.7】 请查阅资料，了解由系统提供的函数被放在什么文件中。

【题 1.8】 请查阅资料，了解适合 C 语言的开发环境有哪些。

【题 1.9】 一个 C 语言程序可由哪些不同的部分组合而成？

【题 1.10】 自己动手将 Turbo C 2.0 集成开发工具安装到计算机中，然后分别输入本章的 3 个 C 语言程序，再对程序进行编译、运行，了解程序的开发过程。

【题 1.11】 自己动手将 Visual Studio 2010 集成开发工具安装到计算机中，然后分别输入本章的 3 个 C 语言程序，再对程序进行编译、运行，了解程序的开发过程。

【题 1.12】 自己动手将 Dev C++ 5.11 集成开发工具安装到计算机中，然后分别输入本章的 3 个 C 语言程序，再对程序进行编译、运行，了解程序的开发过程。

【题 1.13】 自己动手将一种集成开发工具（除 Turbo C 2.0、Visual Studio 2010、Dev C++ 5.11 外）安装到计算机中，然后分别输入本章的 3 个 C 语言程序，再对程序进行编译、运行，了解程序的开发过程。

【题 1.14】 拓展实验训练 1。在你所选定的开发环境下，对本章的第 1 个程序范例进行改造，使其能完成你的预期设计目标，如输出其他的内容。记录所获得的收获和存在的问题。

【题 1.15】 拓展实验训练 2。在你所选定的开发环境下，对本章的第 2 个程序范例进行改造，使其能完成你的预期设计目标，如计算角度的正弦值、正切值等。记录所获得的收获和存在的问题。

【题 1.16】 拓展实验训练 3。在你所选定的开发环境下，对本章的第 3 个程序范例进行改造，使其能完成你的预期设计目标，如计算两数的差、两数的积、两数的商等。记录所获得的收获和存在的问题。

第2章 基本的程序语句

计算机程序一般都是通过数据的传递来完成任务，而数据传递在程序设计语言中是通过变量来实现的，这就好比现实社会的正常运转是依靠不同职业的人来完成各自的职责。可以把人比喻成变量，职业比喻成数据类型，不同职业的人完成的社会职责是不同的。C语言的变量可分属不同的数据类型，每种数据类型的取值范围不同，因此，不同数据类型的变量，其取值范围也不相同。

ANSI C 对数据类型的取值空间只规定了一个范围，具体到不同数据类型变量的取值范围，则有可能会因实现环境的不同而有所不同。当然，这些不同所带来的差异相对来说比较小，对程序的设计一般不会带来很大的影响，因为程序的基本语句和基本操作都还是相同的。如果有必要，需要在程序设计之前，了解一下所使用的 C 语言开发工具对数据类型的取值空间所做的规定。

本章将介绍 C 语言中的基本数据类型和它们的取值范围，以及简单的表达式语句。通过学习不同的数据类型和简单的表达式语句，我们就可以尝试编写一些简单的、顺序结构的程序，为下一步的学习打下一个良好的基础。

2.1 基本数据类型及取值范围

程序语言中的变量是用来保存数值的，每个变量都属于一种数据类型，不同数据类型的变量，其取值范围也是不同的。程序语言一般都会提供几种不同的数据类型，以满足程序设计的需要。

C 语言提供了如下 5 种基本数据类型。

（1）字符型：用 char 表示。

（2）整数型：用 int 表示。

（3）单精度实数型：用 float 表示。

（4）双精度实数型：用 double 表示。

（5）空类型：用 void 表示。

数据类型决定了数据的大小、数据可执行的操作及数据的取值范围。计算机通过字节长度来度量数据的大小，不同的数据类型，其字节长度是不一样的。一般而言，数据类型的字节长度是 2^n（ $n=0,1,2,\cdots$ ）个字节长度，显然，不同的数据类型，其取值范围和大小是不同的。

数据类型的长度和取值范围会随着计算机的 CPU 类型和编译器的不同而不同。一般情况下，对大多数计算机而言，整型数的长度与 CPU 的字节相等，一个字节由 8 个位组成。如果计算机的 CPU 为 16 位，那么整型数的最大长度只能为 2 个字节（16 位）；如果计算机的 CPU 为 32 位，那么整型数的最大长度只能为 4 个字节（32 位）。但对于 CPU 字长为 32 位的计算机，不是所有的整型数都能达到 4 个字节的最大长度，有些集成工具的编译器给定的整型数最大长度可能只有 2 个字节，因此，程序中整数类型的字节长度既与计算机有关，也与其编译器有关。

表 2-1 所示为几种常见的 C 编译器对几种基本数据类型定义的字节长度。

表 2-1　基本数据类型在不同编译器中的字节长度　　　　单位：字节

数据类型	编译器类型				
	Turbo C	Borland C++	Visual Studio 2010	Dev C++	GCC
char（字符型）	1	1	1	1	1
short int（短整型）	2	2	2	2	2
int（整型）	2	2	4	4	4
long int（长整型）	4	4	4	4	4
float（单精度实数型）	4	4	4	4	4
double（双精度实数型）	8	8	8	8	8

【例 2-1】 通过程序验证表 2-3 中各数据类型的字节长度。

```c
/* example2_1.c 验证数据类型的字节长度 */
#include <stdio.h>
int main()
{
    char a1;
    short int b1;
    int c1;
    long int d1;
    float e1;
    double f1;
    printf("size of (char)=%d\n",sizeof(a1));
    printf("size of (short int)=%d\n",sizeof(b1));
    printf("size of (int)=%d\n",sizeof(c1));
    printf("size of (long int)=%d\n",sizeof(d1));
    printf("size of (float)=%d\n",sizeof(e1));
    printf("size of (double)=%d\n",sizeof(f1));
    return 0;
}
```

将程序在不同的环境下运行，得到的程序运行结果如表 2-2 所示。

表 2-2　example2_1.c 程序运行结果

Visual Studio 2010 环境 DeV C++ 5.11 环境	Turbo C 2.0 环境
size of (char)=1 size of (short int)=2 size of (int)=4 size of (long int)=4 size of (float)=4 size of (double)=8	size of (char)=1 size of (short int)=2 size of (int)=2 size of (long int)=4 size of (float)=4 size of (double)=8

　　读者可以将上面这段程序放在其他不同的开发环境下编译、运行，看看会有什么不同的运行结果。通过这个程序，我们可以了解到不同的编译环境对不同的数据类型分配不同的字节长度。

由于不同的编译器对基本数据类型定义的字节长度会有少许的不同，这就意味着这些数据类型的取值范围也会有所不同，表 2-3 所示为几种常见的适合 C 语言的编译器对不同数据类型所规定的取值范围。

表 2-3　不同字节长度的数据类型和取值范围

数据类型	长度/字节	取值范围
字符型（char）	1	0～255
短整型（short int 或 int）	2	−32768～32767
长整型（int 或 long int）	4	−2147483648～2147483647
单精度实数型（float）	4	约±3.4×10^{±38}
双精度实数型（double）	8	约±1.7×10^{±308}

从表 2-3 中不难看出，整型（int）数据的长度既有 2 个字节的，又有 4 个字节的，具体与计算机和编译器有关。另外，整型（int）数据类型还可以与下面 4 种修饰符搭配来描述数据的长度及取值范围：

（1）signed（有符号）；　　　　　　（2）unsigned（无符号）；

（3）long（长型）；　　　　　　　　（4）short（短型）。

字符型（char）数据类型只能使用 signed（有符号）或 unsigned（无符号）进行修饰。

这些修饰主要用于字符型和整型，一般不用于修饰实数型。表 2-4 所示为 ANSI C 标准中规定的基本数据类型的长度和取值范围，以及 ANSI C++标准中规定的基本数据类型的长度和取值范围。

表 2-4　ANSI C 标准中的数据类型和长度

数据类型	ANSI C 标准字节/位	取值范围	ANSI C++标准字节/位	取值范围
字符型（char）	1（8）	ASCII 字符	1（8）	ASCII 字符
无符号字符型（unsigned char）		0～255		0～255
有符号字符型（signed char）		−128～127		−128～127
整型（int）	2（16）	−32768～32767	4（32）	−2147483648～2147483647
有符号整型（signed int）		−32768～32767	4（32）	−2147483648～2147483647
无符号整型（unsigned int）		0～65535	4（32）	0～4294967295
短整型（short int）		−32768～32767	2（16）	−32768～32767
有符号的短整型（signed short int）		−32768～32767	2（16）	−32768～32767
无符号的短整型（unsigned short int）		0～65535	2（16）	0～65535
长整型（long int）	4（32）	−2147483648～2147483647	4（32）	−2147483648～2147483647
有符号的长整型（signed long int）		−2147483648～2147483647	4（32）	−2147483648～2147483647
无符号的长整型（unsigned long int）		0～4294967295		0～4294967295
单精度实数型（float）		约±3.4×10^{±38}	4（32）	约±3.4×10^{±38}
双精度实数型（double）	8/64	约±1.7×10^{±308}	8（64）	约±1.7×10^{±308}

需要指出的是，表 2-4 所示的数据类型和字节长度适合 C 语言的编译环境所需要遵循的标准，不同的编译系统对数据类型和字节长度的规定还会有一些扩充，具体细则可以参考各编译环境的使用说明。

在 C 语言中，对数据类型的说明允许使用一些简化形式，如表 2-5 所示。

表 2-5　数据类型的简化形式

完全形式	简化形式
short int、signed short int	short
signed int	int
long int、signed long int	long
unsigned short int	unsigned short
unsigned int	unsigned
unsigned long int	unsigned long

2.2　标识符、变量和常量

2.2.1　标识符

在 C 语言中，标识符是对变量名、函数名、标号和其他各种用户定义对象的命名名称。标识符的第 1 个字符必须是字母或下画线，随后的字符可以是字母、数字或下画线。标识符的长度可以是一个或多个字符，最长不允许超过 32 个字符。例如：

➤　score、number12、student_name 等均为正确的标识符；

➤　8times、price/tea、low!valume 等均为不正确的标识符。

C 语言中，字母是要区别大小写的，因此 score、Score、SCORE 分别代表 3 个不同的标识符。必须注意的是，标识符不能和 C 语言的关键字相同，也不能和用户自定义的函数或 C 语言的库函数同名。

> 🕹 **建议**：为提高程序的可读性，可采用具有一定实际含义的单词、单词缩写、组合单词作为标识符。

2.2.2　变量和常量

1．变量

其值可以改变的量称为变量。一个变量应该有一个名字，我们可用标识符来表示变量名。变量在内存中占据一定的存储单元，在该存储单元中存放着变量的值。请注意区分变量名和变量值这两个不同的概念。

所有的 C 语言变量必须在使用之前定义。定义变量的一般形式为：

`<类型名>　<变量列表>;`

其中，<类型名>必须是有效的 C 语言数据类型，如 int、float 等；<变量列表>可以由一个或多个由逗号分隔的标识符名构成，例如：

```
int i, j, number;
unsigned int max, min;
float high_value, price;
double lenth, total_weight;
```

i、j、number 为整型变量，取值范围为−32768～32767。

max、min 为无符号整型变量，取值范围为 0～65535。

high_value、price 为单精度实数型变量（实数型以下简称实型），取值范围约为±3.4×$10^{\pm38}$。

lenth、total_weight 为双精度实型变量，取值范围约为$\pm1.7\times10^{\pm308}$。

【例 2-2】 阅读以下程序，了解变量的取值范围和 C 语言的特性。

```
/*example2_2.c   变量的取值范围测试*/
#include <stdio.h>
int main()
{       int a=32766,b=-32766;
        unsigned m=6553;
        float t=3.4e+37;
        printf("a=%d\n",a);
        printf("m=%u\n",m);
        printf("t=%e\n",t);
        a=a+4;
        b=b-6;
        m=m*10+10;
        t=t*10;
        printf("After change:\n");
        printf("a+4=%d\n",a);
        printf("b-6=%d\n",b);
        printf("m*10+10=%u\n",m);
        printf("t*10=%e\n",t);
        return 0;
}
```

将程序在不同的环境下运行，得到的程序运行结果如表 2-6 所示。

表 2-6   example2_2.c 程序运行结果

Visual Studio 2010 环境 Borland C++ 5.0 环境 Dev C++ 5.11 环境	Turbo C 2.0 环境
a=32766 m=6553 t=3.400000e+037 After change: a+4=32770 b-6=-32772 M*10+10=65540 t*10=3.400000e+038	a=32766 m=6553 t=3.40000e+37 After change: a+4=-32766 b-6=32764 m*10+10=4 t*10=3.40000e+38

程序 example2_2.c 的运行说明如下。

（1）在 Visual Studio 2010 中编译时会出现警告 "warning C4305: 'initializing' : truncation from 'const double' to 'float'"，提示没有将单精度浮点型转换成双精度浮点型，可以不予理睬，如果将程序中的定义 "float t" 换成 "double t"，就不会出现编译错误了。

（2）在 Borland C++ 5.0 中编译时，会出现警告 "function should return a value"，提示 main 函数前要写上一个返回值，通常将 "main()" 写成 "void main()" 即可。

（3）在 Dev C++ 5.0 中编译时，会出现警告 "function should return a value"，提示 main 函数前要写上一个返回值，通常将 "main()" 写成 "int main()"，再在程序结束之前加上 "return 0;" 即可。请注意：在 Dev C++ 5.11 版本中允许写成 void main()，程序结束前无须用 return。

（4）在 Turbo C 2.0 中编译这个程序时，不会有任何语法错误，但是出现了不正确的运行结果，也就是说，当变量的值超出它所允许的范围时，其值会变得不正确。

读者在这个程序的基础上，可以做更多的变化，尝试改变一下其他变量的取值，如改变单精度浮点型变量 t 的值，观察变量的取值变化，正确理解变量的取值范围。

2．常量

常量的值是不可变的。在 C 语言中，有整型常量、实型常量、字符常量、字符串常量、转义字符、符号常量等不同类型的常量，其中的转义字符是一种系统特定的字符常量，有其特定的意义和作用。

（1）整型常量

可采用十进制、八进制、十六进制来表示一个整型常量。八进制数的前面用数字 0 开头，十六进制数的前面用数字 0 和字母 X 开头（0x 或 0X）。表 2-7 所示为整型常量的表示方法。

表 2-7　整型常量的表示方法

整型常量	进制	十进制数值
17	十进制	17
017	八进制	15
0X17	十六进制	23
17L 或 17l	十进制	17
17LU 或 17lu	十进制	17

注：对无符号的长整型常量，数值后面的两个字母 u 和 l 的大小写没有限制，如 17LU、17lu、17lU、17Lu。

八进制数与十六进制数一般只用于 unsigned 数据类型。几组特殊的常数值如表 2-8 所示。

表 2-8　几组特殊的常数值

进制	unsigned int 的数量值		
十进制	0	32767	65535
八进制	00	077777	0177777
十六进制	0X0000	0X7FFF	0XFFFF

注：一些由常量符号代表的常量值在头文件 limits.h 中已有声明，读者可查阅该头文件了解详细信息。

【例 2-3】整型常量的不同进制表示法。

```
/*example2_3.c    整型常量的不同进制表示法*/
#include <stdio.h>
int main()
{
    printf("十六进制数 0x80 的十进制值为%d\n",0x80);
    printf("八进制数 0200 的十进制值为%d\n",0200);
    printf("十进制数 128 的十进制值为%d\n",128);
    printf("十进制数 128 的十六进制值为%x\n",128);
    printf("十进制数 128 的八进制值为%o\n",128);
    return 0;
}
```

程序运行结果：

```
十六进制数 0x80 的十进制值为 128
八进制数 0200 的十进制值为 128
十进制数 128 的十进制值为 128
十进制数 128 的十六进制值为 80
十进制数 128 的八进制值为 200
```

从这个例子可以看出，用不同的进制来描述同一个数字时，所得到的结果是不一样的，程序中的%d表示用十进制描述；%x表示用十六进制描述；%o表示用八进制描述。

（2）实型常量

实型常量可采用浮点记数法和科学记数法两种方法来表示，例如：

```
231.46
7.36E-7
4.58E5
-0.0945
```

一般情况下，对太大或太小的数，多采用科学记数法来表示，如上面的 7.36E-7、4.58E5。

【例2-4】实型常量的两种表示法（浮点记数法、科学记数法）。

```
/*example2_4.c  实型常量的两种表示法（浮点记数法、科学记数法）*/
#include <stdio.h>
int main()
{
        printf("123.4456的浮点记数法表示：%f\n",123.456);
        printf("1.23456E2的浮点记数法表示：%f\n",1.23456e2);
        printf("12345.6E-2的浮点记数法表示：%f\n",12345.6e-2);
        printf("12345.6的科学记数法表示：%E\n",12345.6);
        return 0;
}
```

程序运行结果：

```
123.4456的浮点记数法表示：123.456000
1.23456E2的浮点记数法表示：123.456000
12345.6E-2的浮点记数法表示：123.456000
12345.6的科学记数法表示：1.234560E+004
```

从这个程序中可以看到，对同一个浮点数，既可以采用浮点记数法来表示，又可以采用科学记数法来表示，两者只是表示方法上的不同，但结果都是一致的。%f表示用浮点记数法，%E表示用科学记数法。

（3）字符常量

字符常量是由一对单引号括起来的单个字符，如'A'、'S'、'9'、'$' 等均为字符常量。在这里，单引号只起定界作用，并不代表字符。若要将单引号（'）和反斜杠（\）作为字符常量，需通过转义字符来表示，例如，'\'' 和 '\\' 就可代表单个字符单引号（'）和反斜杠（\）。有关转义字符的其他组合，将在后续章节中详细介绍。

在 C 语言中，字符是按其所对应的 ASCII 值来存储的，一个字符占一个字节。表 2-9 所示为部分字符所对应的 ASCII 值。

表 2-9　部分字符所对应的 ASCII 值

字符	ASCII 值（十进制）	字符	ASCII 值（十进制）
0	48	Z	90
1	49	a	97
9	57	b	98
A	65	y	121
B	66	z	122
Y	89	…	…

关于字符和与之对应的 ASCII 值详见附录 B。

⚠️ **注意**：数字 3 和字符 '3' 的区别：前者为整型常量，占 2 个字节；后者为字符常量，占 1 个字节，但 '3' 的值为 51。

由于 C 语言中的字符常量是按顺序存放在 ASCII 表中的，它的有效取值为 0～127，因此，字符在 ASCII 中的顺序值可以像整数一样在程序中参与运算，但要注意不要超出它的有效范围。例如：

'A' +4;运算结果为 69。

'8' −5;运算结果为 51。

'y' −32;运算结果为 89。

【例 2-5】 了解字符常量与其顺序值的关系。

```c
/*example2_5.c 字符常量与其顺序值的关系*/
#include <stdio.h>
int main()
{
    printf("%d-->%c\n",'A','A');
    printf("%d-->%c\n",'A'+5,'A'+5);
    printf("%d-->%c\n",'A'+32,'A'+32);
    printf("%d-->%c\n",'A'+70,'A'+70);
    return 0;
}
```

程序运行结果：

```
65-->A
70-->F
97-->a
135-->?
```

从【例 2-5】的程序运行结果可以明显看到，当字符变量的取值超出字符取值的有效范围时，其结果是不可预料的。

读者可以在这个程序的基础上改变字母和数字，观察程序的运行结果，对照 ASCII 值，理解字符与整数的关系。

（4）字符串常量

字符串常量是指用一对双引号括起来的一串字符。双引号只起定界作用，如"world" "The C Program Language" "TRUE or FALSE" "8765431.0037" "T"等均为字符串常量。双引号括起的字符串中不能出现双引号（"）和反斜杠（\），因为它们具有一些特定的含义，我们将在下面的转义字符中予以介绍。

在 C 语言中，字符串常量在内存中存储时，系统会自动在字符串的末尾加一个"串结束标志"，即 ASCII 值为 0 的字符 NULL，用\0 表示，因此，在程序中长度为 n 的字符串常量，在内存中占有 $n+1$ 个字节的存储空间。

例如，字符串 World 有 5 个字符，当其作为字符串常量"World"存储于内存中时，共占 6 个字节，系统自动在其后面加上结束标志'\0'，其存储形式为：

W	o	r	l	d	\0

要注意字符与字符串常量的区别，除了表示形式不同，其存储性质也不相同，字符'a' 只占 1 个字节，而字符串常量"a"占两个字节。

需要特别指出的是，C 语言不允许有字符串变量，并且在程序中直接处理字符串常量的情况并不多见，因此，处理字符串问题常采用数组或字符指针，这部分内容将在后续章节中讲述。

（5）转义字符

转义字符是 C 语言中表示字符的一种特殊形式。通常使用转义字符表示 ASCII 字符集中不可打印的控制字符和特定功能的字符，如用于表示字符常量的单引号（'）、用于表示字符串常量的双引号（"）、反斜杠（\）等。

转义字符用反斜杠（\）后面跟一个字符或一个八进制数或十六进制数表示。表 2-10 所示为 C 语言中常用的转义字符及其意义和 ASCII 值。

表 2-10   常用转义字符及其意义和 ASCII 值

转义字符	意义	ASCII 值（十进制）
\a	响铃（BEL）	007
\b	退 1 格（BS）	008
\f	换页（FF）	012
\n	换到新的 1 行（LF）	010
\r	回车符（CR）	013
\t	水平制表符（HT）	009
\v	垂直制表符（VT）	011
\\	反斜杠	092
\?	问号字符	063
\'	单引号字符	039
\"	双引号字符	034
\0	空字符（NULL）	000
\ddd	任意字符	3 位八进制数
\xhh	任意字符	2 位十六进制数

在字符常量中使用单引号（'）、反斜杠（\），在字符串常量中使用双引号（"）和反斜杠（\）时，都必须使用转义字符表示，即在这些字符前加上反斜杠。在 C 语言程序中使用转义字符 \ddd 或者 \xhh 可以方便灵活地表示任意字符。\ddd 为斜杠后面跟 3 位八进制数，该 3 位八进制数的值即为对应的八进制 ASCII 值。\x 后面跟 2 位十六进制数，该 2 位十六进制数为对应字符的十六进制 ASCII 值。

使用转义字符时需要注意以下问题。

① 转义字符中的字母只能是小写字母，每个转义字符只能看作一个字符。

② 表 2-10 中的 \r、\v 和 \f 对屏幕输出不起作用，但会在控制打印机输出执行时响应其操作。

③ 在 C 程序中，使用不可打印字符时，通常用转义字符表示。

【例 2-6】 了解转义字符的作用。

```
/*example2_6.c 了解转义字符的作用*/
#include <stdio.h>
iint main()
{
    printf("\a");                      /* 发出铃声 */
    printf("This is a test:\n");
    printf("Ready::");
    printf("\bBackspace.\n");          /* 往左退一格 */
    printf("\tHorizontal tab\n");      /* 往右进到下一个制表点 */
    printf("\\\n");                    /* 输出\ */
    printf("\?\n");                    /* 输出? */
```

```
        printf("\'\n");                    /* 输出' */
        printf("\"\n");                    /* 输出" */
        printf("\101\n");                  /* 输出八进制数 101 所对应的字符 */
        printf("\x41\n");                  /* 输出十六进制数 41 所对应的字符 */
        return 0;
}
```

程序运行结果:

```
This is a test:
Ready:Backspace.
        Horizontal tab
\
?
'
"
A
A
```

从【例2-6】的程序可以了解到各控制字符的使用方法和其产生的效果,程序运行时,会先发出一声响。值得一提的是,八进制数 101 和十六进制数 41 所对应的十进制数均为65,因此,输出的字符均为'A'。

读者可对这个程序做些修改,观察程序的运行结果,以便更好地了解转义字符的作用和意义。

（6）符号常量

C 语言允许将程序中的常量定义为一个标识符,称为符号常量。习惯上将符号常量用大写英文字母表示,以区别于一般用小写字母表示的变量。符号常量在使用前必须先定义,定义的形式是:

```
#define  <符号常量名>  <常量>
```

例如:

```
#define PI  3.1415926
#define TRUE 1
#define FALSE 0
```

这里定义 PI、TRUE、FALSE 为符号常量,其值分别为3.1415926、1、0。

#define 是 C 语言的预处理命令,在编辑 C 语言源程序时,可直接使用已定义的符号常量,编译时会对程序中出现的那些符号常量进行替换,如用 3.1415926 替换 PI,用 1 替换TURE,用 0 替换 FALSE。

定义符号常量的目的是提高程序的可读性,以便于程序的调试和修改,因此,在定义符号常量名时,应使其尽可能地表达它所代表的常量的含义,如前面所定义的符号常量名PI,表示圆周率 3.1415926。此外,若要对一个程序中多次使用的符号常量的值进行修改,只需对预处理命令中定义的常量值进行修改即可。

【例 2-7】了解符号常量的使用。

```
/*example2_7.c 符号常量的使用*/
#include <stdio.h>
#define WHO "I am a student."
#define HOW "That is Fine."
#define PI 3.1415926
int main()
{
        printf("%s\n",WHO);
        printf("%s\n",HOW);
```

```
        printf("%f\n",PI);
        return 0;
}
```

程序运行结果：

```
I am a student.
That is Fine.
3.141593
```

显然，从【例 2-7】可以看到符号常量的替换效果，对于 PI 的替换，因为用的是浮点数的默认精度%f（精确到小数点后面的 6 位），因此，程序会进行四舍五入的计算，若提高它的精度表示，可采用%m.nf 格式，通过指定数据的长度 m 和小数位的长度 n 来表示，如%9.7f、%10.8f 等，在后续章节中还会详细讨论数据的精度表示方法。

读者可以对这个程序中的符号常量进行修改，观察程序的运行结果，更好地了解符号常量的作用和意义。

2.3 基本运算符、表达式及运算的优先级

C 语言的基本表达式是由操作数和操作符组成的。操作数一般由变量表示，也可用常量表示；操作符由各种运算符表示。一个基本表达式也可以作为操作数来构成一个复杂表达式。构成基本表达式的运算符有如下几种：

（1）算术运算符；　　　　　　　　　　（2）关系运算符；
（3）逻辑运算符；　　　　　　　　　　（4）赋值运算符。

此外，还有条件运算符、自反赋值运算符、逗号运算符、指针运算符、位运算符等。

赋值运算符用"="表示，其左操作数要求是一个变量，右操作数可以是其他的表达式，它表示将表达式计算结果的值赋给左边的变量。下面主要介绍其他运算符。

2.3.1　算术运算符及算术表达式

C 语言中的算术运算符主要用于完成变量的算术运算，如加、减、乘、除等，各运算符及其作用如表 2-11 所示，其中，优先级部分的数字表示优先级的高低，数值越大，优先级越高。

表 2-11　算术运算符及其作用

运算符	优先级	作　　用
++	高（14）	自增 1（变量的值加 1）
－－		自减 1（变量的值减 1）
*	中（13）	乘法
/		除法
%		模运算（整数相除，结果取余数）
+	低（12）	加法
－		减法

📝 说明：在表 2-11 中，如果参与除法（/）运算的两个变量均为整型，则结果为整除取整，否则结果就为浮点型。另外，参与模运算（%）的两个变量只能是整型，而不能是浮点型。

对复杂表达式的运算，编译器（又称编译程序）会按运算符的优先级别来处理，对优

先级相同的运算符按从左到右的顺序进行计算，对优先级不同的运算符按从高到低的顺序进行运算。

1．一般算术运算符

一般不提倡在一个表达式中出现很多的运算符，这样很难准确地表达真实的意图。如果一定要在程序中使用复杂的表达式，建议先用圆括号的形式将复杂的表达式分解成简单的表达式，再按顺序进行计算。

【例 2-8】阅读以下程序，了解由算术运算符组成的表达式。

```
/*example2_8.c 了解算术运算符组成的表达式 */
#include <stdio.h>
int main()
{
    int a,b,c,d1,d2,d3,d4;
    double x,y,z1,z2,z3;
    a=8;
    b=3;
    c=10;
    d1=a+b*c-b/a+b%c*a;            /* 复杂表达式 1 */
    d2=a+(b*c)-(b/a)+(b%c*a);      /* 复杂表达式 2 */
    printf("d1=%d, d2=%d\n",d1,d2);
    d3=a/b;
    d4=c%b;
    printf("8/3=%d, 10%%3=%d\n",d3,d4);
    x=3.2;
    y=2.4;
    z1=x+y/x-y;            /* 复杂表达式 3 */
    z2=x+(y/x)-y;      /* 复杂表达式 4 */
    printf("z1=%f, z2=%f\n",z1,z2);
    z3=y/b;
    printf("2.4/3=%f\n",z3);
     return 0;
}
```

程序运行结果：

```
d1=62, d2=62
8/3=2, 10%3=1
z1=1.550000, z2=1.550000
2.4/3=0.800000
```

从上面的程序，我们可以看到在计算 d1 和 d2 的表达式中，使用了同样的运算符和变量，但计算 d1 的表达式 1 的可读性明显低于计算 d2 的表达式 2，计算 z1 和 z2 的表达式也存在同样的问题，使用圆括号可以提高程序的可读性。

如果两个整数相除（/），则结果只取整数部分，这样就有可能造成数据"丢失"。我们在进行程序设计时，有的时候需要有数据"丢失"才可以达到目的。但是，若这种数据的"丢失"是我们在进行程序设计时没有预料到的，就会使程序的运行结果变得不正确，严重时甚至会造成数据的损坏，这是我们在程序设计时必须注意的。另一个要注意的是取模运算符（%）不能用于浮点型数据的运算，如果在上面的程序中加入语句 z1 = x%y;，会导致编译通不过，请读者自行上机验证这个结论，看看编译器会给出什么提示。

请读者分析程序中表达式 d3=a/b、d4=c%b、z3=y/b 的意义和作用，修改程序，去掉复杂表达式中的圆括号，观察程序的运行结果。

【例 2-9】阅读以下程序，了解浮点型数据的模运算，并进一步了解复杂表达式的表达方式。

```
/*example2_9.c 了解浮点型数据的模运算、复杂表达式的表达方式 */
#include <stdio.h>
#include <math.h>
iint main()
{
    int a=15,b=5,c;
    double x=5.5,y=1.4,z,w1,w2;
    c=a+b*x+a/b-a%b*b/a;            /* 复杂表达式 1 */
    z=x+(b*y)-x+y*10;              /* 复杂表达式 2 */
    printf("c=%d, z=%lf\n",c,z);
    w1=x/y;
    /*w2=x%y;     错误的语句*/
    w2=fmod(x,y);                  /*浮点数的模运算*/
    printf("w1=%f, w2=%f\n",w1,w2);
    return 0;
}
```

程序运行结果：

```
c=45, z=21.000000
w1=3.928571, w2=1.300000
```

程序编译时，会出现一个警告"warning：conversion from 'double ' to 'int '"，指明表达式中的数据类型出现了不一致，如果不理会这个警告，则系统会按照规则自行处理。

请读者分析程序中各表达式语句的功能和作用，修改程序，使其不出现警告。

2．自增/自减运算符

在表 2-11 所示的算术运算符中，自增运算符（++）和自减运算符（—）使用得比较频繁。这两个运算符与其他运算符不同，它们有一个共同的特点，就是该运算符既可以出现在变量的左边，构成前置++/—；也可以出现在变量的右边，构成后置++/—。

前置++/—的语法规则：先将变量的值加 1/减 1，再使用该变量。

后置++/—的语法规则：先使用该变量，再将变量的值加 1/减 1。

【例 2-10】 了解前置++/—和后置++/—的作用。

```
/*example2_10.c 了解前置++/—和后置++/—的作用*/
#include <stdio.h>
int main()
{
    int a,b;
    double x,y;
    a=16;
    x=12.6;
    ++a;
    ++x;
    printf("1--- a=%d,x=%lf\n",a,x);
    a++;
    x++;
    printf("2--- a=%d,x=%lf\n",a,x);
    b=a++;
    y=x++;
    printf("3--- b=%d,y=%lf\n",b,y);
    printf("4--- a=%d,x=%lf\n",a,x);
    return 0;
}
```

程序运行结果：

```
1--- a=17,x=13.600000
2--- a=18,x=14.600000
```

```
3--- b=18,y=14.600000
4--- a=19,x=15.600000
```

通过上面的程序，可以了解到以下几个方面。

（1）整型变量和浮点型变量都可使用自增、自减运算符。

（2）单独作为表达式时，++a、++x 和 a++、x++这两条语句执行完以后，都会使 a 的值增加 1，相当于 a=a+1、x=x+1。

（3）b=a++; 相当于两条语句的作用，即 b=a; a=a+1;。

（4）y=x++; 相当于两条语句的作用，即 y=x; x=x+1;。

（5）++、--运算符不能用于常量中，如++5;、12.6--; 等均是错误的表达式。

（6）建议不要随意使用自增、自减运算符，应避免含糊不清的表达，如++a++;、--++a;、a+++++b;等都是错误的表达式，但(a++)+(++b);是符合语法规则的。

值得注意的是，对于++a 和 a++这样的表达式，执行完以后，a 的结果都是相同的。但是当++、--运算符作为函数的参数时，因为参数中表达式的运算顺序是从右到左，因此，实际情况与设想之间可能存在一定的差异，这就要求我们对它有一个正确的认识。

【例 2-11】 了解由自增++和自减--组成的表达式。

```
/*example2_11.c 了解由自增++和自减--组成的表达式*/
#include <stdio.h>
int main()
{
    int a;
    double x;
    a=16;
    x=12.6;
    printf("a1=%d,a2=%d,a3=%d\n",a++,a++,a++);
    printf("a1=%d,a2=%d,a3=%d\n",++a,++a,++a);
    printf("x1=%f,x2=%f,x3=%f\n",x--,x--,x--);
    printf("x1=%f,x2=%f,x3=%f\n",--x,--x,--x);
    return 0;
}
```

这是一个很有意思的程序，它在不同的开发环境下显示的运行结果有可能是不一样的，程序运行结果如表 2-12 所示。

表 2-12 【例 2-11】程序的运行结果

Visual Studio 2010、Dev C++ 5.11 环境	Borland C++ 5.0、Turbo C 2.0 环境
a1=18,a2=17,a3=16	a1=18,a2=17,a3=16
a1=22,a2=22,a3=22	a1=22,a2=21,a3=20
x1=10.600000,x2=11.600000,x3=12.600000	x1=10.600000,x2=11.600000,x3=12.600000
x1=6.600000,x2=6.600000,x3=6.600000	x1=6.600000,x2=7.600000,x3=8.600000

显然，在 Visual Studio 2010、Dev C++ 5.11 环境下，执行语句 printf("a1=%d,a2=%d,a3=%d\n",a++,a++,a++);后，a++的值从最后一个表达式开始计算并输出，这条语句过后，a 的值为 19；而执行 printf("a1=%d,a2=%d,a3=%d\n",++a,++a,++a);后，++a 的值先增加，但没有将其变化过程显示出来，而是一起输出最后的结果。这是开发工具本身所带来的一些瑕疵，也反映了程序设计中的一个重要原则：要尽可能地用最简洁的语句来表达程序设计的思想。为了避免由于开发环境的不同而发生的错误，建议在函数的参数中不要使用表达式。

【例 2-12】 修改【例 2-11】的程序，使用简洁的语句来表达自增运算符。

```
/*example2_12.c自增++运算符的简洁表达*/
#include <stdio.h>
iint main()
```

```
{
    int a=16,a1,a2,a3;
    a1=a++;
    a2=a++;
    a3=a++;
    printf("a1=%d,a2=%d,a3=%d\n",a1,a2,a3);
    a1=++a;
    a2=++a;
    a3=++a;
    printf("a1=%d,a2=%d,a3=%d\n",a1,a2,a3);
    return 0;
}
```

程序运行结果：

```
a1=16,a2=17,a3=18
a1=20,a2=21,a3=22
```

显然，上面的程序语句具有较好的可读性，每一条语句都简洁明了。其实，一个良好的程序代码，每一条语句都应该不是晦涩难懂的，不需要花费心思去揣摩程序语句的语法。

【例2-13】 分析算术表达式的语法规则，理解算术运算符的优先级别，掌握程序代码书写的基本原则。

```
/*example2_13.c 分析算术表达式的语法规则,理解算术运算符的优先级别 */
#include <stdio.h>
Int main()
{
    int a=6,b=4,c;
    double x=3.2,y=6.4,z;
    c=++a+b%a-3/b%2*a+++b;        /* 表达式(1) */
    z=y--+x*x/y+++y*x;            /* 表达式(2) */
    printf("a=%d,b=%d,c=%d\n",a,b,c);
    printf("x=%f,y=%f,z=%f\n",x,y,z);
    return 0;
}
```

程序运行结果：

```
a=8,b=4,c=15
x=3.200000,y=6.400000,z=28.480000
```

程序中的表达式（1）和表达式（2）是两个复杂的算术表达式，可以通过其语法规则来验证程序的计算结果。

实际上，真正书写程序时，不提倡这样的书写方式，因为这样的表达式不具有较好的可读性。

请读者改写上面程序中的表达式，在不改变计算结果的情况下，用圆括号的形式来给定表达式计算的优先级别，使程序具有较好的可读性。

修改后的程序如下：

```
/*example2_13a.c 给定算术表达式的优先级别 */
#include<stdio.h>
Int main()
{
    int a=6,b=4,c;
    double x=3.2,y=6.4,z;
    c=(++a)+(b%a)-(3/b%2*a)+b;          /* 表达式(1) */
    a++;
    z=(y--)+(x*x/y)+(y*x);              /* 表达式(2) */
    y++;
    printf("a=%d,b=%d,c=%d\n",a,b,c);
    printf("x=%f,y=%f,z=%f\n",x,y,z);
```

基本的程序语句 第2章

```
        return 0;
}
```
程序运行结果：

```
a=8,b=4,c=15
x=3.200000,y=6.400000,z=28.480000
```

显然，通过给定计算的优先顺序，提高了程序的可读性，对于我们理解程序的设计思想很有帮助。

2.3.2　关系运算符及关系表达式

C 语言中关系运算符主要用于判断条件的表达，关系运算符及其含义、优先级如表 2-13 所示。

表 2-13　关系运算符及其含义、优先级

关系运算符	含义	优先级
>=	大于等于	高（10）
>	大于	
<=	小于等于	
<	小于	
==	等于	低（9）
!=	不等于	

关系运算符主要用于比较两个表达式的值，关系表达式的结果只有两个，即真（值为 1）和假（值为 0）。

如有：

```
…
int a,b;
a=(23>0)
b=((23-9) == (18-6));
…
```

则变量 a 的值为 1，变量 b 的值为 0。

2.3.3　逻辑运算符及逻辑表达式

C 语言中的逻辑运算符主要用于判断条件中的逻辑关系，逻辑运算符及其含义、优先级如表 2-14 所示。

表 2-14　逻辑运算符及其含义、优先级

逻辑运算符	含义	优先级
!	逻辑非	高（14）
&&	逻辑与	中（5）
||	逻辑或	低（4）

逻辑运算符主要用于进一步明确关系表达式之间的关系，逻辑表达式的结果同关系表达式的结果一样，只有两个，即真（值为 1）和假（值为 0）。表 2-15 所示为逻辑运算规则。

表 2-15　逻辑运算规则

A	B	A&&B	A||B	!A
真	真	真	真	假
真	假	假	真	假
假	假	假	假	真
假	真	假	真	真

注：① 表中的 A 或 B 均可以是其他关系表达式。

② 在 C 语言中，任何非零值均代表真，零值代表假。

由逻辑运算符和关系表达式可组成复杂逻辑表达式，如(a>b) && !(c-d) || (a>=5);。

值得注意的是，对于由关系表达式和逻辑表达式组成的复杂表达式，为了提高运算速度，编译器会对下面两种特殊情况做不同的处理。

1．(表达式 1) || (表达式 2)

根据语法规则，只要表达式 1 的值为真（1），则不论表达式 2 的值如何，(表达式 1) || (表达式 2)的结果就为真，因此，编译器对表达式 2 不会进行计算，但会检查其语法。

假定有这样的语句：

```
…
int a=4,b=8,c;
c=(a<b)||(++a);
printf("c=%d, a=%d\n",c,a);
…
```

因为表达式 a<b 的结果为真，不论后面表达式的值为多少，逻辑表达式 (a<b)||(++a) 的结果都为真，因此，系统不会去计算表达式(++a)，a 的值也不会增加，程序运行结果为 c=1,a=4。

2．(表达式 1) && (表达式 2)

根据语法规则，只要表达式 1 的值为假（0），则不论表达式 2 的值如何，(表达式 1) && (表达式 2)的结果就为假，因此，编译器对表达式 2 不会进行计算，但会检查其语法。

假定有这样的语句：

```
…
int a=4,b=8,c;
c=(a>b)&&(++a);
printf("c=%d, a=%d\n",c,a);
…
```

因为表达式 a>b 的结果为假，不论后面表达式的值为多少，逻辑表达式(a>b)&&(++a) 的结果都为假，因此，系统不会去计算表达式(++a)，a 的值不会增加，程序运行结果为 c=0,a=4。

通过以下程序，了解复杂逻辑表达式的一些运算规则。

【例 2-14】阅读以下程序，分析复杂逻辑表达式运算的语法规则。

```
/*example2_14.c 分析复杂逻辑表达式运算的语法规则*/
#include <stdio.h>
iint main()
{
    int a=4,b=8,c=5;
    int d1,d2,d3,d4;
    d1=(a<b)||(++a==5)||(c>b--);                        /* 表达式(1) */
    printf("d1=%d, a=%d, b=%d, c=%d\n",d1,a,b,c);
```

```
d2=(a>b)&&(++a==5)||(c>b--);                      /* 表达式(2) */
printf("d2=%d, a=%d, b=%d, c=%d\n",d2,a,b,c);
d3=(a<b)||(++a==5)&&(c>b--);                       /* 表达式(3) */
printf("d3=%d, a=%d, b=%d, c=%d\n",d3,a,b,c);
d4=(a>b)&&(++a==5)&&(c>b--);                       /* 表达式(4) */
printf("d4=%d, a=%d, b=%d, c=%d\n",d4,a,b,c);
return 0;
}
```

程序运行结果：

```
d1=1, a=4, b=8, c=5
d2=0, a=4, b=7, c=5
d3=1, a=4, b=7, c=5
d4=0, a=4, b=7, c=5
```

读者可以根据逻辑运算的语法规则，分析程序中的 4 个表达式的计算结果，思考一下：如果将表达式（4）改成 d4=(a<b)&&(++a==5)&&(c>b--);，结果会怎样？【例 2-14】中程序的主要目的是通过复杂逻辑表达式来了解其语法规则，在实际的程序设计中，要尽量避免这样含混不清的表达，以免出现意料之外的情况。

2.3.4 位运算符及表达式

在 C 语言中，位运算主要是针对整型和字符型数据类型而言，直接对变量的二进制按位进行操作，不适合用于浮点型等其他数据类型。位运算符及其含义、优先级如表 2-16 所示。

表 2-16 位运算符及其含义、优先级

位运算符	含义	优先级
～	按位取反	高（14）
<<	位左移	中（11）
>>	位右移	
&	位与	低（8）
∧	位异或	低（7）
|	位或	低（6）

位运算的操作数只有两个，即 0 或 1，位运算规则如表 2-17 所示。

表 2-17 位运算规则

A	B	A|B	A^B	A&B	～A	～B
1	1	1	0	1	0	0
1	0	1	1	0	0	1
0	0	0	0	0	1	1
0	1	1	1	0	1	0

关于位运算的用途和更多细则，将在第 11 章中讲述。

2.3.5 条件运算符

条件运算符又称为三目运算符，由"?"和":"组成，"三目"指的是操作数的个数有 3 个。由三目运算符构成的条件表达式的一般形式为：

```
表达式1?表达式2:表达式3;
```

表达式 1 通常是关系表达式或逻辑表达式，也可以是其他表达式。该条件表达式的语法规则为：当表达式 1 的值为 1（真）时，其结果为表达式 2 的值；相反，当表达式 1 的

值为 0（假）时，其结果为表达式 3 的值。

【例 2-15】 阅读以下程序，了解三目运算符组成的表达式的计算规则。

```
/*example2_15.c 了解三目运算符组成的表达式的计算规则*/
#include <stdio.h>
#include <stdlib.h>
int main()
{
    int a=3,b=5,c;
    c=(a>b)?(a+b):(a-b);
    printf("The max value of a and b is %d\n",c);
    a=6;
    b=2;
    c=(a>b)?(a-b):(a+b);
    printf("The max value of a and b is %d\n",c);
    return 0;
}
```

程序运行结果：

```
The max value of a and b is -2
The max value of a and b is 4
```

2.3.6 逗号表达式

逗号表达式是由逗号运算符"，"将两个表达式连接起来组成的一个表达式，逗号表达式的一般形式为：

```
表达式 1,表达式 2;
```

逗号表达式的语法规则为：先计算表达式 1，再计算表达式 2，逗号表达式的最后结果为表达式 2 的计算结果。

【例 2-16】 了解逗号表达式的语法规则。

```
/*example2_16.c 了解逗号表达式的语法规则*/
#include <stdio.h>
int main()
{
    int a,b;
    a=3*5,a*4;
    b=(3*5,a*4);
    printf("a=%d\nb=%d\n",a,b);
    return 0;
}
```

程序运行结果：

```
a=15
b=60
```

在上面的这个例子中，我们要能够准确地区分逗号表达式与一般的表达式，语句 a=3*5,a*4;中的第 1 个表达式为赋值表达式，把 3*5 的结果值 15 赋给变量 a，则变量 a 的值为 15；第 2 个表达式为简单的算术表达式，它的结果值为 60，被临时存放在内存单元中，系统无法使用。语句 b=(3*5, a*4);整体上是一个赋值语句，是把逗号表达式(3*5, a*4)的结果值赋给变量 b，根据逗号表达式的运算规则，变量 b 的值就为 a*4 的结果值 60。

关于逗号表达式的几点说明如下。

（1）逗号表达式一般形式中的表达式 1 和表达式 2 也可以是逗号表达式，以形成嵌套的形式，如表达式 1,(表达式 2,表达式 3)，因此，可以把逗号表达式扩充到具有 n 个表达式的情况：

```
表达式1,表达式2,……,表达式n;
```

整个逗号表达式的结果为表达式 n 的值。

（2）程序中使用逗号表达式的目的主要是分别求逗号表达式内各表达式的值，而并不是求整个逗号表达式的值。

（3）在变量说明中出现的逗号和在函数参数表中出现的逗号，只是作为各变量之间的间隔符，并不构成逗号表达式。

🎵 **建议**：如果不是特别需要，在程序代码中应尽量不用或少用逗号表达式。

【例2-17】进一步了解逗号运算符。

```c
/*example2_17.c 进一步了解逗号运算符 */
#include <stdio.h>
int main()
{
    int x,y;
    int a=2,b=4,c=8,m,n;
    y=(x=3*5,x*4,x+15);          /* 表达式(1) */
    m=a+b,n=b+c;                 /* 表达式(2) */
    printf("x=%d, y=%d\n",x,y);
    printf("m=%d, n=%d\n",m,n);
    return 0;
}
```

程序运行结果：

```
x=15, y=30
m=6, n=12
```

根据逗号表达式的语法规则，可以分析出【例2-17】所示程序的运行结果。但是，值得注意的是，逗号表达式有可能降低程序的可读性，比较程序中的逗号表达式（1）和逗号表达式（2），不难看出，逗号表达式（1）要表达的意思不是很明确，这不利于养成良好的编程习惯，建议读者在编写程序时谨慎使用逗号表达式。

2.3.7　数据类型的转换

一般情况下，应尽可能使一个表达式中各变量的类型保持一致，以保证计算结果的正确性。在 C 语言中，允许同一个表达式中混合有不同类型的常量和变量，C 语言的编译器会将较短的数据类型的值转换成较长的数据类型的值，假设有：

```c
float t=3.7, s;
int a=3, b;
```

若有下面的语句：

```c
s=a+t;
b=a+t;
```

则表达式的结果为 s=6.7，b=6，这是由于数据类型长的值赋给数据类型短的变量，会产生数据丢失，这在程序设计时应多加注意，以避免出现不准确的数据。

🎵 **建议**：尽可能避免由于系统自动转换类型而带来的数据丢失，如有必要，可强制转换数据类型。

强制转换数据类型的一般形式为：

（数据类型符）表达式或变量；

强制转换数据类型的语法规则：将表达式或变量的值转换成圆括号内指定的数据类型，但并不会改变变量原来的数据类型。

例如：

```
int a;
float t;
a=15;
t=(float) a/30;
```

因为采用了强制类型转换，则结果为 t=0.5，若没有进行强制类型转换，表达式为t=a/30;，则结果为 t=0。

2.3.8　复杂表达式的计算顺序

C 语言共有各类运算符 44 个，按优先级可分为 11 个类别共 15 个优先级，上面已介绍了一些常用的运算符，还有一些会在后续章节中陆续介绍，一般情况下，程序会先计算优先级高的运算符组成的表达式，除非用圆括号改变它们的顺序。所有运算符的优先级与运算的结合方向如表 2-18 所示，各运算符的优先顺序按序号由高到低列出。

表 2-18　运算符的优先级与运算的结合方向

序号	类别	运算符	名称	优先级	结合性
1	强制 下标 成员	() [] ->、.	类型转换，参数表，函数调用 数组元素的下标 结构体或共用体成员	15（最高）	自左向右
2	逻辑 位 算术自增、算术自减 指针 算术 长度	! ~ ++、— &、* +、− sizeof	逻辑非 位非 增加 1、减少 1 取地址、取内容 取正、取负 （数据）长度	14	自右向左
3	算术	*、/、%	乘、除（整除）、模（取余）	13	自左向右
		+、−	加、减	12	
4	位	<< >>	左移位 右移位	11	
5	关系	>=、> <=、<	大于等于、大于 小于等于、小于	10	
		==、！=	相等、不相等	9	
6	位	&	位与	8	
		∧	位异或	7	
		|	位或	6	
7	逻辑	&&	逻辑与	5	
		||	逻辑或	4	
8	条件	?:	条件（三目运算符）	3	自右向左
9	赋值	=	赋值	2	自右向左

序号	类别	运算符	名称	优先级	结合性
10	自反赋值	+=、-= *= /= %=、&= ∧=、|= <<= >>=	加赋值、减赋值 乘赋值 除赋值 模赋值、位与赋值 按位异或赋值、按位或赋值 位左移赋值 位右移赋值	2	自右向左
11	逗号	,	逗号	1（最低）	自左向右

表 2-18 中出现的自反赋值运算符，是由两个运算符组成的，是一种简写方式，只适用于算术运算和位运算。例如，表达式 a=a+b;可写成 a+=b;，这个加赋值同样适用于其他的自反赋值。

一个复杂的表达式，计算时会根据运算符的优先级顺序进行计算，为了程序代码的书写规范化，再次提醒读者：对于复杂表达式，可使用圆括号来指定其表达式计算的优先级。

【例 2-18】 复杂表达式的计算顺序。

```c
/*example2_18.c 复杂表达式的计算顺序*/
#include <stdio.h>
Int main()
{
    int a=10,b=15,c=14,temp;
    temp= a+6>b && b-c>c;                  /* 表达式(1) */
    printf("a+6>b && b-c>c= %d\n",temp);
    temp=!a+b*c-b/a && b-a*!(c-a);         /* 表达式(2) */
    printf("!a+b*c-b/a && b-a*!(c-a)= %d\n",temp);
    return 0;
}
```

程序运行结果：

```
a+6>b && b-c>c= 0
!a+b*c-b/a && b-a*!(c-a)= 1
```

请读者对照表 2-18 中运算符的优先级，分析表达式（1）和表达式（2）的计算顺序和计算结果。请读者在不改变程序运行结果的同时，修改程序，通过圆括号来确定表达式计算的优先顺序，提高程序的可读性。

📎 **建议**：程序中的表达式应简单明了，表达式的计算顺序应由程序员在设计程序时指定，而不是由系统来判定计算顺序。

2.3.9　C 语言的基本语句结构

第 1 章已经介绍了 C 语言程序的组成结构，而一个程序的构成最主要的还是语句结构，不同的语句结构可以构成一个完整的程序，完成由算法设计的工作流程。

在 C 语言中，根据语句的功能不同，可将语句划分为如下 4 类。

1．表达式语句

在表达式后加一个分号就构成表达式语句。例如：

```c
a=3*b-c/2;
i--;
```

```
++j;
b=(a>3)? 1:0;
```

以上语句都为合法的表达式语句，需要注意的是，空语句（只有一个分号的语句）也是合法的语句，它表示什么也不执行。空语句的形式为：

```
;
```

空语句一般不独立使用，常用于满足特定条件下的语法需求，或用在循环中起特定的作用，详细规则将在第5章中介绍。

2．复合语句

复合语句是由一对花括号将多个语句括起来组成的。例如：

```
{
  a=b+c;
  x=y%a;
  printf("a=%d, x=%d\n", a, x);
}
```

3．控制语句

控制语句是由控制结构组成的语句，完成特定的动作或功能，控制语句有以下5种。

（1）选择（分支）语句：if…else。

（2）多分支语句：switch。

（3）for 循环语句：for。

（4）while 循环语句：while。

（5）do…while 循环语句：do…while。

其中，选择（分支）语句和多分支语句的语法规则将在第4章详细讨论，for循环、while循环和do…while循环将在第5章详细讨论。

4．转向控制语句

转向控制语句由系统提供的关键字构成，用于改变程序的流程。转向控制语句有以下4种。

（1）break;用于 switch 语句和循环语句。

（2）continue;只用于循环语句。

（3）return;用在函数的结束处。

（4）goto<标号>;可用于程序的任何地方，但不提倡使用。

转向控制语句使用的语法规则将在第4章和第5章中详细讨论。

任何C语言的程序都由上述4类结构中的语句所组成，使用这些结构构成的语句可以实现复杂的算法，从而得到能够指挥计算机工作的程序。

2.4 标准输入/输出函数

在C语言程序设计中，输入/输出是最基本的语句，几乎所有的程序要进行数据输入/输出的处理。在C语言中，输入/输出的操作可通过调用系统函数来实现，这样的函数有很多，常用的标准输入/输出函数有如下几种。

（1）格式化输入/输出函数：scanf()/printf()。

（2）字符输入/输出函数：getc()/putc()。

（3）字符输入/输出函数：getch()/putch()和getchar()/putchar()。

（4）字符串输入/输出函数：gets()/puts()。

这些输入/输出函数基本上能满足 C 语言程序设计中的标准输入/输出需要。它们的功能各有特点，使用前要对其有所了解，根据具体的要求选择使用不同的搭配组合。

上面第 4 组字符串输入/输出函数 gets()/puts()是专门用于处理字符串的，它的使用方法将在第 7 章中介绍。

2.4.1 格式化输出函数

格式化输出函数 printf()的作用是按控制字符串指定的格式，向标准输出设备（一般为显示器）输出指定的输出项，其一般形式为：

```
printf("格式控制字符串",输出项列表);
```

其中，<输出项列表>可以是常量、变量、表达式，其类型和个数必须与格式控制字符串中字符的类型、个数一致，当有多个输出项时，各项之间要用逗号分隔。

假如有 int a,b,c;，则 a,b,a+b,b-c 就可以构成一个输出项列表。

<"格式控制字符串">必须用双引号将<格式控制字符串>括起，可由格式说明和普通字符两部分组成。当格式控制字符串中只有普通字符的时候，不需要后面的输出项列表，如 printf("Please enter a value:\n");，这种情况常用于输出程序中的提示用语和固定信息。格式字符中的输出格式与后面的<输出项列表>中的内容是一一对应的关系，大部分情况下控制字符串都带有普通字符和格式字符。

1．格式说明

格式说明的一般格式为：

```
%  [<修饰符>]<格式字符>
```

<格式字符>规定了对应输出项的输出格式，在<格式字符>的前面，还可加上字母 l 和 h（大小写均可），用以说明是用长整型或短整型格式输出数据。常用输出格式字符如表 2-19 所示。

表 2-19　常用输出格式字符

格式字符	意义	格式字符	意义
d	按十进制整数输出	e	按科学记数法输出
Hd 或 hd	按十进制整数输出短整型数	o	按八进制整数输出
Ld 或 ld	按十进制整数输出长整型数	x	按十六进制整数输出
u	按无符号整数输出	g	按 e 和 f 格式中较短的一种输出
Hu 或 hu	按无符号短整型输出	c	按字符型输出
f	接浮点型小数输出	s	按字符串输出
Lf 或 lf	按双精度输出浮点数		

<修饰符>是可选的，用于确定数据输出的宽度、精度、小数位数、对齐方式等，用于产生更规范整齐的输出。当没有<修饰符>时，以上各项按系统默认设置显示。

（1）字段宽度修饰符

表 2-20 所示为字段宽度修饰符。

表 2-20　字段宽度修饰符

修 饰 符	格式说明	意　义
m	%md	以宽度 m 输出整型数，数据宽度不足 m 时，左补空格
0m	%0md	以宽度 m 输出整型数，数据宽度不足 m 时，左补零
m.n	%m.nf	以宽度 m 输出实型小数，小数位为 n 位

假设有：

```
i=123, a=12.34567;
```

则 printf(" %4d+++%5.2f ",i,a) ;的输出为：

```
␣123+++12.35
```

而 printf(" %2d+++%2.1f ", i,a) ;的输出为：

```
123+++12.3
```

可以看出，当指定宽度小于数据的实际宽度时，对整数，按该数的实际宽度输出；对浮点数，相应小数位的数四舍五入，如 12.34567 按%5.2f 输出，结果为 12.35。若宽度小于等于浮点数整数部分的宽度，则该浮点数按实际位数输出，但小数位数仍遵守宽度修饰符给出的值，如上面的 12.34567 按%2.1f 输出，结果为 12.3。

在实际应用中，还有一种更灵活的宽度控制方法，用常量或变量的值作为输出宽度，方法是以一个 "*" 作为修饰符，插入到%之后。

假如有：

```
i=123;
```

则 printf(" %*d",5,i) ;语句中*对应的宽度为 5，所以，变量 i 的输出宽度为 5，该语句的输出结果为：

```
␣␣123
```

通常，在程序中可以用一个整形变量 k 来指定宽度：

```
printf("%*d",k,i);
```

可以根据 k 的值动态地决定 i 的显示宽度。根据需要采用这种输出方式，在解决某些数据输出问题时能带来一些方便。

【例 2-19】阅读以下程序，观察输出宽度的动态变化。

```
/* example2_19  动态改变输出宽度 */
#include <stdio.h>
int main()
{
    char ch='A';
    int k;
    for (k=1;k<=5;k++)
            printf("%*c\n",k,ch);
    return 0;
}
```

程序运行结果：

```
A
␣A
␣␣A
␣␣␣A
␣␣␣␣A
```

从程序中可以看到，控制输出宽度的*随着 k 值的变化而变化，因此，输出字符前的空格数也会随之变化。

【例 2-20】 阅读以下程序，了解数据输出的常用格式。

```c
/*example2_20.c 了解数据输出的常用格式*/
#include <stdio.h>
int main()
{
    int a=1234,b=23456;
    long int c=345678;
    unsigned int d=4567890;
    char e='A';
    double f=314.15926535898;
    printf("1--按默认格式输出数据:\n");
    printf("a=%d,b=%d,c=%ld,d=%u\n",a,b,c,d);
    printf("e=%c,f=%f,f=%e\n",e,f,f);
    printf("------------------------------\n");
    printf("2--按指定宽度输出字符:\n");
    printf("e=%3c,e=%03c\n",e,e);
    printf("------------------------------\n");
    printf("3--按指定宽度输出整型数:\n");
    printf("a=%3d,b=%4d,c=%4ld,d=%5u\n",a,b,c,d);
    printf("a=%7d,b=%7d,c=%8ld,d=%9u\n",a,b,c,d);
    printf("a=%07d,b=%07d,c=%08ld,d=%09u\n",a,b,c,d);
    printf("------------------------------\n");
    printf("4--按指定宽度输出浮点型数:\n");
    printf("f=%8.2f,f=%12.2e\n",f,f);
    printf("f=%4.2f,f=%4.2e\n",f,f);
    return 0;
}
```

程序运行结果：

```
1--按默认格式输出数据:
a=1234,b=23456,c=345678,d=4567890
e=A,f=314.159265,f=3.141593e+002
------------------------------
2--按指定宽度输出字符:
e=␣␣A,e=00A
------------------------------
3--按指定宽度输出整型数:
a=1234,b=23456,c=345678,d=4567890
a=␣␣␣1234,b=␣␣23456,c=␣␣345678,d=␣␣4567890
a=0001234,b=0023456,c=00345678,d=004567890
------------------------------
4--按指定宽度输出浮点型数:
f=␣␣314.16,f=␣␣␣3.14e+002
f=314.16,f=3.14e+002
```

通过程序的运行结果，读者可以对数据的输出格式有较好的了解，在程序设计时，可以根据需要选择合适的输出格式。

（2）对齐方式修饰符

数据的默认输出方式为右对齐，因此，当数据的宽度小于指定的输出宽度时，系统会在数据前面加上空格。

我们可以通过在%的后面加上一个负号"–"，使数据的输出方式改为左对齐。

假设有：

```
i=123, a=12.34567;
```

则 printf(" %4d%10.4f ", i,a) ;的输出为：

```
 123  12.3457
```

而 printf(" %-4d%-10.4f ",i,a) ;的输出为：

```
123 12.3457
```

在 C 语言程序中，数据输出的对齐方式只有左对齐、右对齐两种。设置数据的对齐方式对数据本身没有影响，只能起到美观的作用。

读者可以用左对齐的方式修改本节其他程序，观察程序的运行结果。

2. 普通字符

普通字符包括可打印字符和转义字符，可打印字符主要是一些说明字符，这些字符会按原样显示在屏幕上；转义字符是不可打印的字符，它们其实是一些控制字符，控制产生特殊的输出效果。

假设有：

```
int i=123;   unsigned n=456; double a=12.34567;
```

则 printf(" %4d\t%7.4f\n\t%lu\n",i,a,n); 的输出为：

```
 123    12.3457
         456
```

其中，'\t'为水平制表符，作用是跳到下一个水平制表位。一般情况下，水平制表位的宽度设为 8 个字符，那么'\t'就是水平移到下一个制表符的列上（8 的倍数加 1）。'\n'为回车换行符，遇到'\n'，显示自动换到新的一行。

在 C 语言中，如果要输出%，则在控制字符中用两个%表示，即%%。

【例 2-21】修改【例 2-20】的程序，按对齐格式输出数据，进一步了解数据输出的其他格式。

```
/*example2_21.c 按对齐格式输出数据*/
#include <stdio.h>
int main()
{
     int a=1234,b=23456;
     long int c=345678;
     unsigned int d=4567890;
     char e='A';
     double f=314.15926535898;
     printf("1--按左、右对齐、制表方式输出字符:\n");
     printf("e=%-3ce=%3c\te=%c\n",e,e,e);
     printf("-------------------------------\n");
     printf("2--按左、右对齐、制表方式输出整型数:\n");
     printf("a=%-6d,b=%-7d,c=%-7ld,d=%-10u\n",a,b,c,d);
     printf("a=%6d,b=%7d,c=%8ld,d=%10u\n",a,b,c,d);
     printf("a=%d\tb=%d\tc=%ld\td=%u\n",a,b,c,d);
     printf("-------------------------------\n");
     printf("3--按左、右对齐、制表方式输出浮点型数:\n");
     printf("f=%-8.2f,f=%-12.2e\n",f,f);
     printf("f=%8.2f,f=%12.2e\n",f,f);
     printf("f=%f\tf=%e\t\n",f,f);
     return 0;
}
```

程序运行结果：

```
1--按左、右对齐、制表方式输出字符:
e=A  e=  A      e=A
-------------------------------
2--按左、右对齐、制表方式输出整型数:
```

　基本的程序语句 ／ 第2章

```
a=1234␣␣,b=23456␣␣,c=345678␣,d=4567890␣␣␣
a=␣␣1234,b=␣␣23456,c=␣345678,d=␣␣␣4567890
a=1234␣␣b=23456␣c=345678␣␣␣␣␣␣␣␣d=4567890
---------------------------------
3--按左、右对齐、制表方式输出浮点型数:
f=314.16␣␣,f=3.14e+002
f=␣␣314.16,f=␣␣␣3.14e+002
f=314.159265␣␣␣␣f=3.141593e+002
```

按指定的格式输出数据是程序设计中对数据输出的一种基本要求,通过【例 2-20】和【例 2-21】的程序,可以对程序的输出格式有所了解。

读者可以修改这两个程序,尝试更多形式的输出结果。

2.4.2 格式化输入函数

格式化输入函数 scanf()的功能是从键盘上按指定的格式输入数据,并将输入数据的值赋给相应的变量。

scanf()函数的一般格式为:

```
scanf("控制字符串",输入项列表);
```

其中,<"控制字符串">和<输入项列表>与 printf()中的参数有类似之处。<"控制字符串">规定了数据的输入格式,其内容也由格式说明和普通字符两部分组成,一般情况下不需要普通字符。<输入项列表>则由一个或多个变量地址组成,有多个变量地址时,各变量地址之间用逗号","分隔。

scanf()函数<输入项列表>中的变量地址,就是变量名前面加上地址操作符 "&",这是初学者容易忽略的一个问题。

假如有 int a,b;,则&a,&b 就可以构成一个<输入项列表>。

必须注意的是:<输入项列表>中的变量类型和顺序应与<"控制字符串">中的格式说明的顺序一致。

执行 scanf()语句时,输入的数据可以用空格符、表格符(Tab)和换行符(Enter)作为每个变量输入完毕的标志,以换行符作为数据输入的结束。

1.格式说明

格式说明规定了输入项中的变量以何种数据类型的格式被输入,它的一般形式为:

```
%[<修饰符>]<格式字符>
```

<格式字符>的表示方法与 printf()中的相同,各格式字符及其意义如表 2-21 所示。

表 2-21 输入格式字符及其意义

格式字符	意义
d	输入一个十进制整数
o	输入一个八进制整数
x	输入一个十六进制整数
f	输入一个小数形式的浮点数
e	输入一个指数形式的浮点数
c	输入一个字符
s	输入一个字符串

<修饰符>是可选的,下面介绍一些修饰符的作用。

（1）字段宽度

例如，scanf("%3d", &a);表示输入的整数宽度不能超过 3 个字符，这就意味着输入给变量 a 的有效值范围为-99～999，若超出这个范围，系统只会取前 3 位的值。

假如有：

```
int a,b;
scanf("%d%3d",&a,&b);
printf("a=%d\tb=%d\n",a,b);
```

若输入这样的数据：

```
1234␣12345↵
```

则系统会将 1234 赋给变量 a，会将 12345 的前 3 位的值 123 赋给变量 b，其结果为：

```
a=1234␣␣b=123
```

（2）l 与 h

l 与 h 可以和十进制（d）、八进制（o）和十六进制（x）一起使用，加 l（字母）表示输入数据为长整型数或双精度浮点数，加 h 表示输入数据为短整型数，例如：

```
scanf("%10ld%hd%lf", &a, &i,&x);
```

表示 a 按宽度为 10 的长整型数读入，而 i 按短整型数读入，x 按双精度浮点型数读入。

（3）字符"*"

在输入格式的修饰符中，*表示按规定格式输入但不赋予相应变量，作用是跳过相应的数据。

假如有：

```
int x=0,y=0,z=0;
scanf("%d%*d%d",&x, &y, &z);
```

若输入这样的数据：

```
11 22 33
```

则 x=11，y=33，z 未赋值（z 保持原来的值不变），22 这个值被跳过，没有赋给任何变量。

2．普通字符

普通字符包括空白字符、转义字符和可见字符。在输入格式的修饰符中，普通字符可有可无，但一般不建议在输入格式符中使用普通字符。

（1）空白字符

空格符、制表符或换行符都是一种空白字符，但它们在 ASCII 表中的值是不一样的。当需要输入多个变量的值时，可通过空格符、制表符或换行符来分离输入的值，将其赋给相应的变量。值得注意的是，当输入的数据中包含有字符型的数据时，需要做一些技术处理，否则可能会产生一些非预期的结果。

假如有：

```
int a;
char ch;
scanf("%d%c",&a, &ch);
```

若输入这样的数据：

```
64␣q↵
```

如果我们期望 a 的值为 64，ch 的值为'q'，那就错了，实际上，空格符被读入，并将它的值赋给了变量 ch。它的结果是 a 的值为 64，ch 的值为空格符。

为避免这种情况，可采用*来跳过一个空格符，例如：

```
scanf("%d%*c%c", &a, &ch);
```

若输入为 64␣q↵，则结果为 a 的值为 64，ch 的值为'q'。

这样就可跳过%d 后的空格，保证数据的正确录入。为避免错误的发生，用 scanf()语句来输入字符变量时，要注意输入的空白字符（空格符、制表符或换行符）有可能被赋给了字符变量，程序设计时，可采用先输入字符变量的值，后输入数值型变量的值来避免这种错误的发生。另外，对字符型的数据输入，系统还提供了专门的输入/输出函数来处理，这将在下一节中进行讨论。

【例 2-22】阅读以下程序，了解用 scanf()语句输入数据的作用。

```
/* example2_22.c 了解字符型数据和数值型数据的输入顺序*/
#include <stdio.h>
int main()
{
    int a, b;
    char ch1,ch2;
    scanf("%c%c",&ch1,&ch2);                 /* 语句(1) */
    scanf("%d%d",&a,&b);                      /* 语句(2) */
    printf("a=%d,b=%d\n",a,b);
    printf("ch1=%c,ch2=%c\n",ch1,ch2);
    return 0;
}
```

程序运行时，先输入两个字符型变量的值［连续输入两个字符，在两个字符之间不需要加空格符、表格符（Tab）和换行符（Enter）］，再输入两个整型变量的值，这样即可为每个变量正确地赋值。

程序运行结果：

```
AB↵
12  34↵
a=12,b=34
ch1=A,ch2=B
```

请注意，如果调换程序中语句（1）和语句（2）的顺序，输入数据时，变量的取值容易发生错误，请读者自行验证。

（2）转义字符

转义字符\n、\t 分别代表换行符和制表符，属于空白字符，在 scanf()语句中使用这些转义字符不会对数据的输入产生影响。

假如有：

```
int a,b,x,y,z;
scanf("%d%d", &a,&b);
scanf("%d%d%d",&x,&y,&z);
printf("a=%d,b=%d,x=%d,y=%d,z=%d\n",a,b,x,y,z);
```

若输入为：

```
1␣2␣3␣4␣5↵
```

则结果为 a=1,b=2,x=3,y=4,z=5。

若在上面的输入语句中加入转义字符，写成：

```
scanf("%d\n%d",&a,&b);
scanf("%d\t%d\t%d",&x,&y,&z);
```

则对同样的输入，其结果仍为 a=1,b=2,x=3,y=4,z=5。

显然，在 scanf()语句中，虽然加入转义字符对数据的输入一般不会产生影响，但还是建议不要在 scanf()语句中加入任何除格式符以外的转义字符，以免产生问题。

（3）可见字符

在 scanf()语句中，也可以加入除格式字符以外的可见字符，但在程序执行时，这些可见字符并不会显示在屏幕上，而是要求按原样输入，充当每个变量输入完毕的标志。这时，输入数据的间隔不再需要用空格符、表格符（Tab）和换行符（Enter）作为每个变量输入完毕的标志。

假如有：

```
int a,b;
char ch;
scanf("%d,%d,%c",&a,&b,&ch);
printf("a=%d\tb=%d\tc=%c\n",a,b,ch);
```

显然，该语句的格式字符中存在的可见字符是两个逗号（,），这就要求输入数据时也要按其顺序输入这两个逗号（,）。

程序执行时，应将可见字符按顺序输入，如 12,34,q↵，则结果为 a=12,b=34,ch=q,，这正是我们所期望的结果。

但是，因为 scanf()语句中的可见字符在程序执行的时候是看不见的，因此，如果输入的数据为 12␣34␣q↵，则除了会将 12 赋值给变量 a，赋给变量 b 与 ch 的值会是一个不可预料的结果，程序并不会报错，而是会继续执行下去，这是很危险的。

特别提醒：为了减少程序输入数据时的错误，使用 scanf()语句读入数据时，请注意以下两个方面。

（1）要注意数值型数据和字符型数据的取值特点，如果要同时输入这两种类型的数据，可先输入字符型数据，后输入数值型数据，以免产生错误。

（2）在 scanf()语句中不要加入可见字符。如果要提示输入什么数据，可以在 scanf()语句的前面用 printf()加上一条提示语句。

【例 2-23】编写一个可以求梯形面积的程序，梯形上、下边长和高的数值由键盘输入。

分析：设梯形上底为 a，下底为 b，高为 h，面积为 s，则 $s=(a+b)\times h\div 2$。

程序如下：

```
/*example2_23.c 输入梯形上、下边长和高的值, 求梯形的面积*/
#include <stdio.h>
int main()
{
    double a,b,h,s;
    printf("please input a,b,h:\n");
    scanf("%lf%lf%lf",&a,&b,&h);
    s=0.5*(a+b)*h;
    printf("a=%-5.2f b=%-5.2f h=%-5.2f\n",a,b,h);
    printf("s=%7.4f\n",s);
    return 0;
}
```

程序运行结果：

```
please input a,b,h:
3.5␣4.2␣2.8↵
a=3.50␣␣ b=4.20␣␣ h=2.80
s=10.7800
```

2.4.3 字符输出函数

C 语言专门为字符提供了一些输出函数，可以将字符输出到屏幕，对不同的编译器，它们有可能所在的头文件不同，表 2-22 所示为几种常用的字符输出函数。

表 2-22 字符输出函数

函数原型	函数功能
int putc(int ch,FILE *stream);	将 ch 所对应的字符输出到 stream 指定的文件流中
int putch(int ch);	将缓冲区中 ch 所对应的字符输出到屏幕
int putchar(int ch);	将 ch 所对应的字符输出到屏幕

在表 2-22 中，putchar(int ch)被定义成 putc(int ch,stdout)的一个宏（stdout 表示屏幕），它们的作用是相同的，但 putc()函数具有更多的功能，读者可以通过函数手册了解更详细的信息。

putch()和 putchar()的作用是向屏幕上输出一个字符，它们的功能与 printf()函数中的%c 相同。函数中的参数可以是字符常量、字符变量和整型表达式。如果是整型表达式，要求其表达式的值对应 ASCII 的字符。

【例 2-24】阅读以下程序，了解字符输出函数的功能。

```c
/*example2_24.c 了解字符输出函数的功能*/
#include <stdio.h>
#include <conio.h>
int main()
{
    char ch1='A',ch2='B';
    int a=97,b=32;
    printf("将字符输出到标准输出流: \n");
    putc(ch1,stdout);
    printf("\n 输出字符常量: \n");
    putch('O');
    putchar('K');
    printf("\n 输出字符变量: \n");
    putch(ch1);
    putchar(ch2);
    printf("\n 输出表达式对应的字符: \n");
    putch(a);
    putchar(a-b);
    putch('\n');
    return 0;
}
```

程序运行结果：

```
将字符输出到标准输出流:
A
输出字符常量:
OK
输出字符变量:
AB
输出表达式对应的字符:
aA
```

putc()、putch()、putchar()中的输出项也可以是转义字符，如 putc('\t');、putch('\a');、putchar('\\'); 等，都是合法的输出。

若输出项为整型常量，则该常量被看作字符代码，输出的是该整型常量值所对应的字符，如 putc(65);、putch(66);、putchar(67); 等，也是合法的输出，分别输出大写字母 A、B、C，因为其 ASCII 值分别为 65、66、67。

2.4.4 字符输入函数

C 语言还提供了与表 2-22 相对应的字符输入函数，如表 2-23 所示。表中列出了这些对应的字符输入函数及其功能。通过这些字符输入函数，可以读取从键盘输入的字符值，并将其值赋给字符变量。

表 2-23　字符输入函数

函数原型	函数功能
int getc(FILE *stream);	从指定的输入流 stream 中读取字符
int getch();	将键盘读取的字符放入缓冲区，键盘输入的字符不会显示在屏幕上
int getchar();	将键盘读取的字符放入缓冲区，键盘输入的字符会显示在屏幕上

在表 2-23 中，getchar()被定义成 getc(stdin)的一个宏（stdin 表示键盘），它们的作用是相同的，但 getc()函数具有更多的功能，读者可以通过函数手册了解更详细的信息。

getch()和 getchar()的作用是返回键盘输入的一个字符，它们的功能与 scanf()函数中的%c 相同，函数不带参数。假定 ch 为一字符变量，即：

```
char ch;
```

则字符输入函数的通用格式为：

```
ch=getc(stdin); 或者 ch=getch(); 或者 ch=getchar();
```

这些语句都代表相同的作用：从键盘输入一个字符，并将其赋给字符变量 ch。

使用字符输入函数必须注意以下几个方面。

（1）键盘接收字符之前，屏幕上无任何提示信息，若需要有提示信息，可在输入语句的前面用 printf()函数提示用户从键盘输入数据。

（2）使用 getch()函数在键盘上输入了字符之后，输入的字符不会显示在屏幕上。

（3）用字符输入函数接收字符时，并不是从键盘输入一个字符后立即响应，而是将输入的内容先读入缓冲区，待按了回车键后再一并执行。

（4）与 scanf()输入函数不一样，字符输入函数将空格符、制表符、换行符也作为字符接收。

【例 2-25】阅读以下程序，了解字符输入函数的功能及使用特点。

```
/*example2_25.c 了解字符输入函数的功能及使用特点 */
#include <stdio.h>
#include <conio.h>
int main()
{
    char ch1,ch2,ch3;
    printf("please enter character of ch1:getc(stdin)\n");
    ch1=getc(stdin);
    putc(ch1,stdout);
    printf("\nplease enter character of ch2:getchar()\n");
    ch2=getchar();
    putchar(ch2);
    printf("\nThe value of ch2 is: %c%d\n",ch2,ch2);
    printf("please enter character of ch3:ch3=getch()\n");
    ch3=getch();
    putch(ch3);
    printf("\nThe End!\n");
    return 0;
}
```

程序运行结果：

```
please enter character of ch1:getc(stdin)
A
A
please enter character of ch2:getchar()


The value of ch2 is:
10
please enter character of ch3:ch3=getch()
B
The End!
```

对于这样的程序运行结果，也许会有人对其中的某些输出看不明白，下面对【例 2-25】程序执行过程进行说明。

（1）程序开始运行，先出现提示 ch1=getc(stdin):，等待用户从键盘输入字符。

（2）从键盘输入一个字符'A'，以换行符作为输入的结束，这时屏幕显示的内容为：

```
please enter character of ch1:getc(stdin)
A
A
please enter character of ch2:getchar()


The value of ch2 is:
10
please enter character of ch3:ch3=getch()
```

程序继续等待输入字符变量 ch3 的值，其实，系统是将字符'A'和不可见的换行符'↵'一起放入了缓冲区，因此，语句 ch2=getchar();会先到缓冲区读取字符'↵'赋给字符变量 ch2，并通过语句 putchar(ch2);将其输出，由于换行符是不可见字符，所以我们会看到有一个空白行，另一个空白行是由语句 printf("\nThe value of ch2 is %d\n",ch2);产生的，显示出换行符的 ASCII 值为 10。

（3）程序执行语句 ch3=getch();时，输入的字符'B'并不会显示在屏幕上，但变量 ch3 的取值为'B'，它是通过语句 putch(ch3);输出在屏幕上的。

对于下面的语句：

```
char ch1,ch2;
ch1=getch();
ch2=getchar();
printf("ch1=%c,ch2=%c\n",ch1,ch2);
```

程序的运行结果会是怎样的？请读者自行验证，了解它们的区别。

请读者在机器上运行上面这个程序，并修改程序语句，通过一些不同的输入/输出组合，进一步了解和掌握字符输入/输出函数的作用，便于今后灵活使用。

> 💿 说明：对于字符输入/输出函数的使用，【例 2-24】和【例 2-25】所示的程序主要是从功能上说明了各函数的使用方法和功能。在程序设计中，要根据情况选择合适的输入/输出函数。使用字符输入/输出函数时，通常应考虑配对的使用。

2.5 程序范例

【例 2-26】 编写程序，计算两个复数的差。程序要求从键盘输入两个复数的实部和虚部的值，然后求第 1 个复数与第 2 个复数的差。

核心算法分析：两个复数的算术运算结果仍为复数，计算两个复数的差是实部与实部相减，虚部与虚部相减，即$(a1+b1i)-(a2+b2i)=(a1-a2)+(b1-b2)i$。

程序如下：

```
/*example2_26.c 计算两个复数的差*/
#include <stdio.h>
iint main()
{
    float a1,b1,a2,b2;
    printf("Please input the a1 and b1 of first complex:\n");
    scanf("%f%f",&a1,&b1);
    printf("The first complex is(%5.2f+%5.2fi)\n",a1,b1);
    printf("Please input the a2 and b2 of second complex:\n");
    scanf("%f%f",&a2,&b2);
    printf("The second complex is(%5.2f+%5.2fi)\n",a2,b2);
    printf("The difference is");
    printf("%6.2f+%6.2fi\n",a1-a2,b1-b2);
    return 0;
}
```

程序运行结果：

```
Please input the a1 and b1 of first complex:
18 24↵
The first complex is(18.00+24.00i)
Please input the a2 and b2 of second complex:
12 8↵
The second complex is(12.00+8.00i)
The difference is 6.00+16.00i
```

这个程序虽然是计算两个复数的差，但只要稍微改动程序，就可以计算两个复数的和、两个复数的积和两个复数的商。

【例 2-27】编写程序，在屏幕上输出由星号（＊）组成的菱形图案。

核心算法分析：利用 printf()语句可以直接将*输出到屏幕上。

程序如下：

```
/*example2_27.c 在屏幕上输出菱形图案*/
#include <stdio.h>
int main()
{
    printf("   *\n");
    printf("  ***\n");
    printf(" *****\n");
    printf("*******\n");
    printf(" *****\n");
    printf("  ***\n");
    printf("   *\n");
    return 0;
}
```

程序运行结果：

```
   *
  ***
 *****
*******
 *****
  ***
   *
```

只要对这个程序中的 printf()语句稍加修改，就可以输出其他符号组成的图案和其他形状的几何图案。

【例 2-28】 简单的数学计算。编写程序，计算 3 个数的和的平均值。

核心算法分析：计算 3 个数 a、b、c 之和的平均值的方法为 $(a+b+c)/3$。

注意 C 语言程序中对整数进行除法运算的特点，a、b、c 的值最好不要是整型数。

程序如下：

```
/*example2_28.c 求 3 个数的平均值*/
#include <stdio.h>
int main()
{
    float a,b,c,average;
    printf("Please enter three number:\n");
    scanf("%f%f%f",&a,&b,&c);
    average=(a+b+c)/3;
    printf("The average value is %-7.2f\n",average);
    return 0;
}
```

程序运行结果：

```
Please enter three number:
25.4 15.6 31.9
The average value is 24.30
```

对这个程序稍加修改，可以完成一些其他的简单算术计算。

请读者尝试修改这个程序，了解程序的简单计算功能。

2.6 本章小结

本章讲述的是 C 语言的基本概念和规则，主要内容有数据类型和变量、运算符和表达式、格式化输入/输出函数、字符输入/输出函数。它们是 C 语言的基础，通过这些规则，我们可以初步了解和掌握 C 语言程序的编写，另外，我们还应注意以下几个方面：

（1）不同类型的变量有不同的取值范围。我们不仅要避免将一个取值范围较大的数赋给一个取值范围较小的变量，同时还要避免不同数据类型变量之间的赋值，因为这样有可能引起数据的丢失，从而导致程序的运行结果不正确，甚至发生更严重的情况。

（2）要注意正确地使用运算符来表示不同的目的。对于复杂的表达式，建议使用圆括号来区分计算的优先顺序，这有助于提高程序的可读性。

（3）输入/输出功能是通过调用系统函数完成的。用 printf() 函数通过格式字符，可以完成许多复杂格式的文本输出。用 scanf() 函数接收变量的值时，要注意输入时的方式与类型必须完全一致地对应，否则会使变量的取值不正确。

（4）如果在程序中对某种数据类型的变量赋予了不同数据类型的值，系统并不会给出错误提示，而是会继续执行程序语句，这就有可能产生非常严重的后果，我们在程序设计时必须注意到这一点。

（5）本章的内容是构成 C 语言程序语句的基础，其使用方法和规则需要我们不断地在实验中去掌握，而不是靠死记硬背，只有反复多上机实验，勇于提出问题和验证问题才能真正掌握好理论知识。

（6）本章列举了许多简单的程序范例来说明 C 语言基础知识在程序中的应用。读者可把自己的疑问和想法写成程序语句，通过上机实验，对程序进行调试、运行，再通过程序的运行结果来进一步分析，了解和掌握 C 语言的基本语法规则，这将有助于读者对 C 语言知识的理解，提高编写程序的能力。

习题

一、填空题。请在以下各叙述的空白处填入合适的内容。

【题 2.1】 设 y 为 float 型变量，执行表达式 y=6/5;后，y 的值为_____。

【题 2.2】 执行 char ch='A'; ch=(ch>='A'&&ch<='Z')?(ch+32):ch;语句后，ch 的值是_____。

【题 2.3】 在 C 语言中，规定标识符只能由字母、数字或下画线组成，且第一个字符必须为_____①_____或_____②_____。

【题 2.4】 下列代数式写成 C 语言表达式为_____。

$$\frac{-b+\sqrt{b^2-4ac}}{2a}$$

【题 2.5】i 为 int 型变量，且初值是 3，有表达式 i++−3;，则该表达式的值是_____①_____，变量 i 的值是_____②_____。

【题 2.6】 i 为 int 型变量，且初值是 2，有表达式 ++i−3;，则该表达式的值是_____①_____，变量 i 的值是_____②_____。

【题 2.7】 若 x=1，y=2，z=3，则表达式 z+=++x+y++的值为_____。

【题 2.8】 若有定义 int y=3;float z=5.2,x=4.8;，则表达式 y+=(int)x+x+z 的值为_____。

【题 2.9】 若 x=2，y=3，则 x%=y+3 的值为_____。

【题 2.10】 表达式 a=(b=8)/(c=2)的值为_____。

【题 2.11】 若 a=1，b=2，c=3，则执行表达式(a>b)&& (c++);后，c 的值为_____。

【题 2.12】 077 的十进制数是_____①_____，0111 的十进制数是_____②_____，0X29 的十进制数是_____③_____，0XAB 的十进制数是_____④_____。

【题 2.13】 若有说明 char s1='\077',s2='\'，则 s1 中包含_____①_____个字符，s2 中包含_____②_____个字符。

【题 2.14】 设 x，y，z 为 int 型变量，且 x=3，y=−4，z=5，请写出下列各表达式的值。

（1）(x&&y)==(x||z);_____

（2）!(x>y)+(y!=z)||(x+y)&&(y−z);_____

（3）x++−y+(++z);_____

【题 2.15】 设 x、y 和 z 均为 int 型变量，请用 C 语言表达式描述下列命题。

（1）x 和 y 中有一个小于 z。　　　　　_____

（2）x、y 和 z 中有两个为负数。　　　_____

（3）y 是奇数。　　　　　　　　　　　_____

【题 2.16】 若已说明 x、y、z 均为 int 型变量，请写出下列输出语句的输出结果。

（1）x=y=z=0;

++x||++y&&++z;

printf("x=%d\ty=%d\tz=%d\n",x,y,z);　　　_____

（2）x=y=z=-1;

++x&&++y&&++z;

printf("x=%d\t y=%d\t z=%d\n",x,y,z);　　_____

（3）x=y=z=-1;

x++&&--y&&z--||--x;

printf("x=%d\t y=%d\t z=%d\n",x,y,z);　　_____

【题2.17】若有说明 int x=10,y=20;，请写出各 printf 语句的输出结果。

printf(" %3x\n",x+y);　　_____　①

printf(" %3o\n",x*y);　　_____　②

printf(" %3o\n",x%y,x,y);　　_____　③

printf(" %3x\n",(x%y,x-y,x+y));　　_____　④

【题2.18】若有说明 int a=1234;，请写出各 printf 语句的输出结果。

printf("%05d\n",a);　　_____　①

printf("%-05d\n",a);　　_____　②

printf("%05d\n",a++);　　_____　③

printf("%%05d\n",--a);　　_____　④

【题2.19】执行以下程序时输入 1234567<CR>，则输出结果是_____。

```
#include<stdio.h>
void main()
{    int a=1,b;
     scanf("%2d%2d",&a,&b);   printf("%d  %d",a,b);
}
```

【题2.20】以下程序的功能是输出 a、b、c 这 3 个变量中的最小值。请填空。

```
#include<stdio.h>
int main()
{    int a,b,c,t1,t2;
     scanf("%d%d%d",&a,&b,&c);
     t1=a<b?_____①_____;
     t2=c<t1?_____②_____;
     printf("%d\n",t2);
     return 0;
}
```

【题2.21】已知字母 A 的 ASCII 值为 65，以下程序运行后的输出结果是_____。

```
#include<stdio.h>
int main()
{    char a,b;
     a='A'+'5'-'3';   b=a+'6'-'2';
     printf("%d,%c\n",a,b);
     return 0;
}
```

【题2.22】有如下程序，若从键盘上输入数据"123 45678"，则输出是_____。

```
#include<stdio.h>
int main()
{
     char c1,c2,c3,c4,c5,c6;
     scanf("%c%c%c%c",&c1,&c2,&c3,&c4);
     c5=getchar();
     c6=getchar();
     putchar(c1);
     putchar(c2);
```

```
        printf("%c%c\n",c5,c6);
        return 0;
}
```

【题 2.23】以下程序的功能是：输入 3 个整数给 a、b、c，把 b 的值赋给 a，c 的值赋给 b，a 的值赋给 c，交换后输出 a、b、c 的值。例如，读入 a=10、b=20、c=30 后，交换成 a=20、b=30、c=10。将程序补充完整。

```
#include<stdio.h>
iint main()
{    int a,b,c,____①____;
     printf("Enter a,b,c: ");
     scanf("%d%d%d",____②____);
     ____③____; a=b; b=c;____④____;
     printf("a=%d,b=%d,c=%d\n",a,b,c);
     return 0;
}
```

二、单选题。在以下每个题的四个选项中，请选择一个正确的答案。

【题 2.24】若 a、b 均为 int 型变量，x、y 均为 float 型变量，正确的输入函数调用是_____。

    A. scanf("%d%f ",&a,&b);   B. scanf("%d%f",&a,&x);

    C. scanf("%d%d",a,b);   D. scanf("%f%f",x,y);

【题 2.25】若 x、y 均为 double 型变量，正确的输入函数调用是_____。

    A. scanf("%f%f",&x,&y);   B. scanf("%d%d",&x,&y);

    C. scanf("%lf%lf",&x,&y);   D. scanf("%lf%lf",x,y);

【题 2.26】若 x 为 char 型变量，y 为 int 型变量，x、y 均有值，正确的输出函数调用是_____。

    A. printf("%c%c",x,y);   B. printf("%c%s",x,y);

    C. printf("%f%c",x,y);   D. printf("%f%d",x,y);

【题 2.27】若 x、y 均为 int 型变量且有值，要输出 x、y 的值，正确的输出函数调用是_____。

    A. printf("%d%d",&x,&y);   B. printf("%f%f",x,y);

    C. printf("%f%d",x,y);   D. printf("%d%d",x,y);

【题 2.28】x 为 int 型变量，且值为 65，不正确的输出函数调用是_____。

    A. printf("%d",x);   B. printf("%3d",x);

    C. printf("%c",x) ;   D. printf("%s",x);

【题 2.29】设 x 和 y 均为 int 型变量，则执行以下语句后的输出为_____。

```
x=15;y=5;
printf("%d\n",x%=(y%=2));
```

    A. 0   B. 1   C. 6   D. 12

【题 2.30】若变量均已正确定义并赋值，以下合法的 C 语言赋值语句是_____。

    A. x=y==5;   B. x=n%2.5;   C. x+n=i;   D. x=5=4+1;

【题 2.31】若 x 为 int 型变量，则执行以下语句后的输出为_____。

```
x=0xDEF;
printf("%4d\n"x);
printf("%4o\n"x);
printf("%4x\n",x);
```

	A. 3567	B. 3567	C. 3567	D. 3567
	6757	6757	06757	6757
	def	def	0xdef	0def

【题 2.32】若 x、y、z 均为 int 型变量，则执行以下语句后的输出为_____。

```
x=(y=(z=10)+5)-5;
printf("x=%d,y=%d,z=%d\n",x,y,z);
y=(z=x=0,x+10);
printf("x=%d,y=%d,z=%d\n",x,y,z);
```

A.	x=10,	y=15,	z=10	B.	x=10,	y=10,	z=10
	x=0,	y=10,	z=0		x=0,	y=10,	z=0
C.	x=10,	y=15,	z=10	D.	x=10,	y=10,	z=10
	x=10,	y=10,	z=0		x=0,	y=10,	z=0

【题 2.33】若 x 是 int 型变量，y 是 float 型变量，所用的 scanf 调用语句格式为 scanf("x=%d, y=%f",&x,&y);，则为了将数据 10 和 66.6 分别赋给 x 和 y，正确的输入形式应当是_____。

A. x=10,y=66.6 <回车>

B. 10　66.6 <回车>

C. 10 <回车> 66.6 <回车>

D. x=10 　<回车> y=66.6 <回车>

【题 2.34】若 w、x、y、z 均为 int 型变量，则为了使以下语句的输出为 1234+123+12+1，正解的输入形式应当是_____。

```
scanf("%4d+%3d+%2d+%1d",&x,&y,&z,&w);
printf("%4d+%3d+%2d+%1d\n",x,y,z,w);
```

A. 1234123121<回车>

B. 1234123412341234<回车>

C. 1234+1234+1234+1234<回车>

D. 1234+123+12+1<回车>

【题 2.35】若 x、y 均为 int 型变量，z 为 double 型变量，则以下不合法的 scanf 函数调用语句为_____。

A. scanf("%d,%lx,%le",&x,&y,&z);

B. scanf("%2d*%d%lf",&x,&y,&z);

C. scanf("%x%*d%o",&x,&y);

D. scanf("%x%o%6.2f",&x,&y,&z);

【题 2.36】有以下程序段：

```
char ch;        int k;
ch='a';         k=12;
printf("%c,%d,ch,ch,k);  printf("k=%d\n",k);
```

已知字符 a 的 ASCII 十进制代号为 97，则执行上述程序段后输出结果是_____。

A. 因为变量类型与格式描述符的类型不匹配，输出无定值

B. 输出项与格式描述符个数不符，输出为零值或不定值

C. a,97,12k=12

D. a,97k=12

【题 2.37】以下能正确定义且赋初值的语句是_____。

A. int n1=n2=10;

B. char c=32;

C. float f=f+1.1

D. double x=12.3E2.5

【题 2.38】有以下程序：

```
void main()
{   int m,n,p;
    scanf("m=%dn=%dp=%d",&m,&n,&p);
    printf("%d%d%d\n",m,n,p);
}
```

若想从键盘上输入数据，使变量 m 的值为 123，n 的值为 456，p 的值为 789，则正确的输入是_____。

    A.　m=123n=456p=789　　　　　B.　m=123 n=456 p=789

    C.　m=123,n=456,p=789　　　　　D.　123 456 789

【题 2.39】有以下程序，其中%u 表示按无符号整数输出。

```
#include<stdio.h>
int main()
{   unsigned int x=oxFFFF;  // x的初值为十六进制数
    printf("%u\n",x);
    return 0;
}
```

程序运行后的输出结果是_____。

    A.　-1　　　　　　　B.　65535　　　　　C.　32767　　　　　D.　0xFFFF

【题 2.40】有以下程序：

```
#include<stdio.h>
int main()
{   int a=0,b=0;
    a=10;
    b=20;
    printf("a+b=%d\n",a+b);
    return 0;
}
```

程序运行后的输出结果是_____。

    A.　a+b=1　　　　　B.　a+b=30　　　　　C.　30　　　　　D.　出错

【题 2.41】有以下程序：

```
#include<stdio.h>
int main()
{   char c1,c2,c3;
    int a;
    scanf("%c%c%c%d",&c1,&c2,&c3,&a);
    printf("%d%c%c%c\n",a,c1,c2,c3);
    return 0;
}
```

程序运行后，若从键盘输入（从第 1 列开始）

```
    123<回车>
    456<回车>
```

则输出结果是_____。

    A.　123 456　　　　　B.　1 234　　　　　C.　456'　　　　　D.　456 123

【题 2.42】有以下程序：

```
#include<stdio.h>
int main()
{
    int m=0256,n=256;
    printf("%o%o\n",m,n);
    return 0;
}
```

程序运行后的输出结果是_____。

    A.　0256　0400　　　　　　　　　B.　0256　　256

    C.　256　400　　　　　　　　　　D.　400 400

【题 2.43】以下程序的功能是：给 r 输入数据后计算半径为 r 的圆面积。程序在编译时出错。

```
#include<stdio.h>
int main()
{
    /* Beginning */
    int r;
    float s;
    scanf("%d",&r);
    s=r*r*π;
    printf("s=%f\n",s);
    return 0;
}
```

出错的原因是_____。

    A. 注释语句书写位置错误

    B. 存放圆半径的变量 r 不应该定义为整型

    C. 输出语句中格式描述符非法

    D. 计算圆面积的赋值语句中使用了非法变量

三、编程题。 对以下问题编写程序并上机验证。

【题 2.44】输入两个整型数 x、y，求 x，y 之和、差、积、x/y 的商和余数。

【题 2.45】按下列要求编写程序，对变量 a、b、c 进行 unsigned int 型说明，将 65 赋给 a，66 赋给 b，67 赋给 c，对变量 a、b、c 用%c 格式输出显示。

【题 2.46】输入三角形 3 条边的边长，求三角形的面积。

【题 2.47】已知半径 r=3.4cm，求圆的周长和面积（保留两位小数）。

【题 2.48】编写变量 b 取 35.425，c 取 52.954，将 $b+c$ 变为整数赋给 a_1，对 b、c 取整数后求其和的程序。

【题 2.49】编写程序，实现如下功能：a 为 100，b 为 50。若 $a>b$ 成立，则将 a 赋予 c；否则将 b 赋予 c。同时，若 $a<b$ 成立，则将 a 赋予 d；否则将 b^2 赋予 d。

【题 2.50】输入 3 个字符型数据，将其转换成相应的整数后，求它们的平均值并输出。

【题 2.51】设 a 的值为 12，b 的值为 18，c 的值为 12，求 $a\&\&b$、$a||b$、$a\&\&c$ 计算结果的值。

【题 2.52】火车做直线匀加速运动，初速度为 0，加速度为 0.19m/s^2，求 30s 时火车的速度（km/h）。

【题 2.53】一辆汽车以 15m/s 的速度行驶 10min 后，另一辆汽车以 20m/s 的速度追赶，多长时间可以追上？请编写程序。

第3章 程序的简单算法设计

算法就是解决问题的方法和要遵循的步骤，计算机程序是通过算法来完成的，为了解决很多复杂的实际问题，人们研究了很多算法使计算机能够去解决这些问题，就目前而言，计算机算法可分为两大类：第一类是传统算法，它主要通过流程图、伪代码、自然语言等来描述，主要解决的是各种数据计算和数据处理；第二类就是人工智能算法，它主要通过机器学习、深度学习、自然语言处理、计算机视觉的算法来描述，专门用于处理人工智能的相关事项。

本章将简要介绍传统算法，它是算法基础，为计算机的发展和人工智能算法提供了坚实的基础。

传统算法主要描述的是对数据处理的方法和步骤顺序，对于具体问题，往往要先设计解决问题的算法，然后再编写程序，由计算机去执行程序，最后获得该问题的解。这就是传统计算机解决问题的方法。

总体来说，程序的核心就是算法。

3.1 结构化程序的算法设计

C 语言程序是一种结构化的程序，也就是说，任何用 C 语言程序来解决的问题，都可以分解成相互独立的几个部分，每个部分都可以通过简单的语句或结构来实现，这个分解问题的过程就可以看作设计程序算法的过程。

从程序设计的角度去理解，算法是指完成一个任务所需要的具体步骤和方法，即在给定初始状态或输入数据的情况下，经过计算机程序的有限次运算，能够得出所要求或期望的终止状态或输出数据。

【例 3-1】要求从键盘输入 3 个数，找出其中最小的数，将其输出到屏幕。请给出解决这个问题的算法。

分析：程序对从键盘输入的 3 个数必须用 3 个变量来保存，假定这 3 个变量分别为 a、b、c，另外，还需要一个变量 min 来保存最小的数。

先比较 a 和 b 的值，把数值小的放入 min 中，再将 min 与 c 进行比较，又把数值小的放入 min 中。

经过两次比较，min 中已存放的是 a、b、c 中最小的数，把 min 的值输出就是所需结果。

算法步骤：

（1）输入 3 个数，其值分别赋给 3 个变量 a、b、c；

（2）把 a 与 b 中较小的数放入变量 min 中；

（3）把 c 与 min 中较小的数放入变量 min 中；

（4）输出最后结果 min 的值。

在上面的算法步骤中，步骤（2）～（3）可详细描述，于是，改进后的算法步骤如下：

（1）输入 3 个数，其值分别赋给 3 个变量 a、b、c；

（2）比较 a 与 b 的值，如果 $a<b$，则 min=a，否则 min=b；

（3）比较 c 与 min 的值，如果 $c<$min，则 min=c；

（4）输出最后结果 min 的值。

这样，通过算法描述的步骤，可以很方便地用程序语言来实现。

3.2 结构化算法的性质及结构

对程序而言，算法必须是可以终结的一个过程，也就是说每一个执行算法的程序最终必须是能够正常结束的。如果达不到这个要求，任何所谓的"算法"都不能称为算法，或者说该"算法"的设计有问题，必须修正。

3.2.1 结构化算法的性质

一般而言，算法应具有以下几个方面的性质。

1．算法名称

每个算法都应该有一个名称，给算法命名，是为了方便算法的描述，在 C 语言中，算法的名称通常就是函数名。

2．输入

算法一般都应有一些输入的数据或初始条件，如在【例 3-1】中输入的数据 a、b、c。

3．输出

每个算法都会有一个或多个输出，以反映对输入数据加工后的结果，如【例 3-1】中找到的最小数。

4．有效性

算法的每一步都是可执行的，正确的算法原则上都能够精确地运行，理论上人们用笔和纸经过有限次运算后应该是可以完成的。

5．正确性

算法的结果必须是正确的。如在【例 3-1】中，如果按照算法不能找出最小数，则该算法不具有正确性，这时就必须修正算法，以获得正确的结果。

6．有限性

任何算法都必须在执行有限条指令后结束。

3.2.2 结构化算法的结构

在 C 语言的算法描述中，主要采用的结构有如下 3 种。

1．顺序结构

顺序结构的特点：程序在执行过程中是按语句的先后顺序来执行的，每条语句都代表着一个功能，所有语句执行完毕，程序就结束了。

2．分支结构

分支结构的特点：程序在执行过程中，对算法中表示出来的某些功能，在程序中不一定都会执行，而是根据条件的不同选择执行不同的功能。

3．循环结构

循环结构的特点：程序在执行过程中，在一定的时间段内或一定的条件下，重复地执行某个功能，直到时间已到或条件不再满足。

程序设计就是要解决以下两个主要问题：

（1）按什么顺序或步骤来执行；

（2）用什么语句来实现。

这其实也就是算法设计的核心问题。

3.3 结构化算法的描述方法

对算法的描述有不同的方法，常用的描述方法有流程图、伪代码、自然语言等。用自然语言来描述的算法一般只适合于比较简单的算法，对复杂算法用流程图或伪代码较为合适，另外，还有一些其他描述算法的图符，如 N-S 图、PAD 图等，目前传统算法的描述方法通常是采用流程图或者伪代码。

3.3.1 自然语言

自然语言就是指人们日常使用的语言，可以是汉语、英语或其他语言。用自然语言可以直接将算法步骤表述出来。用自然语言表示算法的特点是：通俗易懂，简单明了。

请看两个采用自然语言来描述的算法。

【例 3-2】从键盘输入两个变量的值 a、b，按输入值从小到大的顺序将这两个变量的值输出到屏幕。请写出这个问题的算法描述。

算法描述如下。

第 1 步：输入变量 a 和 b 的值；

第 2 步：比较 a 和 b 的值，如果 a 大于等于 b，则先输出 a，再输出 b；否则，先输出 b，再输出 a；

第 3 步：算法结束。

根据这个算法，写出程序不是一件困难的事情。

【例 3-3】几何级数求和 $sum=1+2+3+4+5+\cdots+(n-1)+n$。请写出该问题的算法。

算法描述如下。

第 1 步：给定一个大于 0 的正整数 n 的值。

第 2 步：定义一个整型变量 i，其初始值设为 1。

第 3 步：定义整型变量 sum，其初始值设为 0。

第 4 步：如果 i 小于等于 n，则转第 5 步，否则执行第 8 步。

第 5 步：将 sum 的值加上 i 的值后，重新赋值给 sum。

第 6 步：将 i 的值加 1，重新赋值给 i。

第 7 步：执行第 4 步。

第 8 步：输出 sum 的值。

第 9 步：算法结束。

显然，与【例 3-2】相比，根据这个算法来编写相应的程序，在难度上会有所增加，而且有可能写出来的程序不一定符合结构化的要求。

使用自然语言来描述算法虽然比较容易掌握，算法描述直接明了，但它只适合于逻辑结构简单、按顺序先后执行的问题。它要求算法设计人员必须对算法有非常清晰、准确的了解，而且具有较好的语言文字表达能力。否则，用自然语言来描述算法，有时候难以表达，或者容易产生歧义。

当算法中含有多种分支或循环操作时，自然语言就很难表述清楚。语言中的语气和停顿的不同，也容易产生一些歧义，比如"武松打死老虎"这句话，我们既可以理解为"武松打死了老虎"，又可以理解为"武松打一只死老虎"。因为每一个人都有自己的语言风格，相同的算法可能算法描述大不相同；语言的复杂性、语义的多义，有可能使得算法描述不够准确；另外，用自然语言表达的算法不便于相互比较、评判、改进、提高，同时也不便于交流。因此，程序的算法一般都不采用自然语言来描述。

3.3.2 流程图

流程图是一种用带箭头的线条将有限个几何图形框连接而成的，其中，框用来表示指令动作、指令序列或条件判断，箭头用来说明算法的走向。流程图通过形象化的图示，能较好地表示算法中描述的各种结构，有了流程图，程序设计可以更方便、更严谨。

流程图采用美国国家标准化协会（ANSI）规定的一些常用的流程图符号来表示，这些流程图符号、名称和它们所代表的功能含义如表 3-1 所示。

表 3-1　常用的流程图符号、名称和功能含义

流程图符号	名称	功能含义
⬭	开始/结束框	代表算法的开始或结束，每个独立的算法只有一对开始/结束框
▱	数据框	代表算法中数据的输入或者数据的输出
▭	处理框	代表算法中的指令或指令序列，通常为程序的表达式语句，对数据进行处理
◇	判断框	代表算法中的分支情况，判断条件只有满足和不满足两种情况
○	连接符	当流程图在一个页面画不完的时候，用它来表示对应的连接处。用中间带数字的小圆圈表示，如①
→	流程线	代表算法中处理流程的走向，连接上面的各图形框，用实心箭头表示

一般而言，描述程序算法的流程图完全可以用表 3-1 中的 6 种流程图符号来表示，通过流程线将各个框图连接起来，这些框图和流程线的有序组合就可以构成众多不同的算法描述。

为了简化流程图中的框图，我们通常将平行四边形的输入/输出框用矩形处理框来代替。

一般而言，对于结构化的程序，表 3-1 所示的 6 种符号组成的流程图只包含 3 种结构，即顺序结构、分支结构和循环结构，一个完整的算法可以通过这 3 种基本结构的有机组合来表示。掌握了这 3 种基本结构的流程图的画法，就可以画出整个算法的流程图。

1．顺序结构

顺序结构是一种简单的线性结构，由处理框和箭头线组成，根据流程线所示的方向，按顺序执行各矩形框的指令，流程图如图 3-1 所示。

指令 A、指令 B、指令 C 可以是一条指令，也可以是多条指令，顺序结构的执行顺序为从上到下地执行，即 A—B—C。

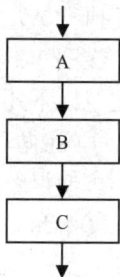

图 3-1 顺序结构的流程图

2．选择/分支结构

选择/分支结构由判断框、执行框和箭头组成，先要对给定的条件进行判断，看是否满足给定的条件，根据条件结果的真假分别执行不同的执行框。其流程图的基本形状有两种，如图 3-2 所示。

图 3-2（a）的执行顺序：先判断条件，当条件为真时，执行 A，否则执行 B。

图 3-2（b）的执行顺序：先判断条件，当条件为真时，执行 A，否则什么也不执行。

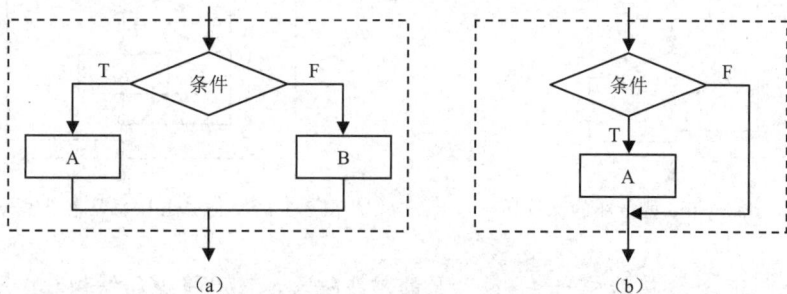

（a）　　　　　　　　　　　　　　　　（b）

图 3-2 选择/分支结构的流程图

> ⚠️ **注意**：最外层的虚线框表示可以将选择/分支结构看成一个整体的执行框，不允许其他的流程线穿过虚线框直接进入其内部的执行框。在算法设计时，这样能更好地体现结构化的思想。

3．循环结构

同选择/分支结构一样，循环结构也是由判断框、执行框和箭头组成的。但循环结构是在某个条件为真的情况下，重复执行某个框中的内容。循环结构有两种基本形态：while 型循环和 do...while 型循环。

（1）while 型循环

while 型循环的流程图如图 3-3 所示。

图 3-3 所示的 while 型循环的执行顺序：先判断条件，如果条件为真，则执行 A；然后再进入条件判断，构成一个循环，一旦条件为假，则跳出循环，进入下一个执行框。

（2）do...while 型循环

do...while 型循环的流程图如图 3-4 所示。

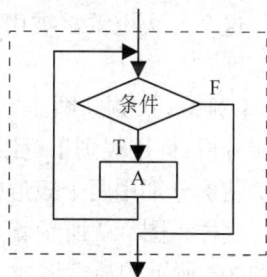

图 3-3 while 型循环的流程图

图 3-4 所示的 do...while 型循环的执行顺序：先执行 A，再判断条件，若条件为真，则重复执行 A，一旦条件为假，则跳出循环，进入下一个执行框。

在图 3-3 和图 3-4 中，A 被称为循环体，条件被称为循环控制条件。使用循环结构时，要注意以下几个方面。

① 在循环体中的指令有可能不止一条，同时，在指令中必须有对条件的值进行修改的语句，使得经过有限次循环后，循环一定能结束。

② while 型循环中的循环体可能一次都不执行，而 do...while 型循环则至少执行了一次循环。

③ do...while 型循环可以转化为 while 型循环结构，但 while 型循环不一定能转化为 do...while 型循环。

例如，将图 3-4 所示的 do...while 循环转化成 while 循环，如图 3-5 所示。

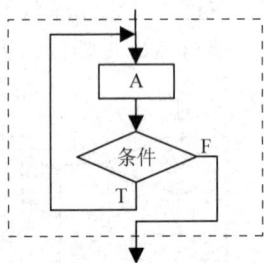

图 3-4 do...while 型循环的流程图

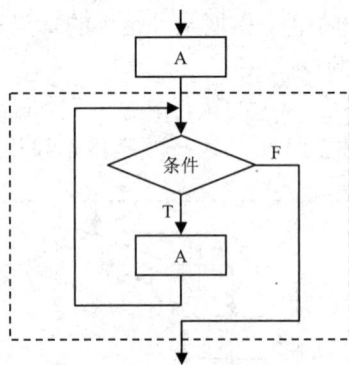

图 3-5 将 do...while 循环转化成 while 循环

提示：结构化程序的流程图具有以下两个规则。

规则 1：任何一个基本结构都可以用一个执行框来表示，如图 3-2～图 3-5 所示的虚线框。

规则 2：任何两个按顺序放置的执行框都可以合并为一个执行框来表示。

这两个规则可以多次重复使用。

一个完整的结构化的流程图经过多次转化后，最终都可以转化成图 3-6 所示的最简形式。

这个方法也常常被用来判断一个程序流程图是否符合结构化的基本标准。

【例 3-4】判断图 3-7 所示的流程图是否为结构化的流程图。

分析：运用规则 1 可以将图 3-7 中的 while 循环结构和条件判断（分支）结构分别用两个矩形框代替，如图 3-8 所示。

图 3-6 结构化程序

这样，图 3-7 所示就是一种由 5 个执行框组成的顺序结构，再反复运用规则 2 就可成为图 3-6 所示的最简形式。

所以，图 3-7 所示的流程图是结构化的流程图。

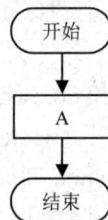

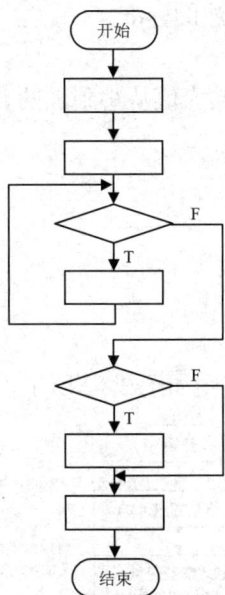

图 3-7　【例 3-4】的程序流程图

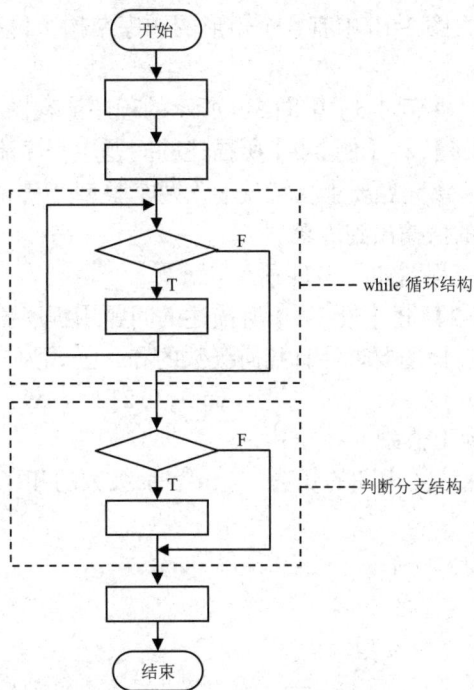

图 3-8　用矩形框表示一种控制结构

【例 3-5】 给出【例 3-1】所述问题的流程图，并分析其流程图是否符合结构化算法的标准。

分析：该问题是要求从键盘输入 3 个数，找出其中最小的数，并将其输出到屏幕。

假定从键盘输入的数要求是整型数，用 a、b、c 来代表从键盘输入的数，min 代表其中最小的数，则程序流程图如图 3-9 所示。

对图 3-9 所示的流程图运用规则 1，可以将图 3-9 中两个判断/分支结构用两个执行框来代替，如图 3-10 所示。

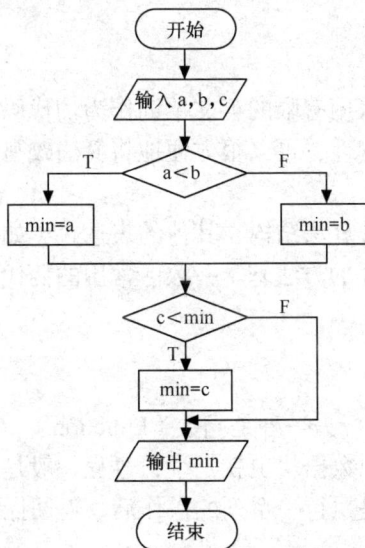

图 3-9　【例 3-1】的程序流程图

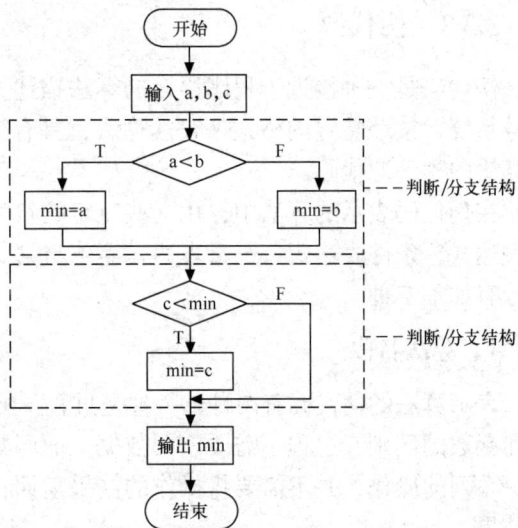

图 3-10　用执行框表示的流程图

这样，图 3-10 中有 4 个矩形的顺序结构，再反复运用规则 2 就可以成为图 3-6 所示的最简形式。

所以，【例 3-5】中图 3-9 所示的程序流程图符合结构化算法的标准。

【例 3-6】 将【例 3-2】所描述的问题用程序流程图表示。

分析：该问题要求从键盘输入两个整型变量 a、b 的值，按输入值从小到大的顺序将这两个变量的值输出到屏幕。

程序流程图如图 3-11 所示。

【例 3-7】 将【例 3-3】所描述的问题用程序流程图来表示。

分析：该题要求计算几何级数的和，公式为

$$sum=1+2+3+4+5+\cdots+(n-1)+n$$

式中，n 为正整数。

用 i 来表示求和的变量，sum 表示级数的和，则算法的流程图如图 3-12 所示。

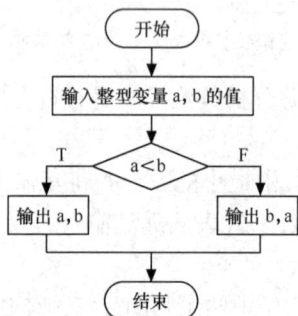

图 3-11 【例 3-6】的程序流程图　　　　图 3-12 【例 3-7】的程序流程图

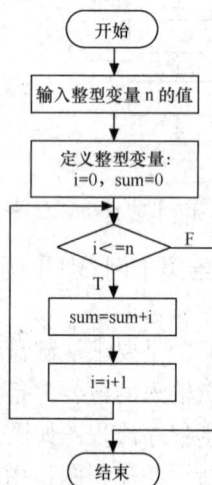

3.3.3 伪代码

伪代码是一种接近于程序语言的算法描述方法。它采用有限的英文单词作为伪代码的符号系统，按照特定的格式来表达算法，具有较好的可读性，可以很方便地将算法改写成计算机的程序源代码。

在伪代码表示的算法中，用一些特定的符号来表示其算法结构，其他的表达式（如算术表达式、条件表达式、逻辑表达式等）与第 2 章所描述的方法基本一致。常用的伪代码符号有如下 7 种。

1．算法名称

表示算法的伪代码有两种：一种是过程（Procedure），另一种是函数（Function）。过程和函数的区别：过程不需要返回数据，而函数需要返回数据。也就是说，过程一般是执行一系列的操作，并不需要将操作的结果返回；而函数是执行一系列的操作后，返回操作的结果。

算法伪代码的书写规则：Procedure/Function 加上算法名称，后面可以带括号，也可以不带括号，括号中包含的是算法中要用到的数据（称之为参数），关键字 Procedure 或 Function 在算法的最前面。例如，Procedure Hanoi_Tower()、Function Fac(x)分别代表名为 Hanoi_Tower 的一个过程和名为 Fac 的一个函数。

例如，【例 3-3】所描述的计算级数的和 sum=1+2+3+4+5+⋯+$(n-1)$+n，因为有计算结果，通常被设计成"函数"，即 Function Prog (n)。

2．指令序列

算法名称之后就是伪代码的指令序列，指令序列用 Begin 开头，用 End 结束，或者用"{"开头、用"/}"结束。指令序列是一个整体，也可以看成只有一个指令。

例如：

```
Begin
     指令序列；
End
```

或者

```
{
指令序列；
/}
```

都代表着指令序列。

3．输入/输出

输入：用 Input 表示。

输出：用 Output 或 Return 表示。

4．分支选择

分支选择有两种情形：

```
If <条件> Then
     { 指令  /}
```

如果满足条件，就执行后面的指令或指令序列，执行完毕再执行后续指令；否则，直接执行后续指令。

```
If <条件>Then
     { 指令1  /}
else
     { 指令2  /}
```

如果满足条件，就执行指令 1 所代表的指令或指令序列；否则，就执行指令 2 所代表的指令或指令序列。

> ⚠ **注意**：上述两种情况中，指令、指令 1 和指令 2 如果是一条指令，可以直接写出该指令，而不需要放在 Begin 和 End 之间或放在"{"和"/}"之间。对于指令序列（多条指令），则必须将指令序列放在 Begin 和 End 之间或放在"{"和"/}"之间。

5．赋值

用:=或者←表示，将赋值号右边的值赋值给左边的变量。

例如：

```
x:=x+1
y←x*x
```

上面两种表达都代表着赋值，但为了书写风格的一致，在书写算法的时候，选择其中的一种即可。

6．循环

伪代码描述循环算法有两种方式，即计数式循环和条件式循环。

（1）计数式循环

```
For 变量:=初值 To 终值
    { 指令  /}
```

循环将执行（终值−初值+1）次循环体内指令或指令序列。

（2）条件式循环

```
While (条件) do
    { 指令  /}
```

在条件为真的情况下循环执行指令，直到条件为假，就不再执行指令。

> ⓘ **注意**：与分支选择情况一样，循环中的指令如果只有一条，可以直接写出该指令，否则对于指令序列（多条指令），必须将其放在 Begin 和 End 之间或放在"{"和"/}"之间。

7．算法结束

关键字 End 的后面加上算法名称，表示算法结束，是算法的最后一句。

例如，End Hanoi_Tower、End Fac 分别表示算法 Hanoi_Tower 和 Fac 的结束。

【**例3-8**】写出【例 3-1】所描述问题的伪代码算法。

分析：该问题要求从键盘输入 3 个数，找出其中最小的数，将其输出到屏幕。

假定从键盘输入的数是整型数，用 a、b、c 来代表从键盘输入的数，min 代表其中最小的数。用 Minimal 作为算法名。这个问题既可以用过程来表示，也可以用函数来表示。下面是用函数表示的伪代码算法：

```
Function Minimal(a,b,c)
Begin
    If(a<b)
        min=a;
    Else
        min=b;
    If(c<min)
        min=c;
    Return min;
End Minimal
```

用函数表示的这个算法，并不包含从键盘输入 a、b、c 这 3 个变量的值，而是直接将输入的值传给函数。读者还可以尝试用过程来描述这个问题的算法。

【**例3-9**】写出【例 3-2】所描述问题的伪代码算法。

分析：该问题要求从键盘输入两个整型变量 a、b 的值，按输入值从小到大的顺序将这两个变量的值输出到屏幕。用 PrtMin 作为算法名。

与【例 3-8】一样，这个问题既可以用过程来表示，也可以用函数来表示。用过程表示的伪代码算法如下：

```
Procedure PrtMin()
Begin
    Input a,b;
    If(a<b)
```

```
        Output a,b;
    Else
        Output b,a;
End PrtMin
```

类似地，读者也可以尝试用函数来描述这个问题的算法。

【例3-10】 写出【例3-3】所描述问题的伪代码算法。

分析：该题要求计算几何级数求和 sum=1+2+3+4+5+···+(n-1)+n。

式中，n 为正整数，用 i 来表示求和的变量，sum 表示级数的和，用 Total 作为算法名，则用函数表示的伪代码算法如下：

```
Function Total (n)
Begin
    i←1;
    sum←0;
    While(i<=n) do
    {
        sum← sum+i;
        i←i+1;
    /}
    Return sum;
End Total
```

与上面两个例题一样，该算法很容易就能转化成程序源代码，为算法的实现提供了方便。

比较【例3-8】至【例3-10】所写的伪代码算法，不难发现，伪代码表示的算法与程序语句很接近，给程序设计带来了很大的方便。

用伪代码表示的算法也可以作为另一种算法中的指令，该指令代表的也是一种算法，常被称为子算法。子算法也可以是过程或函数，它是将一些常用的算法先写成过程或函数，再在程序中调用这些已写好的过程或函数，调用时直接写上子算法的名称就可以实现了。

递归是一种特殊的子算法。在递归子算法中，有一条指令是调用子算法自身的，因此，称这种现象为递归调用。每递归调用一次，算法的规模将减少一次，一直减少到不再调用子算法为止。这就可以确保递归算法是可以结束的。

3.4 算法设计范例

【例3-11】 把从键盘输入的大写字母转换成小写字母输出，若输入为小写字母或其他字符，则不做任何转换，直接输出。

分析：用字符变量 ch 来接收从键盘输入的字符，大写字母与小写字母的 ASCII 值相差32，大写字母 A 的 ASCII 值为65，而小写字母 a 的 ASCII 值为97。

对于这个问题，我们分别采用自然语言、流程图和伪代码来设计算法，通过认识和比较掌握算法的表达方法。

1．用自然语言描述算法

算法描述如下。

（1）从键盘输入一个字符赋给字符变量 ch。

（2）如果（ch!=EOF）

则：如果(ch>='A' && ch<='Z')

则：ch=ch+32

否则：程序结束。

（3）转（1）。

2．用流程图描述算法

程序流程图如图 3-13 所示。

3．用伪代码描述算法

用 CapToLow 作为算法名，用过程描述的算法如下。

```
Procedure CapToLow ()
Begin
    Input ch;
    while(ch!=EOF) do
    {
        If(ch>='A' and ch<='Z') Then
            ch=ch+32;
        Input ch;
    /}
    Return;
End CapToLow
```

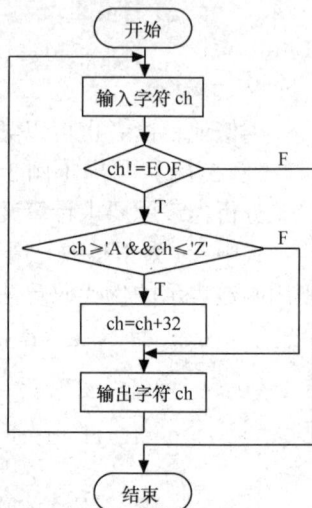

图 3-13　程序流程图

比较上面 3 种算法的表达方法，可以看出各自的特点如下。

（1）用自然语言描述算法简单明了，适用于简单问题的描述。

（2）用流程图描述算法结构清晰，方便书写相应的程序，适用于描述各种复杂问题，初学者容易掌握。

（3）用伪代码描述算法，最接近于程序语言，同样适用于描述各种复杂问题。

【例 3-12】已知实数 a，b，计算 u 的值 $u=(r+s)^2$，并将计算结果输出到屏幕。

其中，当 $a<b$ 时，$r=a^2-b^2$，$s=\dfrac{a}{b}$。

当 $a \geqslant b$ 时，$r=b^2-a^2$，$s=\dfrac{a}{b}+4$。

分析：用 a、b、r、s、u 分别表示浮点型变量，a 和 b 代表输入的原始数据，r 和 s 为计算的中间变量，u 为最后的计算结果。

对于这个问题，我们分别采用自然语言、流程图和伪代码来设计它的算法，通过认识和比较掌握算法的表达方法。

1．用自然语言描述算法

算法描述如下。

（1）从键盘输入实数 a，b。

（2）如果 $a<b$，则：$r=a^2-b^2$，$s=\dfrac{a}{b}$。

否则：$r=b^2-a^2$，$s=\dfrac{a}{b}+4$。

（3）计算 u 的值，$u=(r+s)^2$。

（4）输出 u 的值。

2．用流程图描述算法

程序流程图如图 3-14 所示。

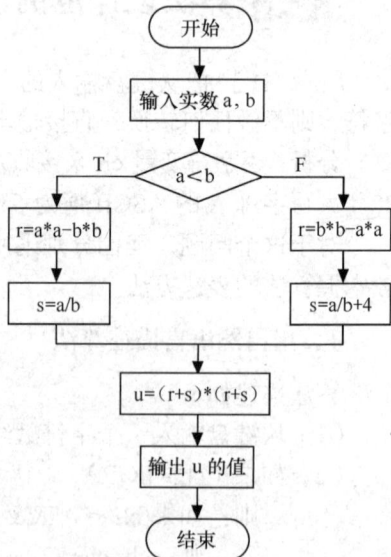

图 3-14　程序流程图

3．用伪代码描述算法

用 Math 作为算法名，用函数表示的算法如下。

```
Function Math(a,b)
Begin
    If(a<b) Then
        {
            r=a*a-b*b;
            s=a/b;
        /}
    Else
        {
            r= b*b-a*a;
            s=(a/b)+4;
        /}
    u=(r+s)*(r+s);
    Return u;
End Math
```

本例设计的算法并不是最简单的，我们可以对表达式进行整理，得到下面的结果。

$$u = \begin{cases} (a^2 - b^2 + \dfrac{a}{b})^2 & (a<b) \\ (-a^2 + b^2 + \dfrac{a}{b} + 4)^2 & (a \geqslant b) \end{cases}$$

于是，算法还可以进一步简化，取消中间变量 r 和 s，使表达式的计算更为直接。请读者写出简化后的程序流程图和伪代码。

> **说明**：上面所有算法的描述不一定是唯一的，读者还应想出一些不同的算法。

通过设计解决问题的算法，可以培养我们科学、全面地分析问题和解决问题的能力，在掌握了程序设计的方法后，就可以方便地用程序来实现算法的思想。算法本身并不针对任何语言，一个算法可以用不同的程序语言来实现。

程序设计时，一般是根据具体的问题，先设计出合理的、简洁的算法，再编写程序来实现。对于复杂一些的问题，可以先设计出几个关键问题的算法和步骤，然后再为这些关键算法设计详细算法，这种算法设计的方法就称为逐步求精法。

> **建议**：在程序设计实践中，针对具体问题先设计出解决问题的算法，再根据算法来编写程序，验证程序和算法是否正确，这样可以极大地提高程序设计的能力。

3.5 本章小结

本章主要介绍了传统算法的设计方法。自然语言只适合描述那些简单的问题，而对较为复杂的问题，在表达时容易产生歧义而导致程序的不正确。流程图因其图符简洁、结构化程度高，一直是表达传统算法的一种标准，既适合程序设计初学者使用，又适合程序设计专业人员使用。伪代码的形式最接近程序的源代码，算法描述较为严谨，也是一种较好的表达算法的标准，但因其有特定的伪代码符号和书写规则，程序设计初学者不容易掌握。

算法并不是唯一的，也就是说，对于同一个问题，可以设计多种不同的算法，因此，采用什么方法来解决问题可以获得最大的收益，是算法研究的一个方面。

算法是对问题解决方案的一种表达，也是程序设计的第一步，在接下来的学习中，我们对每一个案例问题都设计了一种算法，然后通过编写程序对算法进行验证，读者在学习的时候也可以设计不同的算法来实现，通过对问题的算法设计，可以更好地帮助程序的编写，掌握解决问题的方法。

为方便初学者，本书后续章节将使用流程图来表示程序的算法。

习题

一、设计算法。分别用自然语言、流程图和伪代码设计下列问题的算法。

【题3.1】写一个程序，输入年份，判断该年是否为闰年。

【题3.2】输入百分制成绩 s，按五级分制输出。

当 $s \geq 90$ 时，输出 A；

当 $80 \leq s < 90$ 时，输出 B；

当 $70 \leq s < 80$ 时，输出 C；

当 $60 \leq s < 70$ 时，输出 D；

当 $s < 60$ 时，输出 E。

【题3.3】从键盘输入 3 个整数 a、b、c，输出其中最大的数。

【题3.4】从键盘输入 1 个整数，判断这个数是否是素数。

二、编程题。对以下问题编写程序并上机验证。

【题3.5】编写编程，判断输入整数 x 的正负性和奇偶性。

【题3.6】用整数 0～6 依次表示星期日至星期六。由键盘输入一个整数，输出对应的英文表示，如果输入的整数在 0～6 之外，输出"数据错误"信息。

【题3.7】从键盘输入 4 个整数，分别存入整型变量 a、b、c、d 中，并按从大到小的顺序显示出来。

顺序结构是程序最基本的结构，程序按照其语句的先后顺序逐条处理数据，但现实问题往往不这么简单，有时要根据不同的情况，执行不同的操作。这就要求计算机能够对问题进行判断，根据判断的结果，选择不同的处理方式。这实际上就是要求程序本身具有判断能力和选择能力，分支结构正是为解决这类问题而设计的。

本章将介绍 C 语言用于实现分支的 if 结构和 switch 结构。

4.1 if 结构

if 结构是一种常用的分支结构，该结构最多只能构成一个二叉结构，即对任何判断条件，该结构只提供两种不同的选择，程序会根据判断条件的不同，选择其中的一个执行。但是对任何选择的执行，也可以是 if 结构，由此可以构成复杂的条件分支。

4.1.1 if 语句

if 语句是最简单的一种单分支结构，其一般形式为：

```
if（<表达式>）
    <语句 A>
```

其中，<表达式>一般为关系表达式或逻辑表达式。if 语句的功能是：先判断<表达式>的逻辑值，若该逻辑值为"真"，则执行<语句 A>，否则，什么也不执行。

> ⚠ **注意**：if 语句中的<语句 A>一般情况下都是以复合语句的形式出现，即用一对花括号将语句括起来。如果 if 结构中的语句只有一条，则可以不使用花括号。

if 结构的流程图如图 4-1 所示。

【**例 4-1**】从键盘任意输入两个实数 a 和 b，要求 a 的值总是小于或等于 b 的值，然后输出这两个数 a 和 b 的值。

分析：根据题目要求，$a \leq b$。可以在输入的时候先输入一个较小的数，赋给变量 a，再输入一个较大的数，赋给变量 b。但这样的要求对用户而言并不完全合理，如果先输入的值较大，后输入的值较小，则结果为 $a \geq b$。这就要求程序能够处理这样的情况，不论怎样输入，总是会有 $a \leq b$ 的结果。

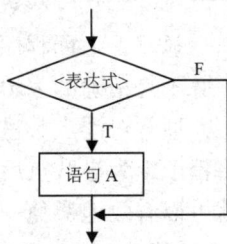

图 4-1 if 结构的流程图

采用 if 结构，设计出算法的流程图如图 4-2 所示，其中虚线框为 if 结构。

根据流程图写出如下程序。

```
/*example4_1.c 按从小到大的顺序保存变量 a 和 b 的值*/
#include <stdio.h>
int main()
{
    float a,b,t;
    printf("please enter the value of a and b:\n");
    scanf("%f%f",&a,&b);
    if(a>b)
    {
        t=a;
        a=b;
        b=t;
    }
    printf("a=%f,b=%f\n",a,b);
    return0;
}
```

程序运行结果:

```
please enter the value of a and b:
3.6 3.2↵
a=3.200000,b=3.600000
```

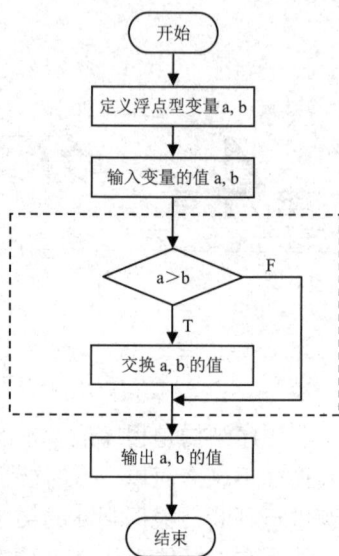

图 4-2 【例 4-1】的程序流程图

在【例 4-1】所示的程序中,对浮点型数值大小的比较,采用了 if(a>b)的形式,实际上,关系运算符并不适用于浮点数,当两数的值相差不大时,有可能会出现实际情况与程序运行的结果不相符的情况。

请阅读以下程序 example4_1a.c,了解关系运算符用于浮点数的情况。

```
/* example4_1a.c 浮点的关系运算,结果与实际不符*/
#include <stdio.h>
int main()
{
    double k1=0.2;
    double k2=k1+0.1;
    k2=k2-0.1;
    printf("k1=%f,k2=%f\n",k1,k2);
    if (k1==k2)
        printf("k1=k2 ---->right! \n");
    else if (k1>k2)
            printf("k1>k2 ---->1. error! t\n");
        else
            printf("k1<k2 ---->2. error! \n");
    return 0;
}
```

程序运行结果:

```
k1=0.200000,k2=0.200000
k1<k2 ---->2. error!
```

显然,上面程序的运行结果与实际情况看上去是不相符的。这是由于浮点数在计算机中并不是精确的表示,相同的值在计算机中有可能存储的形式不相同。

通常对浮点数进行关系运算时,是通过对两数之差的精度来衡量的,在本例中,假定将精度定为小数点后面的 7 位,则 if(x==y)就可以表述成 if(fabs(x-y)<=0.00000001),这样就可以有效地避免一些误差［注:fabs(x)为求浮点数的绝对值函数,在 math.h 头文件中］。

【例 4-2】从键盘输入一个整数,求该数的绝对值。

分析:这个问题的核心是对负数取绝对值,其程序流程图如图 4-3 所示,虚线框为 if 结构。

根据流程图写出如下程序。

```
/*example4_2.c 求整型数的绝对值*/
#include <stdio.h>
int main()
{
    int num;
    scanf("%d",&num);
    if(num<0)
        num=-num;
    printf("|-%d|=%d\n",num,num);
    return0;
}
```

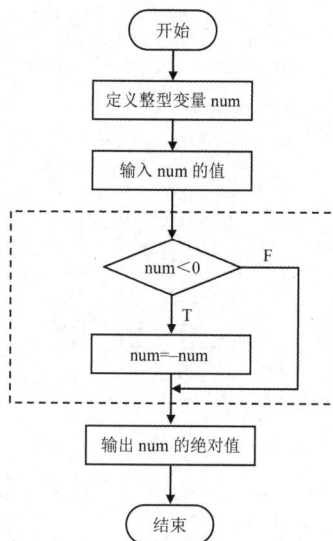

图 4-3 【例 4-2】的程序流程图

程序运行结果:

```
-97↵
|-97|=97
```

此程序 if 结构中的语句只有一条, 所以, 可以不使用一对花括号将语句括起来。

思考: 如果是求浮点数的绝对值, 该如何修改算法来实现? 请读者修改算法和程序来解决这个问题。

4.1.2 if...else 语句

if...else 语句是一种二叉分支结构, 其一般形式为

```
if(<表达式>)
    <语句A>
else
    <语句B>
```

其中, <表达式>一般为关系表达式或逻辑表达式。

if...else 语句的功能: 先判断<表达式>的值, 若其值为"真", 则执行<语句 A>, 否则执行<语句 B>。

一般情况下, <语句 A>与<语句 B>都以复合语句的形式出现, 即用一对花括号将语句括起来, 如果 if...else 结构中的语句只有一条, 则可以不使用花括号。

if...else 结构的流程图如图 4-4 所示。

【例 4-3】 设计一个猜数游戏, 由计算机产生一个随机数 magic, 从键盘输入一个数 guess, 若

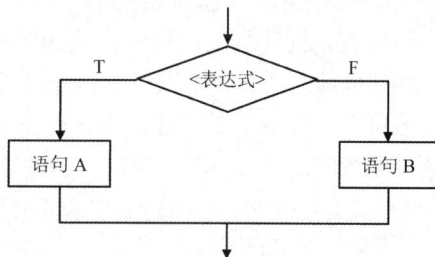

图 4-4 if...else 结构的流程图

输入的数 guess 的大小等于随机数 magic, 则输出 "Gratulation! You Are Right."。否则, 输出 "Sorry! You Are Wrong."。

分析: 计算机产生的随机数有两种, 一种是伪随机数, 另一种是真随机数。伪随机数实际上是一组预先排好的数列, 可通过函数 rand()获取; 另一种随机数是通过一个随机种子对伪随机数进行重新排列而得, 该随机种子可以是任何数, 如果取时间作为随机种子, 则所得的随机数即为真随机数, 真随机数可通过函数 srand(unsigned seed)获取。

在本例中, 为简单起见, 由计算机产生的数就用随机函数 rand()直接取伪随机数。

程序流程图如图 4-5 所示, 虚线框代表 if...elsc 结构。

根据流程图可写出如下程序。

```
/*example4_3.c 猜数游戏的程序*/
#include <stdio.h>
#include <stdlib.h>
int main()
{
    guess,magic;
    magic=rand();
    printf("Please enter a guess number:\n");
    scanf("%d", &guess);
    if(guess == magic)
        printf("Gratulation! You Are Right.\n");
    else
        printf("Sorry! You Are Wrong.\n");
    printf("The number of magic is:%d",magic);
    return 0;
}
```

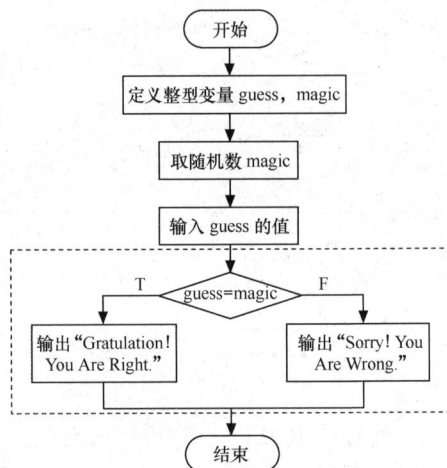

图 4-5 【例 4-3】的程序流程图

第 1 次程序运行结果：

```
Please enter a guess number:
34↵
Sorry! You Are Wrong.
The number of magic is:41
```

第 2 次程序运行结果：

```
Please enter a guess number:
10
Gratulation! You Are Right.
The number of magic is:41
```

程序中的随机数是由随机函数 rand()产生的，它的取值范围是 0～RAND_MAX 之间的一个正整数，RAND_MAX 是在头文件<stdlib.h>中定义的符号常量，ANSI 标准规定 RAND_MAX 的值不得小于 32767，具体的取值大小与编译环境有关。Turbo C 2.0、Borland C、Dev C++和 Visual C++中规定 RAND_MAX 的最大值为 32767，换算成十六进制值为 0X7FFF。实际上，系统是将 0～32767 的整数"随意"地排成了一个"随机数表"，称为伪随机数，程序每次运行时，调用随机函数都是从"随机数表"中第 1 个随机数开始按排列顺序取值，根据这个规则，【例 4-3】所示的程序每次运行时由计算机产生的随机数 magic 的值都是一样的。若要让计算机产生真正意义的随机数，可使用 srand(unsigned seed)函数，选择系统时间 time()作为参数，修改【例 4-3】程序如下。

```
/*example4_3a.c 猜数游戏的程序，计算机产生真随机数*/
#include <stdio.h>
#include <stdlib.h>
#include <time.h>
int main()
{
    int guess,magic;
    srand(time(NULL));
    magic=rand();
    printf("Please enter a guess number:\n");
    scanf("%d", &guess);
    if(guess == magic)
        printf("Gratulation! You Are Right.\n");
    else
        printf("Sorry! You Are Wrong.\n");
    printf("The number of magic is:%d",magic);
    return 0;
}
```

程序运行结果：

```
Please enter a guess number:
41↵
Sorry! You Are Wrong.
The number of magic is:25026
```

事实上，每次运行这个程序，基本上得到的结果都是一样的——"Sorry! You Are Wrong."，这是因为计算机每次运行产生的随机数都是不一样的，每次猜中的概率只有1/32767，我们很难猜中它。

如果想提高猜中的概率，可以让计算机产生的随机数在一个小范围内，如 0～10 或者 0～20 等，如何实现这一目标？请读者自行思考并编写程序，上机验证。

关于 rand()函数和 srand()函数的更多信息及使用方法请参阅各开发工具的参考手册。

4.1.3 if 语句的嵌套

if 语句的嵌套是指在 if 或 else 的分支下又可以包含另一个 if 语句或 if...else 语句。if 语句的嵌套位置是灵活的，嵌套的层次原则上可以是任意深度，嵌套的形式有两种——规则嵌套和任意嵌套。

1．规则嵌套

规则嵌套的形式是每一层的 else 分支下嵌套着另一个 if...else 语句，嵌套的形式为：

```
if (<表达式 1>)
    <语句 1>
else if (<表达式 2>)
        <语句 2>
    else if  (<表达式 3>)
            <语句 3>
        …
        else if (<表达式 n>)
                <语句 n>
            else
                <语句 n+1>
```

规则嵌套流程图如图 4-6 所示。

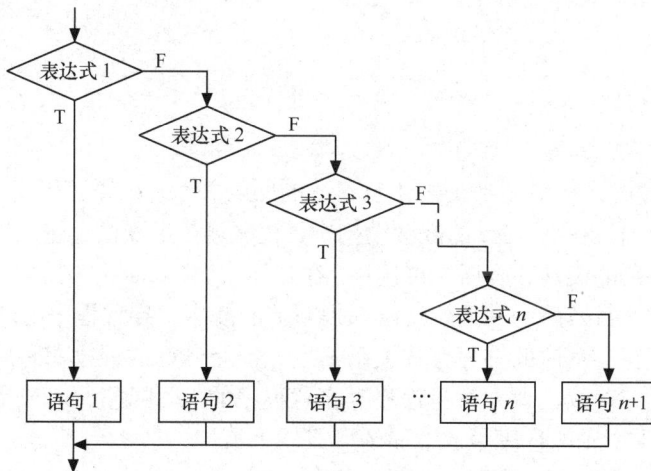

图 4-6 if...else 的规则嵌套流程图

【例 4-4】从键盘输入+、－、*、/中的任一个，输出对应的英文单词——plus、minus、

multiply、divide，若输入的不是这 4 个字符中的任一个，则输出 "Sorry You Are Wrong"。

该问题算法的流程图如图 4-7 所示，虚线框所示为 if...else 的规则嵌套。

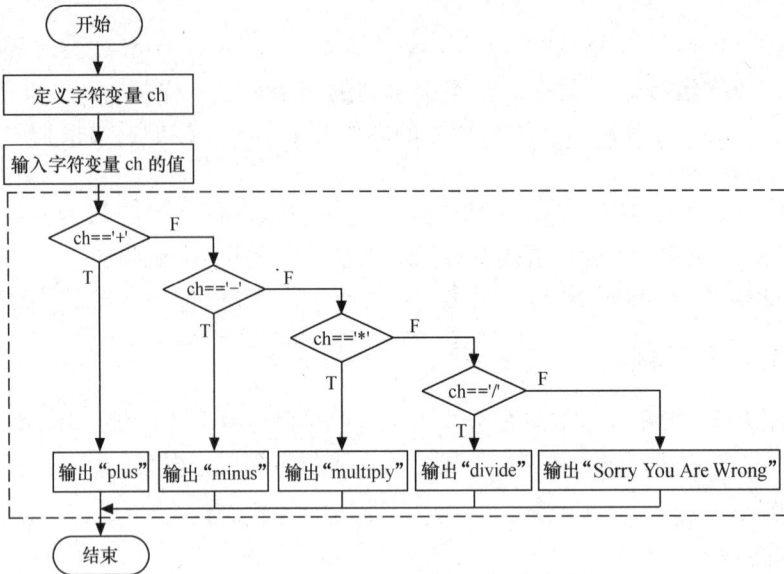

图 4-7 【例 4-4】的程序流程图

根据图 4-7 所示的流程图写出如下程序。

```c
/*example4_4.c  输入算术运算符，输出对应的单词 */
#include <stdio.h>
int main()
{
    char ch;
    ch=getchar();
    if(ch=='+')
        printf("plus\n");
    else if(ch=='-')
        printf("minus\n");
    else if(ch=='*')
        printf("multiply\n");
    else if(ch=='/')
        printf("divide\n");
    else
        printf("Sorry You Are Wrong\n");
    return0;
}
```

在 if...else 嵌套的结构中，要注意 if 与 else 的匹配关系。C 语言规定，else 总是与离它最近的上一个 if 配对。在 if...else 的嵌套结构中，程序可按上面的缩进对齐方式来书写，这样可以增加程序代码的美观和程序的可读性。在程序中，if...else 结构的嵌套层次不宜太多，否则会影响程序的执行效率，并且容易出现判断上的漏洞，导致程序出现不正确的结果。

虽然程序的执行与程序的书写方式关系不大，但是良好的程序书写风格有助于读者对程序的理解，因此，建议读者在编写程序时注意程序的书写风格，养成良好的编程习惯。例如，将【例 4-4】所示的程序写成下面的形式。

```c
/*example4_4a.c  输入算术运算符，输出对应的单词 */
#include <stdio.h>
int main()
{
```

```
        char ch;
        ch=getchar();
        if (ch=='+')printf("plus\n");
        else if(ch=='-')printf("minus\n");
        else if(ch=='*')printf("multiply\n");
        else if(ch=='/')printf("divide\n");
        else printf("Sorry You Are Wrong\n ");
        return0;
}
```

虽然程序仍然是正确的，但程序的可读性降低了，容易使人产生错误的理解。

2．任意嵌套

与规则嵌套结构不同，任意嵌套是在 if...else 语句中的任一执行框中插入 if 语句或 if...else 语句，现实问题中很多都是构成任意嵌套的形式。

【例 4-5】编写程序，通过输入 x 的值，计算阶跃函数 y 的值。

$$y = \begin{cases} -1 & (x < 0) \\ 0 & (x = 0) \\ 1 & (x > 0) \end{cases}$$

该问题的程序流程图如图 4-8 所示，两个虚线框均为 if...else 结构。
根据流程图写出如下程序。

```
/*example4_5.c   计算阶跃函数 y 的值*/
#include<stdio.h>
int main()
{
    float x,y;
    printf("Please input x:\n");
    scanf("%f",&x);
    if(x>=0)
        if(x>0)
            y=1;
        else
            y=0;
    else
        y=-1;
    printf("y=%-4.0f\n",y);
    return0;
}
```

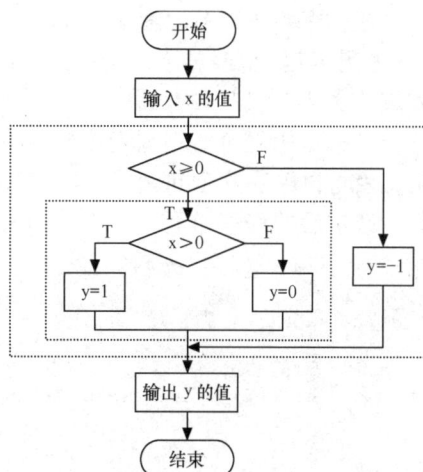

图 4-8 【例 4-5】的程序流程图

程序运行结果：

```
Please input x:
45↵
y=1
```

当然，该问题也可以采用规则嵌套的形式设计算法，请读者自行思考规则嵌套的算法，并写出程序上机验证。

⚙ **注意**：对于多重 if...else 结构，最容易出现问题的就是 if 与 else 的配对错误。

【例 4-6】了解 if...else 结构的正确表达，改写【例 4-5】所示问题的程序。
将【例 4-5】的问题写成如下形式。

```
/*example4_6.c   计算阶跃函数 y 的值*/
#include <stdio.h>
int main()
{
```

```
        float x,y;
        printf("Please input x:\n");
        scanf("%f",&x);
        y=0;
        if(x>=0)
                if(x>0)
                        y=1;
        else
                y=-1;
        printf("y=%-4.0f\n",y);
        return0;
}
```

从程序的缩排形式上看，似乎是希望 else 与第 1 个 if(x>=0)配对，解决【例 4-5】提出的问题，但是程序并不会像我们想象的那样，事实上，程序的思想并不会因程序的书写方式而改变，上面这个程序（example4_6.c）所代表的是另一个函数：

$$y = \begin{cases} 0 & (x < 0) \\ -1 & (x = 0) \\ 1 & (x > 0) \end{cases}$$

该程序的流程图如图 4-9 所示。

【例 4-7】请改进【例 4-6】所示的程序，使其能完成【例 4-5】提出的问题。

分析：用复合语句改变【例 4-6】所示程序的结构，就可以解决这个问题。

改进后的程序如下。

```
/*example4_7.c  改进example4_6.c*/
#include <stdio.h>
int main()
{
        float x,y;
        printf("Please input x");
        scanf("%f",&x);
        y=0;
        if(x>=0)
        {
                if(x>0)
                        y=1;
        }
        else
                y=-1;
        printf("y=%-4.0f\n",y);
        return0;
}
```

该程序的流程图如图 4-10 所示。

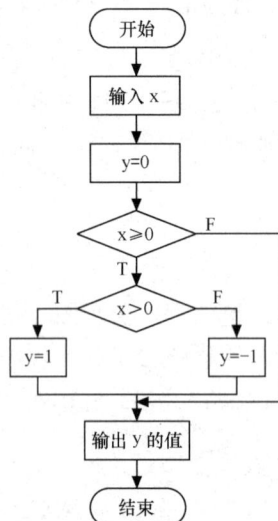

图 4-9　【例 4-6】的程序流程图

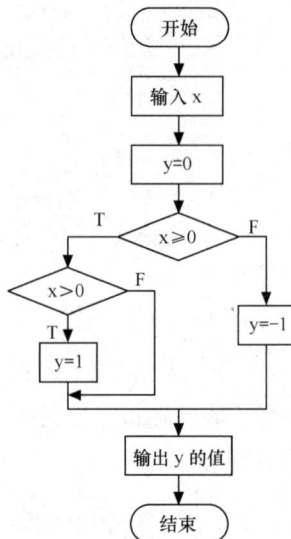

图 4-10　【例 4-7】的程序流程图

4.2　switch 结构

每一个 if 语句都只能在两种分支情况中进行选择，如果对于某一个条件，存在多种分支的情况，用 if 语句或者多重嵌套的 if 语句结构来实现，程序就会变得复杂、冗长，可读性降低。为了解决这个问题，C 语言提供了 switch 开关语句专门处理多路分支的情形，使程序变得简洁。

4.2.1 switch 语句

switch 语句是一种多路分支开关语句，其语句的一般形式为：

```
switch(<表达式>)
{
    case<常量表达式 1>:语句序列 1;
    case<常量表达式 2>:语句序列 2;
    …
    case<常量表达式 i>:语句序列 i;
    …
    case<常量表达式 n>:语句序列 n;
    default:语句序列(n+1);
}
```

其中，常量表达式的值必须是整型、字符型或者枚举型，各语句序列允许有多条语句，不需要将语句序列用一对花括号括起，<表达式>可以为任何表达式，但表达式的值必须为整型。

switch 语句的语法规则：先计算<表达式>的值，再从上到下判断与哪一个<常量表达式>的值相等，如果<表达式>的值等于<常量表达式 i>的值，则从语句序列 i 开始执行，直到语句序列（n+1）为止；若<表达式>的值不等于任何一个<常量表达式>的值，则执行 default 后面的语句序列（n+1）。

switch 语句的流程图如图 4-11 所示。

显然，对于图 4-11 所示的流程图结构，在写程序代码的时候，也可以用 if 语句的结构来实现，但如果嵌套的层次过多，就会降低程序的可读性，所以，一般不采用 if 结构来表达。

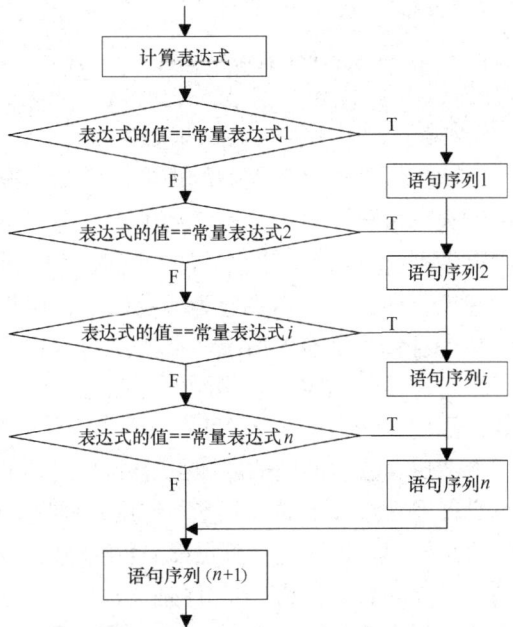

图 4-11　switch 语句一般形式的流程图

【例 4-8】某班级准备周末举行一个班级活动，但活动内容要根据表 4-1 所示的天气情况来决定。

表 4-1　不同天气情况下的活动内容

天气情况	活动内容
晴　　天	登　　山
有风无雨	郊　　游
下　　雪	堆　雪　人
下　　雨	不举行班级活动
其他天气	参观博物馆

分析：分别用整数 1、2、3、4 代表晴天、有风无雨、下雪和下雨这 4 种天气情况。通过输入天气情况 weather 的值，确定活动内容。程序流程图如图 4-12 所示。

根据图 4-12 所示的流程图写出如下程序。

```
/*example4_8.c   根据天气情况决定活动内容*/
#include <stdio.h>
int main()
{
    int weather;
    printf("Please enter a weather:\n");
    scanf("%d",&weather);
    switch(weather)
    {
     case 1:printf("晴天----活动内容：登山\n");
     case 2:printf("有风无雨----活动内容：郊游\n");
     case 3:printf("下雪----活动内容：堆雪人\n");
     case 4:printf("下雨----不举行班级活动\n");
     default:printf("其他天气----活动内容：参观博物馆\n");
    }
    return0;
}
```

程序运行结果：

```
Please enter a weather:
2↵
有风无雨----活动内容：郊游
下雪----活动内容：堆雪人
下雨----不举行班级活动
其他天气----活动内容：参观博物馆
```

这个结果出乎了人们的预期，现实情况应该是每一种天气情况只对应一种活动内容，但显然这个程序没有做到这一点。如果输入的天气值为1，即天气情况为晴天，那么活动内容应为"登山"，但程序输出的活动内容包含所有的情况，显然这与题意不相符。程序本身并没有错误，它是严格按照程序流程图而编写的，因此，问题出在算法上。

造成算法有问题的原因是 switch 语句的一般形式不具备通常意义上的"分支"作用，根据 switch 语句的语法规则，程序是在满足第 i 个条件后，从<语句序列 i>开始执行，直到<语句序列（$n+1$）>为止，图 4-12 所示的程序流程对于【例 4-8】所示的问题是错误的。

解决这个问题的方法是使用分支跳出语句 break。

4.2.2　break 语句在 switch 语句中的作用

在 C 语言中，break 语句具有特定的含义，起中断和跳出的作用，可以用在 switch 分支语句和循环语句中。

在 switch 语句中，如果要求满足第 i 个条件后，只执行<语句序列 i>，则应该在<语句序列 i>后加上一条分支语句 break;，构成互相独立的 switch 条件分支。

switch 条件分支互相独立的形式为：

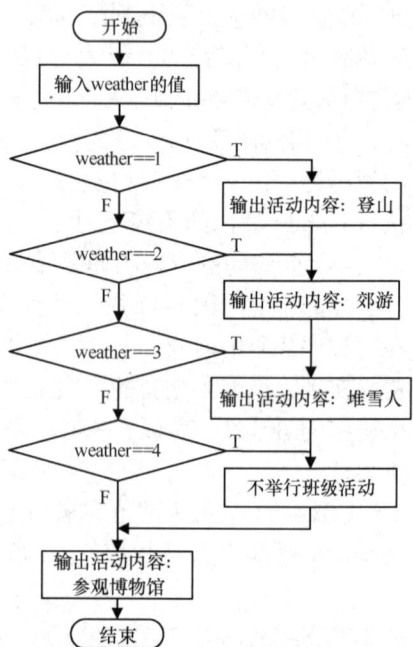

图 4-12　【例 4-8】程序的程序流程图

```
switch(<表达式>)
{
    case <常量表达式 1>：<语句序列 1>；
                        break;
    case <常量表达式 2>：<语句序列 2>；
                        break;
```

```
    …
    case <常量表达式 i>: <语句序列 i>
                    break;
    …
    case <常量表达式 n>: <语句序列 n>;
                    break;
    default: <语句序列(n+1)>;
}
```

这样，switch 结构就可以实现完全独立的分支。上述独立分支结构的语法规则为：先计算<表达式>的值，再从上到下判断与哪一个<常量表达式>的值相等，如果<表达式>的值等于<常量表达式 i>的值，则执行<语句序列 i>，执行完后，跳出 switch 结构，执行 switch 结构外的下一条语句，它的流程图如图 4-13 所示。

【例 4-9】修改【例 4-8】所示的算法，使其能满足实际的需要。

分析：参照图 4-13 所示的流程图，在【例 4-8】所示的程序中，每个分支的语句序列后面加上 break 语句即可。

修改后的程序如下。

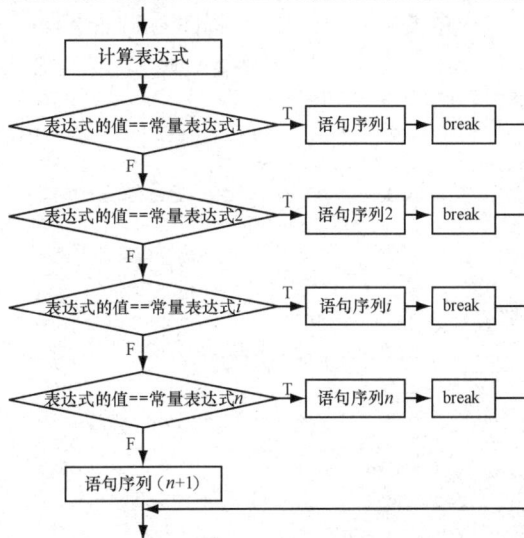

图 4-13 具有独立分支的 switch 结构流程图

```
/*example4_9.c  根据天气情况决定活动内容*/
#include <stdio.h>
int main()
{
    int weather;
    printf("Please enter a weather:\n");
    scanf("%d",&weather);
    switch(weather)
    {
        case 1: printf("晴天----活动内容：登山\n");
                    break;
        case 2: printf("有风无雨----活动内容：郊游\n");
                    break;
        case 3: printf("下雪----活动内容：堆雪人\n");
                    break;
        case 4: printf("下雨----不举行班级活动\n");
                    break;
        default: printf("其他天气----活动内容：参观博物馆\n");
    }
    return0;
}
```

程序运行结果：

```
Please enter a weather:
3↵
下雪----活动内容：堆雪人
```

这样，当程序运行时，输入任何一种天气情况的代码时，都只会对应一种活动内容，不会出现一种天气情况对应多种不同的运动内容的错误。

然而，在有些情况下，对 switch 中常量表达式所对应的不同的值，要进行同样的操作，此时我们可以利用 switch 结构的特点来完成。

【例 4-10】 从键盘输入一个字符，判断其是否为 a（可代表 abort）、r（可代表 retry）或 f（可代表 fail），并输出相应信息（输入时不区分大小写）。

分析：这个问题的关键就是对于输入的字母 a、r 和 f，不论它们是大写还是小写，所对应的操作都是一样的。

利用 switch 结构的特点，该问题的程序流程图如图 4-14 所示。

根据图 4-14 所示的流程图写出如下程序。

```c
/*example4_10.c  字符输入判断*/
#include <stdio.h>
int main()
{
    char ch;
    printf("Please Choice: Abort,Retry or Fail ?\n");

    ch=getchar();
    switch(ch)
    {
    case 'a':
    case 'A':printf("Abort\n");
             break;
    case 'r':
    case 'R':printf("Retry\n");
             break;
    case 'f':
    case 'F':printf("Fail\n");
             break;
    default: printf("Sorry. You are error\n");
    }
    return0;
}
```

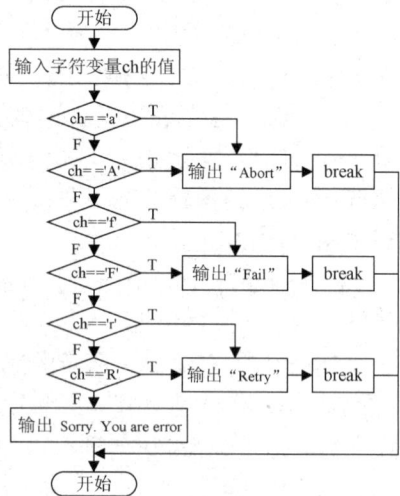

图 4-14 【例 4-10】的程序流程图

程序运行结果：

```
Please Choice: Abort,Retry or Fail?
R↵
Retry
```

if 结构和 switch 结构都可用于控制程序的分支，程序中采用哪种结构依赖于问题的不同和个人的编程风格。总体来说，不论采用哪种结构书写程序，都要求程序具有良好的可读性和正确性，这是编写程序应追求的目标。

4.3 程序范例

【例 4-11】 求解一元二次方程 $ax^2+bx+c=0$ 的根（$a \neq 0$），a、b、c 均为实数，其值由键盘输入。

分析：一元二次方程的一般解为

$$\left.\begin{array}{r}x_1\\x_2\end{array}\right\} = \frac{-b \pm \sqrt{b^2-4ac}}{2a}$$

式中，a 的值不能等于 0，否则方程无解。

方程的求解需要考虑以下 3 种情况。

（1）$b^2-4ac>0$，有两个不等的实根：

$$\left.\begin{array}{r}x_1\\x_2\end{array}\right\} = \frac{-b \pm \sqrt{b^2-4ac}}{2a}$$

（2）$b^2-4ac=0$，有两个相等的实根：

$$x_1 = x_2 = -\frac{b}{2a}$$

（3）$b^2-4ac<0$，有两个共轭复根：

$$\left.\begin{array}{c}x_1\\x_2\end{array}\right\} = -\frac{b}{2a} \pm \frac{\sqrt{4ac-b^2}}{2a}\,i$$

程序流程图如图 4-15 所示。

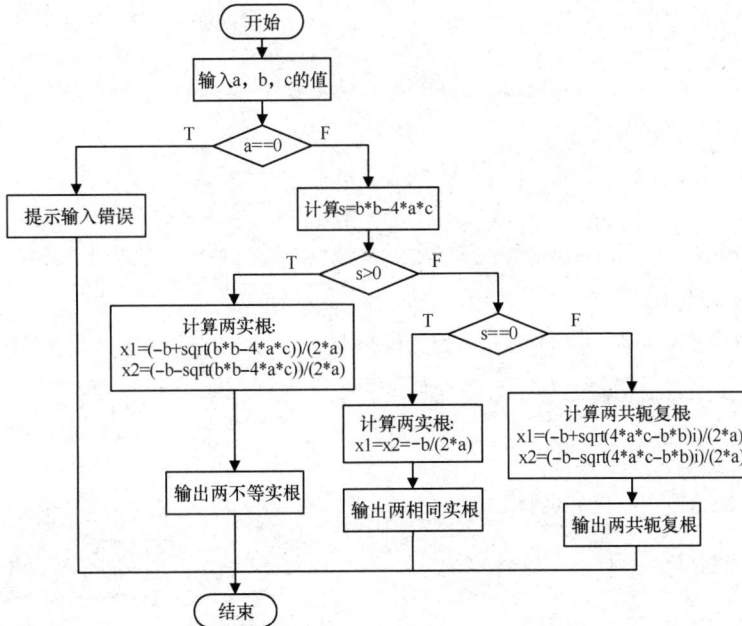

图 4-15 【例 4-11】的程序流程图

根据图 4-15 所示的程序流程图写出如下程序。

```c
/*example4_11.c   求一元二次方程的根*/
#include <math.h>
#include <stdio.h>
int main()
{
    double a,b,c;
    double s,x1,x2;
    printf("Please input a,b,c:\n");
    scanf("%lf%lf%lf",&a,&b,&c);
    if(a>=-(1e-6) && a<=(1e-6))
        printf("Sorry! You have a wrong number a.\n");
    else
    {
        s=b*b-4*a*c;
        if(s>(1e-6))
        {
            /* 计算两不相等的实根 */
            x1=(-b+sqrt(s))/(2*a);
            x2=(-b-sqrt(s))/(2*a);
            printf("There are two different real:\nx1=%5.2f, x2=%5.2f\n" ,x1,x2);
        }
        else
            if(s>=-(1e-6) && s<=(1e-6))
            {
```

```
                              /*  计算两相等实根  */
                          x1=x2=-b/(2*a);
                          printf("There are two equal real:\nx1=x2=%5.2f\n",x1);
                      }
                      else
                      {
                          /*  计算两个共轭复根  */
                          s=-s;
                          x1=-b/(2*a);
                          x2=fabs(sqrt(s)/(2*a));
                          printf("There are two different complex:\n");
                          printf("x1=%5.2f+%5.2fi, x2=%5.2f-%5.2fi\n",x1,x2,x1,x2 );
                      }
                  }
              return0;
          }
```

第 1 次程序运行结果：

```
Please input a,b,c:
3 8 4↵
There are two different real:
x1=-0.67, x2=-2.00
```

第 2 次程序运行结果：

```
Please input a,b,c:
8 8 2↵
There are two equal real:
x1=x2=-0.50
```

第 3 次程序运行结果：

```
Please input a,b,c:
2 2 5↵
There are two different complex:
  x1=-0.50+1.50i, x2=-0.50-1.50i
```

在上面这个程序中，对浮点数 a 和 s 的 3 个条件判断分别引入了一个微小量（1e-6）来判断：

(a==0)用(a>=-(1e-6) && a<=(1e-6))来表示；

(s>0)用(s>1e-6)来表示；

(s==0)用(s>=-(1e-6) && s<=(1e-6))来表示。

这样做的目的是避免将实数转化为计算机浮点数时带来的误差。因为一元二次方程中的系数 a、b、c 可以是任意的实数，计算机在将实数转化为浮点数的时候，有可能产生机器误差，在这个程序中设定的误差精度为小数点后面 6 位。

⚠ **注意**：求解一元二次方程的根，还可以采用其他算法，这里给出的仅仅是多种算法中的一种。

【例 4-12】运输费用的计算问题。货物的运输费用与运输距离和质量有关，距离 S 越远，每千米的运费越低。总运输费用 Exp 的计算公式为 Exp=$P*W*S*(1-d)$，式中，P 为每千米每吨货物的基本运费，W 为货物质量（t），S 为运输距离（km），d 为折扣率。折扣率 d 与运输距离 S 有关，具体标准如下：

$0<S<250$ 没有折扣率（d=0）

$250 \leqslant S<500$ 折扣率为 2%（d=2%）

$500 \leqslant S<1000$ 折扣率为 5%（d=5%）

$1000 \leq S < 2000$ 　　　　　　　　折扣率为 8%（$d=8\%$）

$2000 \leq S < 3000$ 　　　　　　　　折扣率为 10%（$d=10\%$）

$3000 \leq S$ 　　　　　　　　折扣率为 15%（$d=15\%$）

分析：根据折扣率与运输距离的关系可以发现，折扣率发生变化时，运输距离为 250km 的倍数。从 0～3000km，将运输距离 S 按 250km 的倍数分段，一共可分为 13 段，每一段都对应着一个固定的折扣率，如表 4-2 所示。

表 4-2　折扣率与运输距离的关系

S/250	0	1	2	3	4	5	6	7	8	9	10	11	12
d(%)	0	2	5		8				10				15

从表 4-2 不难看出，有些运输距离段的折扣率是相同的。程序流程图如图 4-16 所示。

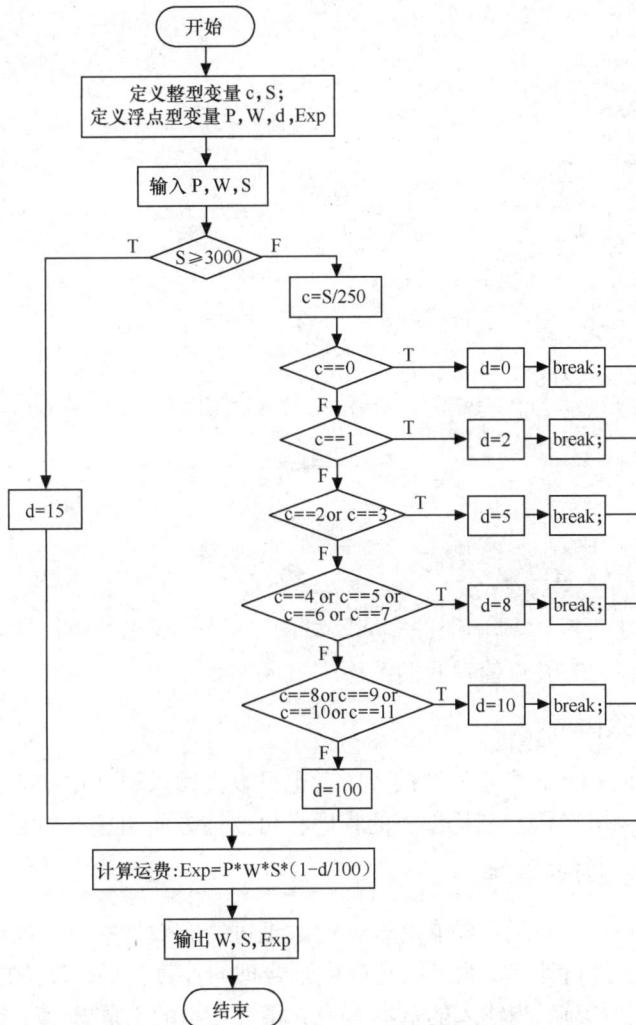

图 4-16　【例 4-12】运输费用计算问题的程序流程图

根据图 4-16 的程序流程图，采用 switch 结构语句，写出如下程序。

```
/*example4_12.c  运输费用的计算问题*/
#include <math.h>
#include <stdio.h>
```

```
int main()
{
    int c,S;
    float P,W,d,Exp;
    printf("请输入基本运费[元/(t·km)]: P=");
    scanf("%f",&P);
    printf("请输入货物重量(t): W=");
    scanf("%f",&W);
    printf("请输入运输距离(km): S=");
    scanf("%d",&S);
    if(S>=3000)
        d=15;
    else
    {
        c=S/250;
        switch(c)
        {
            case 0: d=0; break;
            case 1: d=2; break;
            case 2:
            case 3: d=5; break;
            case 4:
            case 5:
            case 6:
            case 7: d=8; break;
            case 8:
            case 9:
            case 10:
            case 11: d=10; break;
            default: d=100;
        }
    }
    Exp=P*W*S*(1-d/100);
    printf("重量: %.2f(t), 距离: %d(km)----总运输费用:%10.2f(元)\n",W,S,Exp);
    return0;
}
```

程序运行结果：

```
请输入基本运费[元/(t·km)]: P=0.05↵
请输入货物重量(t): W=100↵
请输入运输距离(km): S=1200↵
重量: 100.00(t), 距离: 1200(km)----总运输费用:   5520.00(元)
```

对于上面的程序，有几点值得我们关注。

1. 程序语句的结构

该程序采用的是 switch 语句的结构，读者也可以尝试采用 if 语句来编写程序。比较两种程序，可以发现采用 if 语句结构编写的程序在可读性方面明显不如 switch 语句。

2. 程序的缺陷及补救措施

上面的程序存在一个缺陷：没有对输入的数据进行有效性检验，如果输入了不合法的数据值，程序仍然会进行计算。为了防止产生不合理的计算结果，算法在 default 下面设置了一个 $d=100$ 的补救措施，当输入的基本运费 P 值、货物的重量 W 值、运输的距离 S 值为负数时，使总费用的计算结果为零。

3. 更好的方案

一般来说，程序对于输入的数据都应该加以判断，看其是否符合题目的要求，对于不合理的数据，要有合理的处理方案。对于这样的问题，可以设计一个检验函数，用来检测所输入的数据是否合理，在我们还没有了解函数设计的情况下，请读者思考怎样解决这个问题，修改程序并进行上机验证。

4．变量类型

变量 c 和变量 S 必须是整型变量，这样就能确保 $c=S/250$ 的结果为整型数；变量 d 不能为整型数，否则折扣率总是为零。

【例 4-13】学生成绩统计。从键盘输入学生某门课程的成绩 score（百分制），分 A、B、C、D、E 等级进行统计，成绩与等级的对应关系如表 4-3 所示。

表 4-3　成绩与等级的对应关系

成绩/分	等级
≥90	A
80～89	B
70～79	C
60～69	D
≤59	E

分析：对于表示成绩的数据，不应该出现负数，也就是说 score 的取值范围应为 0～100。其程序流程图如图 4-17 所示。

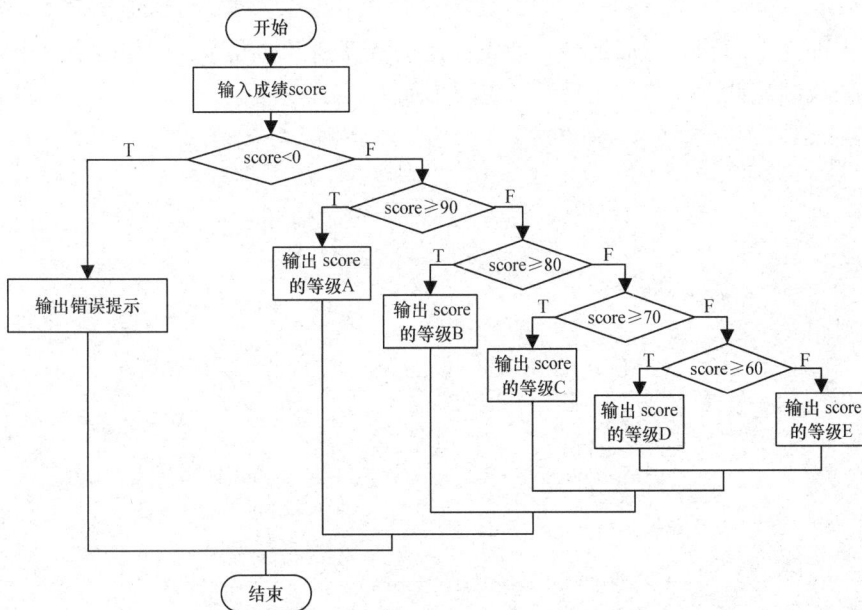

图 4-17　【例 4-13】统计学生成绩的程序流程图

根据图 4-17 所示的流程图，采用 if 结构语句，写出如下程序。

```c
/*example4_13.c  学生成绩分段统计*/
#include <stdio.h>
int main()
{
    int score;
    scanf("%d",&score);
    if(score>=0 && score<=100)
        {
            if(score>=90)
                printf("The grade of score is A\n");
```

```
                else if(score>=80)
                        printf("The grade of score is B\n");
                else if(score>=70)
                        printf("The grade of score is C\n");
                else if(score>=60)
                        printf("The grade of score is D\n");
                else if(score<60)
                        printf("The grade of score is E\n");
        }
        else
                printf("Sorry,you enter a wrong score.\n");
        return0;
}
```

程序运行结果 1：

```
87↵
The grade of score is B
```

程序运行结果 2：

```
67↵
The grade of score is D
```

程序运行结果 3：

```
-80↵
Sorry,you enter a wrong score.
```

对于上面这个问题，对成绩的判断条件是按从高到低的顺序，假如改变这个顺序，将判断条件按成绩从低到高的顺序判断，可写出如下程序。

```
/*example4_13a.c   学生成绩分段统计，按成绩从低到高的顺序判断*/
#include <stdio.h>
int main()
{
        int score;
        scanf("%d",&score);
        if(score>=0 && score<=100)
        {
                if(score>=60)
                        printf("The grade of score is D\n");
                else if(score>=70)
                        printf("The grade of score is C\n");
                else if(score>=80)
                        printf("The grade of score is B\n");
                else if(score>=90)
                        printf("The grade of score is A\n");
                else
                        printf("The grade of score is E\n");
        }
        else
                printf("Sorry,you enter a wrong score.\n");
        return0;
}
```

请读者比较上面的两个程序，思考以下问题。

（1）程序（example4_13a.c）和程序（example4_13.c）有什么不同？会出现什么问题？是什么原因产生的？

（2）这个问题能否用 switch 结构语句来编写程序？如果可以，应该怎样表述？如果不行，是什么原因？

4.4 本章小结

本章主要介绍了分支结构的几种形式，如 if 语句、if...else 语句、if 嵌套语句和 switch 语句等，分支语句具有一个共同特点：先进行条件判断，再根据判断结果决定下一步做什么。

If 分支语句的合理嵌套可以实现多分支选择，并且其通用性比 switch 更好，但使用时需注意 else 与 if 的配对，另外，过多的 if...else 嵌套会造成程序代码过长，降低程序的可读性。

switch 语句也是一种多分支选择语句，其可读性比 if 语句强。要注意在 switch 语句中正确地使用 break 语句，以使程序能正常地从 switch 分支中跳出，避免发生逻辑错误。

对于 switch 语句，必须设置 default 标号，用于处理 switch 语句中表达式的值不在 case 标号集的范围内的情况。由 default 标号来决定执行什么语句，可避免出现逻辑错误。

在 if 语句的结构中也可以内嵌一个 switch 语句，同样，在 switch 语句的结构中也可以内嵌一个 if 语句，这是 C 语言的语法所允许的，但我们并不提倡这么去做。读者可以根据问题的需要进行程序设计，避免不必要的嵌套。

分支语句在程序中是一种常见的结构，在针对具体问题的时候可采用不同的结构设计不同的算法，读者可以尝试对同一问题设计不同的算法来实现，这样可以加深对程序设计过程的理解。

习题

一、填空题。请在以下各叙述的空白处填入合适的内容。

【题 4.1】以下程序运行后的输出结果是_____。

```
int main()
{    int a=1,b=2,c=3;
     if(c=a) printf("%d\n",c);
     else printf("%d\n",b);
     return 0;
}
```

【题 4.2】有以下程序：

```
int main()
{    int n=0,m=1,x=2;
     if(!n)  x-=1;
     if(m)  x-=2;
     if(x)  x-=3;
     printf("%d\n",x);
     return 0;
}
```

执行后输出结果是_____。

【题 4.3】以下程序运行后的输出结果是_____。

```
int main()
{    int a=3,b=4,c=5,t=99;
     if(b<a&&a<c)  t=a;  a=c;  c=t;
     if(a<c&&b<c)  t=b;  b=a;  a=t;
     printf("%d %d %d\n",a,b,c);
     return 0;
}
```

【题 4.4】以下程序用于判断 a、b、c 能否构成三角形。若能，则输出 YES，否则输出 NO。当给 a、b、c 输入三角形的 3 条边长时，确定 a、b、c 能构成三角形的条件是需同时满足 3 个条件，即 $a+b>c$、$a+c>b$、$b+c>a$。请填空。

```
int main()
{    float a,b,c;
     scanf("%f%f%f",&a,&b,&c);
     if (_____) printf("YES\n");        //a、b、c能构成三角形
     else    printf("NO\n");             //a、b、c不能构成三角形
     return 0;
}
```

【题 4.5】运行两次以下程序，如果分别从键盘上输入数值 6 和数值 4，分别写出其结果。

```
#include <stdio.h>
int main( )
{    int x;
     scanf("%d",&x);
     if(x++>5)
          printf("%d", x);
     else
          printf("%d\n",x--);
     return 0;
}
```

输入 6 时，结果是_____。

输入 4 时，结果是_____。

【题 4.6】以下程序的运行结果是_____。

```
#include<stdio.h>
int main()
{    int a=0,b=0,c=0,d=20,x;
     if(a)
          d=d-10;
     else if(!b)
               if(!c)
                    x=15;
               else
                    x=25;
     printf("d=%d,x=%d\n",d,x);
     return 0;
}
```

【题 4.7】有 4 个数 a、b、c、d，要求按从大到小的顺序输出。请将下列程序补充完整。

```
int main()
{    int a,b,c,d,t;
     scanf("%d%d%d%d",&a,&b,&c,&d);
     if(a<b) {t=a;a=b;b=t;}
     if(a<c){t=a;a=c;c=t;}
     if(    ①    ) {t=a;a=d;d=t;}
     if(    ②    ){t=b;b=c;c=t;}
     if(b<d){t=b;b=d;d=t;}
     if(c<d){t=c;c=d;d=t;}
     printf("%d%d%d%d\n",a,b,c,d);
     return 0;
}
```

【题 4.8】运行以下程序，输入 2、7 之后的执行结果是_____。

```
#include <stdio.h>
int main()
{    int s=1,t=1,a,b;
     scanf("%d,%d",&a,&b);
```

```
    if(a>0)
        s=s+1;
    if(a>b)
        t=s+t;
    else
        if(a==b)
            t=5;
        else
            t=2*s;
    printf("s=%d,t=%d\n",s,t);
    return 0;
}
```

【题 4.9】以下程序的运行结果是_____。

```
#include <stdio.h>
int main()
{
    int x=1,y=0;
    switch(x)
    {
      case 1:
            switch(y)
            {
                    case 0: printf("Title 1\n");break;
                    case 1: printf("Title 2\n");break;
            }
        case 2: printf("Title 3\n");
    }
    return 0;
}
```

【题 4.10】以下程序的运行结果是_____。

```
#include <stdio.h>
int main( )
{   int a=-1, b=4, k;
    k=(++a<0) && !(b--<=0);
    printf("%d,%d,%d\n",k,a,b);
    return 0;
}
```

【题 4.11】以下程序的运行结果是_____。

```
#include <stdio.h>
int main( )
{   int a, b, c;
    a='E'; b='J'; c='W';
    if(a>b)
        if(a>c)
            printf("%c\n",a);
        else
            printf("%c\n",c);
    else if(b>c)
            printf("%c\n",b);
        else
            printf("%c\n",c);
    return 0;
}
```

【题 4.12】以下程序运行的结果是_____。

```
int main()
{   int a=1, b=3, c=5;
    if(c=a+b)
        printf("yes\n");
    else
```

```
        printf("no\n");
    return 0;
}
```

【题 4.13】若有以下程序：

```
int main()
{    int p,a=5;
    if(p=a!=0)
        printf("%d\n",p);
    else
        printf("%d\n",p+2);
    return 0;
}
```

执行后输出的结果是_____。

二、单选题。在以下每一题的四个选项中，请选择一个正确的答案。

【题 4.14】判断 char 型变量 c1 是否为小写字母的正确表达式为_____。

    A. 'a'<=c1<='z'   B. (c1>=a)&&(c1<=z)

    C. ('a'<=c1)||('z'>=c1)   D. (c1>='a')&&(c1<='z')

【题 4.15】若已知 w=1，x=2，y=3，z=4，a=5，b=6，则执行以下语句后，a 值为___（1）___，b 值为___（2）___。

（a=w>x）&&（b=y>z）;

    A. 6   B. 0   C. 5   D. 2

【题 4.16】以下的 if 语句中，不正确的是_____。

    A. if (x>y);

    B. if (x==y) x+=y;

    C. if (x!=y)scanf("%d",&x) else scanf("%d",&y);

    D. if (x<y) {x++;y++;}

【题 4.17】C 语言对嵌套 if 语句的规定：else 总是与_____配对。

    A. 其之前最近的 if   B. 第一个 if

    C. 缩进位置相同的 if   D. 其之前最近且不带 else 的 if

【题 4.18】若有说明 int x,y;，则以下程序段_____不能实现如下函数关系：

$$y = \begin{cases} -1 & (x < 0) \\ 0 & (x = 0) \\ 1 & (x > 0) \end{cases}$$

    A. if(x<0) y=-1;   B. y= 1;

       else if(x==0) y=0;   if(x<=0)

       else y=1;   if(x<0) y=-1;

                                            else y=0;

    C. y=0;   D. if(x>=0)

       if(x>=0)   if(x>0) y=1;

       if(x>0) y=1;   else y=0;

       else y=-1;   else y=-1;

【题 4.19】有以下计算公式：

$$y = \begin{cases} \sqrt{x} & (x \geq 0) \\ \sqrt{-x} & (x < 0) \end{cases}$$

若程序前面已在命令行中包含 math.h 文件,不能正确计算上述公式的程序是_____。

A. if(x>=0) y=sqrt(x);   B. y=sqrt(x);
     else y=sqrt(-x);   if(x<0) y=sqrt(-x);

C. if(x>=0) y=sqrt(x);   D. y=sqrt(x>=0?x:-x);
     if(x<0) y=sqrt(-x);

【题 4.20】设变量 a、b、c、d 和 y 都已正确定义并赋值。若有以下 if 语句:

```
if(a<b)
    if(c==d)  y=0;
    else y=1;
```

该语句所表示的含义是_____。

A. $y = \begin{cases} 0 & (a<b \text{且} c=d) \\ 1 & (a \geqslant b) \end{cases}$ B. $y = \begin{cases} 0 & (a<b \text{且} c=d) \\ 1 & (a \geqslant b \text{且} c \neq d) \end{cases}$

C. $y = \begin{cases} 0 & (a<b \text{且} c=d) \\ 1 & (a<b \text{且} c \neq d) \end{cases}$ D. $y = \begin{cases} 0 & (a<b \text{且} c=d) \\ 1 & (c \neq d) \end{cases}$

【题 4.21】有以下程序:

```
#include <stdio.h>
int main()
{    int a=0,b=0,c=0,d=0;
     if(a=1) b=1; c=2;
     else d=3;
     printf("%d,%d,%d,%d\n",a,b,c,d);
     return 0;
}
```

程序运行结果:_____。

A. 0,1,2,0   B. 0,0,0,3   C. 1,1,2,0   D. 编译提示有错误

【题 4.22】若 x、y、z、m、n 均为 int 型变量,则执行下面语句后,x 值为___(1)___,y 值为___(2)___,z 值为___(3)___。

```
m=10; n=5;
x=(--m==n++)?--m:++n;
y=m++;
z=n;
```

A. 5   B. 6   C. 9   D. 7

【题 4.23】若有说明语句:int w=1, x=2, y=3, z=4;,则表达式 w>x?w:z>y?z:x;的值是_____。

A. 4   B. 3   C. 2   D. 1

【题 4.24】以下关于 switch 语句和 break 语句的描述中,正确的是_____。

A. 在 switch 语句中必须使用 break 语句

B. break 语句只能用于 switch 语句中

C. 在 switch 语句中,可根据需要用或不用 break 语句

D. break 语句是 switch 语句的一部分

【题 4.25】若有定义 float x=1.5; int a=1, b=3, c=2;,则正确的 switch 语句是_____。

A. switch(x)   B. switch((int)x);
     { case 1.0: printf("*\n");   { case 1: printf("*\n");
       case 2.0: printf("**\n"); }   case 2: printf("**\n"); }

C.　switch(a+b)

　　{ case 1: printf("*\n");

　　　case 2+1: printf("**\n"); }

D.　switch(a+b)

　　{ 　case 1: printf("*\n");

　　　　case c: printf("**\n"); }

【题 4.26】若有说明语句 int a=2, b=7, c=5;，则执行以下语句后，输出为_____。

```
switch(a>0)
{
case 1: switch(b<0)
                { case 1: printf("@"); break;
                  case 2: printf("!"); break;
                }
case 0: switch(c==5)
                { case 0: printf("*"); break;
                  case 1: printf("#"); break;
                  default:printf("$"); break;
                }
default: printf("&");
}
```

　　A.　@#&　　　　　　B.　#&　　　　　　C.　*&　　　　　　D.　$&

【题 4.27】以下程序的输出结果是_____。

```
#include <stdio.h>
int main()
{
    int a=0,i=1;
    switch(i)
    {
        case 0:
        case 1: a+=2;
        case 2:
        case 3: a+=3;
        default: a+=7;
    }
    printf("%d\n",a);
    return 0;
}
```

　　A.　12　　　　　　　B.　7　　　　　　　C.　2　　　　　　　D.　5

三、编程题。对以下问题编写程序并上机验证。

【题 4.28】编一程序，对于给定的一个百分制成绩，输出用 A、B、C、D、E 表示的等级成绩。假设 90 分以上为 A，80～89 分为 B，70～79 分为 C，60～69 分为 D，60 分以下为 E。（要求用 switch 语句编程）

【题 4.29】从键盘输入 x、y 的值，按下列公式求 z 的值。

$$z=\begin{cases} \dfrac{x^2+1}{x^2+2}\times y & (x\geq 0, y>0) \\[2mm] \dfrac{x-2}{y^2+1} & (x>0, y\leq 0) \\[2mm] x+y & (x<0) \end{cases}$$

【题 4.30】从键盘输入一个字符，如果该字符为小写字母，则将其转换为大写字母并输出；如果该字符为大写字母，则将其转换为小写字母并输出；如果为其他字符，则按原样输出。

【题 4.31】假定征税的办法如下：收入在 800 元（含 800 元）以下的不征税；收入在

800 元以上、1200 元以下者，超过 800 元的部分按 5%的税率收税；收入在 1200 元以上、2000 元以下者，超出 1200 元部分按 8%的税率收税；收入在 2000 元以上者，2000 元以上部分按 20%的税率收税。试编写按收入计算税费的程序。（要求用 switch 语句编程）

【题 4.32】输入一个整数，判断它能否被 3、5、7 整除。

【题 4.33】用整数 1～12 依次表示 1～12 月，由键盘输入一个月份数，输出对应的季节英文名称（12 月至次年 2 月为冬季；3 至 5 月为春季；6 至 8 月为夏季；9 至 11 月为秋季）。（要求用 if 嵌套实现）

【题 4.34】输入整数 a、b、c，当 a 为 1 时显示 b 和 c 之和，a 为 2 时显示 b 与 c 之差，a 为 3 时显示 b、c 之积，a 为 4 时取 b、c 之商（b/c），a 为其他数值时不做任何操作。

【题 4.35】输入两个整数 a 和 b，若 $a \geq b$，求其积 c 并显示，若 $a<b$ 时，求其商 c 并显示。

【题 4.36】输入一个整数，将其数值按小于 10、10～99、100～999、1000 以上进行分类并显示。

【题 4.37】输入一个整数，其值为 65 时显示 A，为 66 时显示 B，为 67 时显示 C，为其他值时显示 END。

第5章 循环结构

程序语句的三大基本结构：顺序结构、分支结构和循环结构，前面章节中所编写的程序在运行的时候，程序中的语句最多只能运行一次。但实际上，有很多问题要求重复执行某些语句，以满足一些特殊的要求。C语言提供了一种循环语句结构，可以实现这一功能。

循环的意思就是让程序重复地执行某些语句，循环结构在程序设计中起着非常重要的作用，很多数值计算问题都需要用到循环结构，用来处理大批量数据的重复计算。采用循环结构的语句可以降低程序书写的长度和复杂度，使复杂的问题简单化，从而提高程序的可读性和执行速度。

程序中被重复执行的步骤称为循环，循环要重复执行多少次由循环条件决定。C语言提供了3种循环语句结构——for语句、while语句和do...while语句。每一种循环语句都有其特点和最适用的场合。

循环工作在现实生活中也是很常见的，如生产线上工人的作业、酒店房间的清洁工作、某条线路上运行的公交车或地铁等，需要注意的是循环并不是无休止地在执行，必须有特定的条件来终止循环的执行。

5.1 for 语句

for语句是C语言循环语句的一种基本形式，它的循环次数是通过一个循环变量来控制的，因此，这种循环被称为计数循环。

计数循环包含3个重要的组成部分。

（1）初始化循环控制变量。

（2）测试循环条件。

（3）更新循环控制变量的值。

for语句的一般形式为：

```
for(<初始表达式>;<关系表达式>;<循环变量表达式>)
{
        <循环体语句>
}
```

for语句的执行有以下4个步骤。

（1）计算<初始表达式>的值。该表达式对循环控制变量进行初始化。

（2）判断<关系表达式>的值。该表达式就是循环条件，若该表达式的值为"假"，则退出循环，执行<循环体语句>结构外的语句；若该表达式的值为"真"，则执行<循环体语句>。

（3）计算<循环变量表达式>的值。该表达式更新循环控制变量的值。

（4）转到第（2）步。

for 语句的流程图如图 5-1 所示。

一般情况下，<循环体语句>是由多条语句组成的复合语句，被包含在一对花括号中，若<循环体语句>只有一条，则可以不使用花括号。

【例 5-1】 编写程序，求几何级数之和 $\sum\limits_{i=1}^{100} i$ 。

分析：该几何级数的数学表达式为 1+2+3+…+100，设 sum 为该级数的和（初值为零）、i 为循环变量，当 i 从 1 增加到 100 时，循环计算表达式 sum=sum+i;，就可以求得该级数的和。

通常，我们将 sum=sum+i 这样的表达式称为累加器。

程序流程图如图 5-2 所示，虚线框为 for 循环语句结构。

根据程序流程图可写出如下程序。

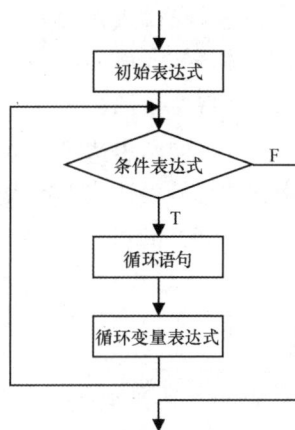

图 5-1　for 语句的流程图

```
/*example5_1.c 简单几何级数的和*/
#include <stdio.h>
int main()
{
    int i,sum;
    sum=0;
    for(i=1;i<=100;i++)
            sum=sum+i;
    printf("1+2+3+...+100=%d\n",sum);
    return 0;
}
```

程序运行结果：

```
1+2+3+...+100=5050
```

使用 for 循环语句时，必须注意 for 语句所具有的几个特性。

（1）<初始表达式>可以省略，但须保留分号（;），同时在 for 之前必须给循环控制变量赋值，形式为：

```
<初始表达式>；
for（;<条件表达式>;<循环表达式>）
        <循环体语句>
```

（2）<条件表达式>一般不可以省略，否则为无限循环。

例如：

```
for（i=1;; i++）
    sum =sum+i;
```

相当于条件总为"真"，程序会一直不停地执行，直到"数据溢出"。

（3）<循环表达式>亦可省略，但在循环体语句体中必须有语句来修改循环变量，以使条件表达式的值在某一时刻为"假"，使程序能正常结束循环。

例如：

```
for(sum=0, i=1; i<=100;)
  {
    sum = sum +i;
    i++;
  }
```

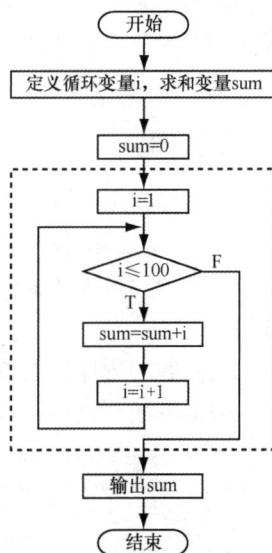

图 5-2　【例 5-1】的算法
　　　流程图

（4）3个表达式均省略，即 for(;;)，为无限循环，程序中要避免这种情况的发生。

（5）条件表达式可以是关系表达式、数值表达式。只要表达式的值不等于零，就执行循环体语句，例如：

```
for( i=0; (c=getchar())!='\n';i+=c);
```

（6）初始表达式、循环表达式可以是逗号表达式，用来完成逗号表达式中各表达式的功能。

例如，语句：

```
for(sum=0, i=1; i<=100; i++, i++)
```

相当于：

```
sum=0;
for(i=1; i<=100; i=i+2)
```

（7）for 循环也可以嵌套，执行时从外往里，每一次循环都要先执行最里层的循环，再执行其外一层的循环。

【例 5-2】编写程序，从键盘输入两个不等于零的正整数 a、b（$a<b$），求它们之间的几何级数的和，数学表达式为 $\sum_{i=a}^{b} i$。

分析：这个问题与【例 5-1】类似，只是所求级数和的初值和终值不一样，是由键盘任意输入的，题目要求初值 $a<b$，并且 $a>0$、$b>0$，如果 $a>b$，或者输入的值为负数，则程序提示"输入数据错误"，不进行任何计算，直接退出程序。

该问题的程序流程图如图 5-3 所示。

根据算法写出如下程序。

图 5-3　【例 5-2】的程序流程图

```
/*example5_2.c 求几何级数的和*/
#include <stdio.h>
int main()
{
    int i,a,b,sum=0;
    printf("Please input value of a and b(a<b and a>0):\n");
    scanf("%d%d",&a,&b);
    if(a>0 && b>0 && a<b)
    {
        for(i=a;i<=b;i++)
            sum=sum+i;
        printf("%d+%d+%d+…+%d=%d\n",a,(a+1),(a+2),b,sum);
    }
    else
        printf("Sorry! You enter a wrong number\n");
    return 0;
}
```

程序运行结果 1：

```
Please input value of a and b(a<b and a>0):
3 10↵
3+4+5+…+10=52
```

程序运行结果 2：

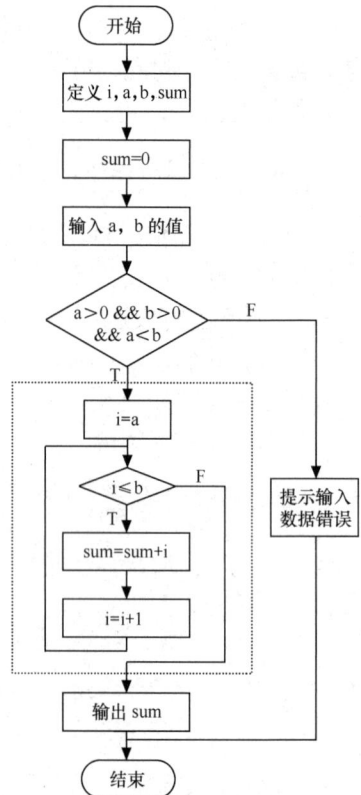

```
Please input value of a and b(a<b and a>0):
10 5↵
Sorry! You enter a wrong number
```

程序说明如下。

（1）图 5-3 所示程序流程图表示的算法并不是解决这个问题的唯一算法，读者还可以思考一些其他算法。

（2）算法中的条件（a>0 && b>0 && a<b）表达了题目的要求，但并不是最好的表述。其实这个条件完全可以用（a>0 && a<b）来代替，这样可使条件表达式更简洁。

思考：假如要求输入的数可以是任意整数（包括负数），如果 $a \leqslant b$，计算 $\sum_{i=a}^{b} i$，如果 $a>b$，则计算 $\sum_{i=b}^{a} i$。算法应该怎样设计？请修改算法并编写程序验证。

【例 5-3】编写程序，从键盘输入 m 和 n 的值，用符号"*"在屏幕上打印出如下具有 m 行 n 列的矩形图案。

```
* * * * * * *
* * * * * * *
* * * * * * *
* * * * * * *
* * * * * * *
* * * * * * *
* * * * * * *
* * * * * * *
```

分析：这是一个有规律的图案，共有 m 行，每行有 n 个*号，可采用循环嵌套的方式：第 1 层（外层）控制行数，用 i 来表示；第 2 层（内层）控制列数，用 j 来表示。

程序流程图如图 5-4 所示，虚线框内是内层循环，用来输出每一行的 n 个*号。

根据程序流程图写出如下程序。

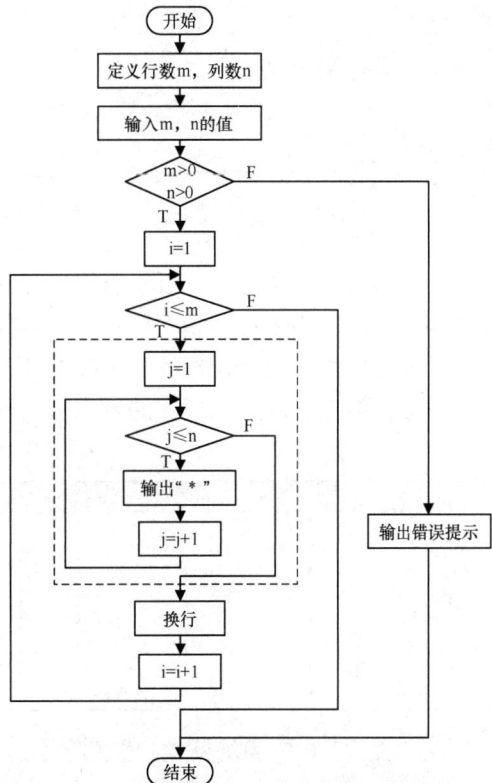

图 5-4 【例 5-3】的程序流程图

```c
/* example5_3.c 用*打印几何图案 */
#include <stdio.h>
int main()
{
    int i,j,m,n;
    printf("Please enter the value of m and n\n");
    scanf("%d%d",&m,&n);
    if(m>0 && n>0)
    {
        for(i=1;i<=m;i++)
        {
            for(j=1;j<=n;j++)
                    printf("*");
            printf("\n");
        }
    }
    else
```

循环结构 第 5 章

```
            printf("Sorry! You enter a wrong number\n");
        return 0;

}
```

程序运行结果 1：

```
Please enter the value of m and n
8 7↵
*******
*******
*******
*******
*******
*******
*******
*******
```

程序运行结果 2：

```
Please enter the value of m and n
4 10↵
**********
**********
**********
**********
```

由上面这个例子可知，对于有规律的几何图案，可以利用 for 循环的嵌套来实现，通常最外层的循环用来控制图案的行数，内层的循环用来控制每一行图案的内容，关键是要找出图案的规律，设计合理的、正确的 for 语句的嵌套形式来实现。

思考：请在上面这个程序的基础上进行修改，完成表 5-1 所示图案的输出。

表 5-1　图案示例

a	b	c	d	e	f
*	********	*	********	*	*************
**	*******	**	*******	***	***********
***	******	***	******	*****	*********
****	*****	****	*****	*******	*******
*****	****	*****	****	*********	*****
******	***	******	***	***********	***
*******	**	*******	**	*************	*
********	*	********	*		

> ❶ **注意**：为初学者练习方便，编写程序时可使用实际的常量值来代表行数和列数，熟悉之后，可由键盘输入行数和列数的值，改变几何图案的大小。

与表 5-1 所示图案 a～f 相对应的程序请见表 5-2 中的 example5_3a.c～example5_3f.c。

表 5-2　与图案 a～f 相对应的程序

```
/*   example5_3a.c   */
#include <stdio.h>
int main()
{
    int i,j;
    for(i=1;i<=8;i++)
    {
        for(j=1;j<=i;j++)
            printf("*");
        printf("\n");
    }
    return 0;

}
```

```
/*   example5_3b.c   */
#include <stdio.h>
int main()
{
    int i,j;
    for(i=1;i<=8;i++)
    {
        for(j=i;j<=8;j++)
            printf("*");
        printf("\n");
    }
    return 0;
}
```

```
/*   example5_3c.c   */
#include <stdio.h>
int main()
{
    int i,j,k;
    for(i=1;i<=8;i++)
    {
        for(j=1;j<=(8-i);j++)
            printf(" ");
        for(k=1;k<=i;k++)
            printf("*");
        printf("\n");
    }
    return 0;

}
```

```
/*    example5_3d.c   */
#include <stdio.h>
int main()
{
    int i,j,k;
    for(i=1;i<=8;i++)
    {
        for(j=1;j<i;j++)
            printf(" ");
        for(k=i;k<=8;k++)
            printf("*");
        printf("\n");
    }
    return 0;
}
```

```
/*    example5_3e.c   */
#include <stdio.h>
int main()
{
    int i,j,k;
    for(i=1;i<=7;i++)
    {
        for(j=i;j<7;j++)
            printf(" ");
        for(k=1;k<=(2*i-1);k++)
            printf("*");
        printf("\n");
    }
    return 0;
}
```

```
/*    example5_3f.c   */
#include <stdio.h>
int main()
{
    int i,j,k,n=13;
    for(i=1;i<=7;i++)
    {
        for(j=1;j<i;j++)
            printf(" ");
        for (k=i;k<=(n-i+1);k++)
            printf("*");
        printf("\n");
    }
    return 0;
}
```

【例 5-4】 编写一个可以为小学生提供加法、减法和乘法的二元算术运算练习的程序，计算 100 以内的两个数的和、两个数的差和两个数的积，每次测试 10 个题目，依次由学生输入答案，并由计算机判断输入的答案是否正确，最后由计算机给出简单评价。

分析：根据题意，组成二元算术表达式的操作符有 3 种形式，即+、-、*，分别用 1、2、3 来代表。用 ops 表示操作符，a、b 分别代表两个操作数，由计算机随机生成操作数 a、b 和操作符类型 ops。通过随机产生的 ops 的值，生成算术表达式（a<ops>b），学生输入该算术表达式的结果 input，计算机再将学生输入的结果 input 与计算机运算的结果 result 进行比较，判断学生的计算结果是否正确。

由 for 循环控制计算机自动生成的 10 个二元算术表达式。其程序流程图如图 5-5 所示。根据流程图写出如下程序。

```
/*example5_4.c 两位数的加法、减法和乘法运算*/
#include <stdio.h>
#include <stdlib.h>
#include <time.h>
#define N 10
int main()
{
    int i,right=0,error=0;
    int a,b,op,result,input;
    char ops;
    srand(time(NULL));
    printf("请计算下列算术题的结果: \n");
    for(i=1;i<=N;i++)
    {
        printf("第%-2d 题: ",i);
        a=rand()%100;
        b=rand()%100;
        op=rand()%3;
        switch(op)
        {
            case 0: ops='+';
                        result=a+b;
                        break;
            case 1: ops='-';
                        if(a>=b)
                            result=a-b;
                        else
                            result=b-a;
                        break;
            case 2: ops='*';
                        result=a*b;
```

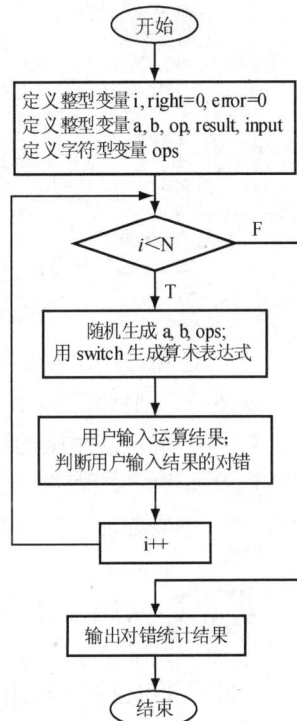

图 5-5 【例 5-4】的程序流程图

```
                              break;
                   default: break;
            }
        if(a<b && ops=='-')
            printf("%d %c %d=",b,ops,a);
        else
            printf("%d %c %d=",a,ops,b);
        scanf("%d",&input);
        if(result==input)
        {
            printf("答案正确!\n");
            right=right+1;
        }
        else
        {
            printf("答案错误!\n");
            error=error+1;
        }
    }
    printf("练习结果: 你做对了%d 道题, 做错了%d 道题。\n",right,error);
    return 0;
}
```

程序运行结果:

```
请计算下列算术题的结果:
第 1 题: 26 + 5=31
答案正确!
第 2 题: 32 + 66=98
答案正确!
第 3 题: 79 - 20=59
答案正确!
第 4 题: 39 + 56=95
答案正确!
第 5 题: 43 + 49=91
答案错误!
第 6 题: 63 + 5=78
答案错误!
第 7 题: 48 * 60=108
答案错误!
第 8 题: 27 + 88=115
答案正确!
第 9 题: 63 - 45=18
答案正确!
第 10 题: 45 * 13=585
答案正确!
练习结果: 你做对了 7 道题, 做错了 3 道题。
```

为了避免在小学生的算术计算中出现负数，程序对减法表达式进行了这样的处理：如果（$a>b$），则计算（$a-b$）；否则计算（$b-a$）。请读者思考以下几个问题。

（1）如果每次测试的题目不止 10 个，怎样修改算法和程序？

（2）如果要求程序在结束了一组测试之后，可以继续进行测试，怎样修改算法和程序？

（3）如果要加入两位数的除法计算，怎样修改算法和程序？

5.2 while 语句

while 语句也是一种用于产生循环动作的语句，它的一般形式为：

```
while (<条件表达式>)
    {
        <循环语句>
```

```
                        <循环变量表达式>
}
```

其中，<循环语句>和<循环变量表达式>一起构成循环体语句。

该语句的执行有下面两个步骤。

（1）计算<条件表达式>的值，若该值为"假"，则跳出循环，执行循环体后面的语句；若该值为"真"，则执行循环体语句。

（2）重复步骤（1）。

while 语句的流程图如图 5-6 所示，虚线所示即为循环体语句。

关于 while 循环结构的几点说明。

（1）<循环变量表达式>用来更新计算循环变量的值，一般情况下，<循环语句>应该是用一对花括号括起来的复合语句，其中至少要有两条语句。

（2）若循环体语句中没有<循环变量表达式>，而只有<循环语句>，则有可能使程序出现无限循环而发生错误。

（3）由于 while 循环是先计算<条件表达式>的值，后决定是否执行<循环语句>，因此，<循环语句>有可能一次也没有执行。

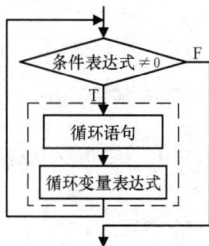

图 5-6　while 语句的流程图

【例 5-5】改写程序，将【例 5-1】所示的简单几何级数求和问题用 while 语句来实现。

分析：for 语句和 while 语句的算法结构基本上是一致的，参考前面图 5-2 所示的流程图，使用 while 循环可写出如下程序。

```c
/*example5_5.c 改写【例5-1】的程序,用while语句求简单几何级数的和*/
int main()
{
    int i=1,sum=0;
    while(i<=100)
    {
        sum=sum+i;
        i++;
    }
    printf("1+2+3+…+100=%d\n",sum);
    return 0;
}
```

程序运行结果：

```
1+2+3+…+100=5050
```

显然，对于 for 循环结构，只要将<初始表达式>看作循环开始之前的语句，就可以看作是 while 循环结构，也就是说，用 for 结构表达的程序可以转化成 while 结构，反之亦然。

【例 5-6】编写程序，从键盘输入一个正整数 n，求 $n!$。

分析：表达式 $n!=n*(n-1)*(n-2)*…*2!*1!*0!$（$n\geq 0,0!=1$）。

计算机在计算阶乘时，从 1 开始计算直到 n 为止，用 i 代表循环变量，s 代表 $n!$ 的结果值，则循环计算表达式 $s=s*i$，即可求得 $n!$。程序流程图如图 5-7 所示。

对于由图 5-7 给出的算法，编程时既可以采用 for 循环，又可以采用 while 循环，下面的程序采用的是 while 循环。

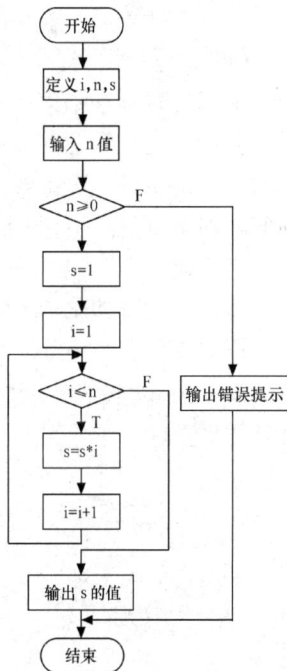

图 5-7　【例 5-6】的程序流程图

```c
/*example5_6.c 用while循环求n! */
#include <stdio.h>
```

```
int main()
{
    int i,n;
    long s;
    printf("Please enter a integer:\n");
    scanf("%d",&n);
    if(n>=0)
    {
        s=1;
        i=1;
        while(i<=n)
        {
            s=s*i;
            i++;
        }
        printf("%d!=%ld\n",n,s);
    }
    else
        printf("Sorry! You enter a wrong number\n");
    return 0;
}
```

程序运行结果：

```
Please enter a integer:
5↵
5!=120
```

请注意上面这个算法所给出的程序，虽然能计算 $n!$，但是对 n 的值是有限制的，因为对于实际中的一个任意正整数 n，其 $n!$ 会是一个更大的正整数，但计算机所能表示的最大正整数是有限的，由于计算机的不同和程序实现环境的不同，最大正整数的取值也会有所不同。如果用一个长整型变量来存放 $n!$，很显然，对于 $n \geq 13$ 以后的值，用上面的程序来计算 $n!$，会给出错误的计算结果。

那么，怎样才能求得更大正整数的阶乘呢？要解决这个问题，还要用到后续的知识，如数组、指针等。

【例 5-7】编写程序，统计从键盘输入的字符个数（回车换行符也是一个字符），当遇到结束标志时程序结束。

分析：这个问题的关键在于循环计数。设置一个累加器 count（初值为 0），每次从键盘输入一个字符，只要该字符的值不等于结束标志，累加器的值就加 1。即循环计算 count=count+1，可统计出从键盘输入的字符数。

程序流程图如图 5-8 所示。

根据流程图写出如下程序。

```
/*example5_7.c 统计从键盘输入的字符个数*/
#include <stdio.h>
int main()
{
    char ch;
    unsigned count=0;
    printf("please enter your words:\n");
    while((ch=getchar())!=EOF)
        count=count+1;
    printf("count=%u\n",count);
    return 0;
}
```

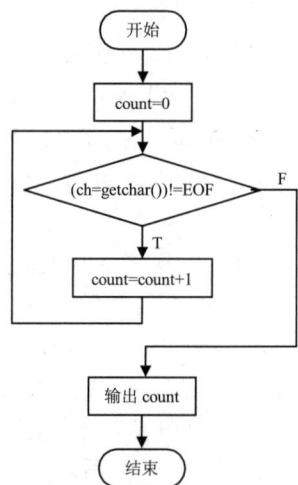

图 5-8 【例 5-7】的程序流程图

程序运行结果：

```
please enter your words:
hello, world.↵
^Z
count=12
```

在这里，^Z 为同时按下 Ctrl 键和字母键 Z，得到的即为结束标志，其值为 EOF，如果想以其他方式结束程序，可以修改 while 中的条件表达式。

例如，改为 while((ch=getchar())!='\n')，则在程序运行时，只要输入了换行符（按回车键），程序就结束，此时程序只对输入的一行字符进行字符数的统计，并且回车换行符不计入统计数。

又如，改为 while((ch=getchar())!='!')，则在程序运行时，只要输入了字符'!'，程序就结束，此时程序可对输入的多行字符进行字符数的统计，换行符也会作为一个字符统计到字符数中去。

【例 5-8】 编写程序，进行学生某门课程成绩的分类统计。从键盘输入每位学生的成绩等级，以大小写的 A、B、C、D 和 E 表示成绩等级，A 为最高，E 为最低。统计出总人数及各成绩段的人数，忽略回车键和空格键，以 EOF 作为输入结束。

分析：该问题是要从键盘输入成绩等级，只要输入的值不是结束标志，就对其进行分类统计，如果输入了错误的数据，则不进行统计，由系统给出提示，并要求重新输入正确的数据。

用字符变量 grade 来保存从键盘输入的成绩等级，用整型变量 aCount、bCount、cCount、dCount 和 eCount 来分别表示成绩等级 A、B、C、D 和 E 的个数，用 total 保存正确的输入次数，errTotal 保存错误的输入次数。统计分类部分可以用 switch 语句来实现。

程序流程图如图 5-9 所示。

根据流程图写出如下程序。

```c
/* example5_8.c 成绩分类统计*/
#include <stdio.h>
int main()
{
    int grade,total=0,errTotal=0, eCount=0;
    int aCount=0,bCount=0,cCount=0,dCount=0;
    printf("Enter the letter of grades.\n" );
    while((grade=getchar())!=EOF)
    {
        switch(grade)
        {
            case 'A':
            case 'a': ++aCount; ++total;
                    break;
            case 'B':
            case 'b': ++bCount; ++total;
                    break;
            case 'C':
            case 'c': ++cCount; ++total;
                    break;
            case 'D':
            case 'd': ++dCount; ++total;
                    break;
            case 'E':
            case 'e': ++eCount; ++total;
                    break;
            case '\n':
```

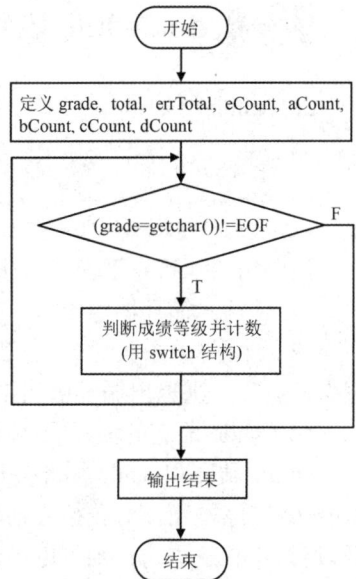

图 5-9 【例 5-8】的程序流程图

```
                        case ' ':  break;
                        default: printf( "输入错误，请重新输入等级（A,B,C,D,E）\n" );
                                 ++errTotal;
                                 break;
                }
        }
        printf("\n有效输入次数为%d，无效输入次数为%d\n",total,errTotal);
        printf("总人数为%d，成绩分布如下:\n",total);
        printf("A级\tB级\tC级\tD级\tE级\n");
        printf("%d人\t%d人\t%d人\t%d人\t%d人\n",aCount,bCount,cCount,dCount,eCount);
        return 0;
}
```

程序运行结果：

```
Enter the letter of grades.
b↵
e↵
f↵
输入错误，请重新输入等级（A,B,C,D,E）
a↵
c↵
d↵
b↵
e↵
a↵
d↵
c↵
e↵
a↵
d↵
b↵
g↵
输入错误，请重新输入等级（A,B,C,D,E）
^Z
有效输入次数为14，无效输入次数为2
总人数为14，成绩分布如下:
A级      B级      C级      D级      E级
3人      3人      2人      3人      3人
```

5.3　do...while 语句

do...while 语句是另一种用于产生循环动作的语句，它的一般形式为：

```
do
{
    <循环体语句>
}while(<关系表达式>);
```

该语句的执行有下面两个步骤。

（1）执行<循环体语句>。

（2）计算<关系表达式>，若该表达式的值为"真"，则执行步骤（1）；若该表达式的值为"假"，则退出循环语句结构，执行下一条语句。

do...while 语句的流程图如图 5-10 所示。

同 for 循环和 while 循环一样，do...while 语句中的<循环体语句>应该是用一对花括号括起来的复合语句，若<循环体语句>只有一条语句，则可以不使用花括号。

一般情况下，一定要有可以使<关系表达式>的值为"假"（<关系表达式>的值等于零）的语句，否则会使程序出现无

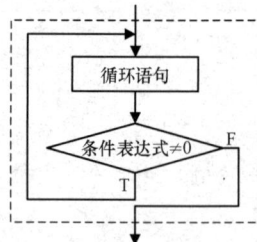

图 5-10　do...while 语句的流程图

限循环而发生错误。

do...while 循环与 while 循环和 for 循环的最大区别在于：do...while 循环中的<循环体语句>至少会执行一次，因为是先执行<循环体语句>，后判断<关系表达式>；而 while 循环和 for 循环中的<循环体语句>有可能一次也不被执行。

【例 5-9】编写程序，将【例 5-1】所述的几何级数求和问题用 do...while 语句的形式实现。

分析：该问题为求解几何级数的和 sum=1+2+3+…+100，循环变量 i 的值从 1～100 递增，i 的初值为 1、终值为 100，累加器 sum 的初值为 0（sum=sum+i）。

程序的程序流程图如图 5-11 所示。

根据流程图写出如下程序。

```
/*example5_9.c 用 do...while 实现【例 5-1】的简单几何级的求和*/
#include <stdio.h>
int main()
{
    int i=1,sum=0;
    do
    {
        sum=sum+i;
        i++;
    }while(i<=100);
    printf("1+2+3+…+100=%d\n",sum);
    return 0;
}
```

程序运行结果：

```
1+2+3+…+100=5050
```

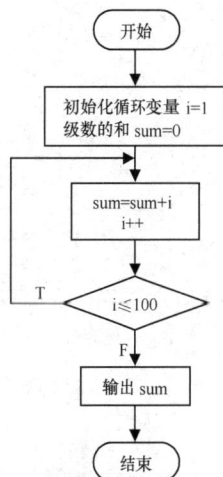

图 5-11 【例 5-9】的
程序流程图

比较【例 5-1】【例 5-5】和【例 5-9】所示的程序，不难发现它们的共同点：用循环语句来解决问题时，用 for 语句和 while 语句来实现的算法描述是一致的；而使用 do...while 语句来实现时，前提条件应该是循环变量的初值满足条件表达式，否则有可能产生逻辑错误。

【例 5-10】编写程序，从键盘输入 x 的值，求 $\sin x = x - \dfrac{x^3}{3!} + \dfrac{x^5}{5!} - \dfrac{x^7}{7!} + \cdots$，直到最后一项绝对值小于 le-7（$10^{-7}$）为止（$x$ 为弧度值）。

分析：该多项式第 1 项为 x，从第 2 项开始，可以把后面的每一项都看成前一项乘以一个因子 $\dfrac{-x^2}{n(n-1)}$（n=3,5,7,$\cdots$）。

用 s 代表 $\sin x$ 的值，并取 s 的初值为 0；t 代表每一项的值，且 t 的初值为 x；从第 2 项开始，后面每 1 项的值为 $t = t \times \dfrac{-x^2}{n(n-1)}$（$n$=3,5,7,$\cdots$）。

循环计算表达式 s=s+t，直到 t 的值满足精度要求为止。

🛈 注意：因为 x 的值是用弧度值表示的，输入的时候不能直接输入角度值，而要先将角度值转化成弧度值。例如：

1°=π/180≈0.017453292（弧度）

30°=π/6≈0.523598775（弧度）

60°=π/3≈1.047197557（弧度）

90°=π/2≈1.570796327（弧度）

180°=π≈3.141592654（弧度）

程序流程图如图 5-12 所示。

根据流程图写出如下程序。

```c
/*example5_10.c 求 sin(x)的值*/
#include <stdio.h>
#include <math.h>
int main()
{
    double s,t,x;
    int n=1;
    scanf("%lf",&x);
    s=0;
    t=x;
    do
    {
        s=s+t;
        n=n+2;
        t=t*(-x*x)/(n*(n-1));
        printf("t=%12.10lf\n",t);   /* 输出每一项的值*/
    }while(fabs(t)>=1e-7);
    printf("sin(%5.2lf)=%12.10lf\n",x,s);
    return 0;
}
```

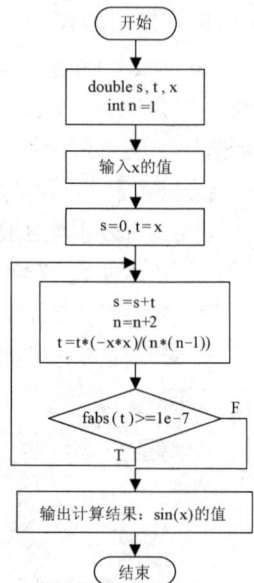

图 5-12 【例 5-10】的
程序流程图

程序运行结果:

```
1.57↵
t=-0.6449821667
t=0.0794908271
t=-0.0046651652
t=0.0001597106
t=-0.0000035788
t=0.0000000565
sin(1.57)=0.9999996270
```

从上面的程序运行结果不难看出,当计算到第 7 项的时候,已经达到题目要求的精度,因此程序不再进行计算,sin(1.57)的结果为前 6 项的和。

这个问题也可以采用 for 循环或 while 循环的形式来实现,请读者修改算法,用 for 循环或 while 循环来实现,并编写程序验证。

另外,如果我们想输入角度值来计算,则可以在程序中将角度值转换成弧度值,再进行计算,这样程序体验会更直观。

5.4 用于循环中的 break 语句和 continue 语句

1. break 语句

break 语句既可用于 switch 语句结构,又可用于循环语句结构,其作用是跳出控制结构语句,如在第 4 章提到过的跳出 switch 结构。如果用于循环语句结构,其作用是终止循环,跳出循环结构,执行循环结构外的下一条语句。

break 语句的一般形式为:

```
break;
```

break 语句在循环语句体中的位置应根据程序的需要而定,一般是用在循环体内某一个 if 或 if~else 条件分支的语句中,用来表示在循环过程中满足某一条件时,结束循环。

【例 5-11】编写程序,求圆面积在 100 平方米以内的整数半径,输出所有满足条件的整数半径值和圆面积的值，并输出第 1 个大于 100 的圆半径和圆面积。

分析：计算圆面积的表达式为 πr^2。依次取半径为 $1,2,\cdots$，循环计算圆的面积 area，当 area>100 时结束。

程序流程图如图 5-13 所示，外层虚线框为循环结构，内层虚线框为 if 结构。

根据流程图，采用 for 循环，可写出如下程序。

```
/*example5_11.c 求圆形面积在 100 平方米以内的半径*/
#include <stdio.h>
int main()
{
    double pi=3.14159,area;
    int r;
    printf("面积在 100 平方米以内的圆半径和圆面
积:\n");
    printf("半径\t 圆面积\n");
    for(r=1;r<=10;r++)
    {
        area=pi*r*r;
        if (area>100)
            break;
        printf("r=%d\tarea=%f\n",r, area);
    }
    printf("第 1 个面积大于 100 平方米的圆半径和面积
为\nr=%d\tarea=%f\n",r,area);
    return 0;
}
```

程序运行结果：

```
面积在 100 平方米以内的圆半径和圆面积:
半径      圆面积
r=1       area=3.141590
r=2       area=12.566360
r=3       area=28.274310
r=4       area=50.265440
r=5       area=78.539750
第 1 个面积大于 100 平方米的圆半径和面积为
r=6       area=113.097240
```

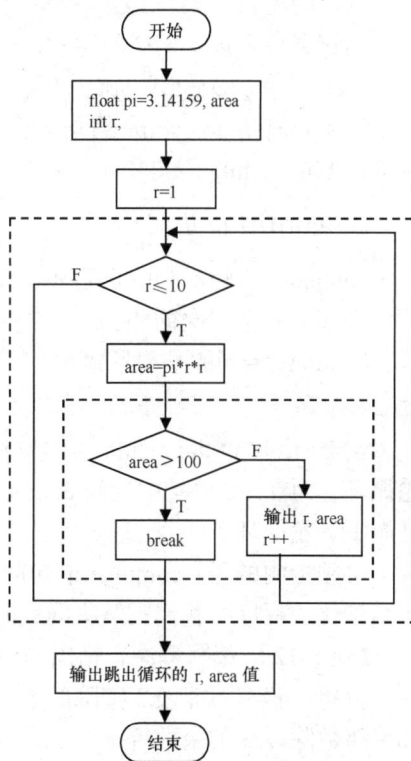

图 5-13 【例 5-11】的程序流程图

从上面程序的流程图，我们不难看到，由于程序中采用了 break 语句，在算法结构上出现了非结构化的设计。一般来说，好的结构化程序在设计算法的时候会尽量避免使用 break 语句，如果出现了非结构化算法这种情况，可以通过重新修改算法来避免。当然，在某些特殊情况下，break 语句能对代码起简化作用。

总之，在程序算法的设计中，尽可能地使其满足结构化的要求，就可以避免使用 break 语句。

修改【例 5-11】的程序，使其成为结构化的程序。

用 while 语句来实现，程序如下。

```
/*example5_11a.c 求圆形面积在 100 平方米以内的半径*/
#include <stdio.h>
int main()
{
    double pi=3.14159,area;
    int r=1;
    printf("面积在 100 平方米以内的圆半径和圆面积:\n");
    printf("半径\t 圆面积\n");
    area=pi*r*r;
    while(area<100)
    {
```

```
        printf("r=%d\tarea=%f\n",r,area);
        r=r+1;
        area=pi*r*r;
    }
    printf("第 1 个面积大于 100 的圆半径和面积为\nr=%d\tarea=%f\n",r,area);
    return 0;
}
```

程序的运行结果与 example5_11.c 的结果是一致的。

请读者思考以下两个问题。

（1）程序 example5_11a.c 的算法是怎样表达的？请给出该程序的程序流程。

（2）如何用 do...while 语句解决【例 5-11】的问题？请设计算法、编写程序验证，并将用 for 语句、while 语句和 do...while 语句实现的算法和程序进行比较，得出自己的结论。

2．continue 语句

continue 语句不会中止循环，而是在<循环语句>没有执行完的情况下，结束当前的循环，提前进入下一次循环。

continue 语句的一般形式为：

```
continue;
```

while 语句和 do...while 语句遇到 continue 时，程序会立刻转到条件表达式，开始下一轮循环；而在 for 语句中遇到 continue 时，程序会立刻转到<循环表达式>，更新循环变量，开始下一轮循环。

必须指明的是：continue 语句同 break 语句一样，也会破坏程序的结构化，使程序成为非结构化的程序。我们在解决问题时，应当尽量避免使用 continue 语句。

【例 5-12】 编写程序，输出 50～100 中不能被 3 整除的数。

分析：若有不能被 3 整除的数，也就意味着该数除以 3 的余数不等于 0，则输出该数；如果该数除以 3 的余数等于 0，则不输出该数。

该问题的程序流程图如图 5-14 所示。

根据图 5-14 所示的流程图，可写出如下程序。

```
/*example5_12.c 输出 50~100 中不能被 3 整除的数*/
#include <stdio.h>
Int main()
{
    int n=50;
    for(;n<=100;n++)
    {
        if(n%3==0)
            continue;
        else
            printf("%d\t",n);
    }
    return 0;
}
```

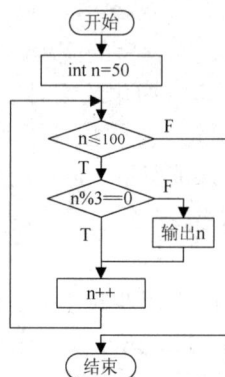

图 5-14 【例 5-12】的程序流程图

程序运行结果：

50	52	53	55	56	58	59	61	62	64
65	67	68	70	71	73	74	76	77	79
80	82	83	85	86	88	89	91	92	94
95	97	98	100						

上面这个程序完全可以不使用 continue 语句，只要对程序进行一点小小的修改，就可以解决问题，请读者思考不用 continue 语句的算法和程序。

【例 5-13】 编写程序，循环地从键盘输入整数，计算并输出有效数据的个数、总和、算术平均值，若输入了数字 0，则不计入总数，以结束标志作为输入的结束。

分析：假设从键盘输入的整数为 n，数据的个数为 count，数据的总和为 sum，算术平均值为 average。如果 $n=0$，则计数 count 的值不增加，不计算总和，重新要求输入数据；否则 count 的值加 1，总和 sum=sum+n。最后的算术平均值为 average=sum/n。

程序流程图如图 5-15 所示。

根据图 5-15 所示的流程图写出如下程序。

```
/*example5_13.c 循环地从键盘输入整数，计算这些数的算术平
均值*/
#include <stdio.h>
int main()
{
    int n,count=0;
    double sum=0,average=0;
    while(scanf("%d",&n)!=EOF)
    {
        if(n==0)
            continue;
        sum=sum+n;
        count=count+1;
    }
    average=sum/count;
    printf("输入的有效数据个数=%d\n",count);
    printf("输入的数据之和=%lf\n",sum);
    printf("数据的算术平均值=%lf\n",average);
    return 0;
}
```

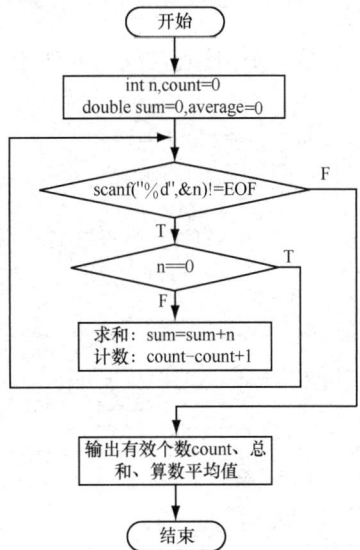

图 5-15 【例 5-13】的程序流程图

程序运行结果：

```
1 2 3 0 4 5 6 0 7 8 9 0 10 0↵
^Z↵
输入的有效数据个数=10
输入的数据之和=55.000000
数据的算术平均值=5.500000
```

^Z 代表输入结束标志。【例 5-12】和【例 5-13】的程序都说明了 continue 在程序中所起的作用，和【例 5-12】的程序一样，只要对程序 example5_13.c 进行一点小小的修改，就可以不使用 continue 来解决问题。请读者自行修改算法和程序进行验证。

对于 break 语句和 continue 语句，如果不是特别要求，应当尽量避免使用，以减少非结构化的情况出现。大多数情况下，在循环结构中不使用 break 语句和 continue 语句，同样可以使程序达到目的。

思考：请修改上面的程序，不使用 continue 语句或 break 语句，完成程序的功能。

【例 5-14】 阅读以下程序，比较 break 语句和 continue 语句在程序中的区别。

1. break 语句的作用

```
/*example5_14.c 了解 break 语句的作用*/
#include <stdio.h>
int main()
{
    int x;
    for(x=1;x<=10;++x)
    {
        if(x==5)
            break;
        printf("%d\t",x);
```

```
    }
    printf("break at x=%d\n",x);
    return 0;
}
```

程序运行结果:

```
1       2       3       4           break at x=5
```

显然，程序在 x=5 时，执行 break 语句，从循环中跳出，继续执行循环后面的语句。

2. continue 语句的作用

```
/*example5_14a.c 了解 continue 语句的作用*/
#include <stdio.h>
int main()
{
    int x;
    for(x=1;x<=10;++x)
    {
        if(x==5)
        {
            printf("continue at x=%d\n",x);
            continue;
        }
        printf("%d\t",x);
    }
    return 0;
}
```

程序运行结果:

```
1       2       3       4           continue at x=5
6       7       8       9       10
```

这个程序在 x=5 时，执行 continue 语句，并不
会从循环中跳出，而是结束本次循环，进入下一次
循环，直到不满足循环条件(x<=10),结束循环的执
行，继续执行循环后面的语句。

5.5 循环结构的嵌套

循环结构的嵌套，指的是在某种循环结构的语
句中，包含另一个循环结构。从理论上讲，循环嵌
套的深度不受限制，但实际应用中不提倡使用嵌套
层次太多的循环结构。

使用嵌套的结构时，要注意嵌套的层次不能交
叉，嵌套的内外层循环不能使用同名的循环变量，
并列结构的内外层循环允许使用同名的循环变量。

【例 5-15】编写程序，在屏幕上输出阶梯形式
的乘法口诀表。

分析：乘法口诀表可以用 9 行 9 列来表示，其
中第 i 行有 i 列。

利用循环嵌套，其程序流程图如图 5-16 所示。

根据图 5-16 所示的程序流程图写出如下程序。

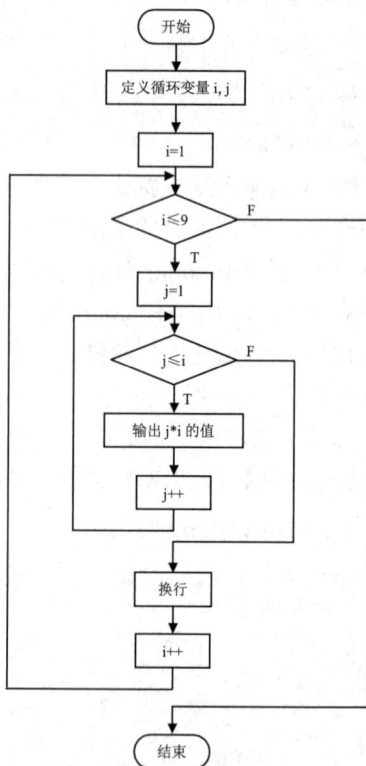

图 5-16 【例 5-15】的程序流程图

```
/*example5_15.c 输出乘法口诀表*/
#include <stdio.h>
int main()
{
    int i,j;
    for(i=1;i<=9;i++)
    {
        for(j=1;j<=i;j++)
            printf("%d*%d=%d\t", j,i,i*j);
        printf("\n");
    }
    return 0;
}
```

程序运行结果：

```
1*1=1
1*2=2    2*2=4
1*3=3    2*3=6    3*3=9
1*4=4    2*4=8    3*4=12   4*4=16
1*5=5    2*5=10   3*5=15   4*5=20   5*5=25
1*6-6    2*6=12   3*6=18   4*6=24   5*6=30   6*6=36
1*7=7    2*7=14   3*7=21   4*7=28   5*7=35   6*7=42   7*7=49
1*8=8    2*8=16   3*8=24   4*8=32   5*8=40   6*8=48   7*8=56   8*8=64
1*9=9    2*9=18   3*9=27   4*9=36   5*9=45   6*9=54   7*9=63   8*9=72   9*9=81
```

5.6 goto 语句

goto 语句是一种无条件转向语句，它可以用在程序的任何地方。goto 语句的一般形式为：

goto　语句标号；

其中，"语句标号"为任何合法的标识符，放在某个语句前面并加上冒号 ":" 作为语句的标号，标号只对 goto 语句有意义，带有标号的语句称作标号语句。

例如，error:、end:、exp:等均为合法的语句标号。

goto 语句的作用：转到标号语句所在的地方继续执行。

🔎 提示：虽然 goto 语句在使用上很方便，但它容易破坏程序的结构化形式，因此，一般不建议在程序中使用 goto 语句。

【例 5-16】编写程序，用 goto 语句计算简单几何级数的和。求简单几何级数的和的公式为 $sum = \sum_{i=1}^{100} i$。

分析：用 if 语句和 goto 语句的组合来构成循环，通过累加器 sum=sum+i 来计算简单几何级数的和。

```
/*example5_16.c if+goto构成的循环*/
#include <stdio.h>
int main()
{
    int i=1,sum=0;
loop:
    if(i<=100)
    {
        sum=sum+i;
        i++;
        goto loop;
```

```
    }
    printf("sum=%d\n",sum);
    return 0;
}
```

程序运行结果：

```
sum=5050
```

程序中由 if 语句和 goto 语句构成的循环相当于 while 循环结构，其程序流程图可参考图 5-2 所示的流程图。

在很多情况下，一个结构化的程序完全可以不使用 goto 语句而达到目的，但在某些特殊情况下，使用 goto 语句可以使程序更有效率，如在深层嵌套的情况下从里层完全退出嵌套的最外层的情况。

```
for()
{
    for()
    {
        for()
        {
            …
            if (mistake)
                goto error;
        }
    }
}
…
error:…
```

在上面的结构中，如果 mistake 条件成立，程序将直接退到最外面的 error 语句标号处，执行语句标号后面的语句。若不使用 goto 语句而使用 break 语句，则只能退出一层循环，而不能退到嵌套循环的最外层，显然，在这种情况下使用 goto 语句提高了程序的效率。

必须强调的一点是，goto 语句是一种非结构化的语句，不恰当地使用 goto 语句会破坏结构化程序的逻辑结构，使程序流程变得无规律，降低程序的可读性，严重时还会造成程序错误，因此，我们在程序设计中应尽量少用或不用 goto 语句。

【例 5-17】 编写程序，输出 40 以内的能同时被 3 和 4 整除的数。

分析：我们可以将"能同时被 3 和 4 整除"这个条件看成两个独立的条件，如果某数能被 3 整除，再看该数能否被 4 整除；如果不能被 3 整除，则不满足条件。

使用 goto 语句的程序如下。

```
/*example5_17.c 使用 goto 语句，输出能同时被 3 和 4 整除的数*/
#include <stdio.h>
int main()
{
    int x=1;
    lp1:
    if((x%3)!=0)
        goto lp2;
    if((x%4)==0)
        printf("num(3,4)=%d\n",x);
    lp2:
    x=x+1;
    if(x<40)
        goto lp1;
    return 0;
}
```

程序运行结果：

```
num(3,4)=12
num(3,4)=24
num(3,4)=36
```

显然，使用 goto 语句后，降低了程序的可读性，也破坏了程序的结构化，使程序成为了非结构化的程序，因此，如果不是有特殊要求，不建议在程序中使用 goto 语句。

【例 5-18】编写程序，求解【例 5-17】问题的程序，要求不使用 goto 语句。

分析：用 x 表示满足条件的数，只要将"能同时被 3 和 4 整除"的条件用逻辑表达式（x%3==0 && x%4==0）来表述即可。

程序如下：

```
/*example5_18.c 不用 goto 语句，输出能同时被 3 和 4 整除的数*/
#include <stdio.h>
int main()
{
    int x;
    for(x=1;x<=40;x++)
        if(x%3==0 && x%4==0)
            printf("num(3,4)=%d\n",x);
    return 0;
}
```

程序运行结果：

```
num(3,4)=12
num(3,4)=24
num(3,4)=36
```

比较 example5_17.c 和 example5_18.c 这两个程序，不难看出，虽然两个程序的运行结果相同，但程序 example5_17.c 使用了 goto 语句，可读性比较差，结构化程度受到破坏，稍有不慎就容易引起程序错误；而程序 example5_18.c 只用一条语句就解决了问题，程序的结构化程度高。

5.7 程序范例

【例 5-19】编写程序，输出 ASCII 中序号为 33～127（十进制）的字符对照表，每行输出 5 组。

分析：本问题给出了要输出的字符序号，因此可直接采用 for 循环语句，将 ASCII 中序号为 33～127 的字符输出即可，每行输出 5 组可通过条件((i-32)%5==0)来实现换行。

```
/*example5_19.c   输出 ASCII 中序号为 33～127 的字符对照表*/
#include <stdio.h>
int main()
{
    int i;
    for (i=33; i<128; i++)
    {
        printf("%d: %c \t\t",i,i);
        if((i-32)%5==0)
            printf("\n");
    }
    return 0;
}
```

程序运行结果：

33:	!	34:	"	35:	#	36:	$	37:	%
38:	&	39:	'	40:	(	41:	)	42:	*
43:	+	44:	,	45:	-	46:	·	47:	/
48:	0	49:	1	50:	2	51:	3	52:	4
53:	5	54:	6	55:	7	56:	8	57:	9
58:	:	59:	;	60:	<	61:	=	62:	>
63:	?	64:	@	65:	A	66:	B	67:	C
68:	D	69:	E	70:	F	71:	G	72:	H
73:	I	74:	J	75:	K	76:	L	77:	M
78:	N	79:	O	80:	P	81:	Q	82:	R
83:	S	84:	T	85:	U	86:	V	87:	W
88:	X	89:	Y	90:	Z	91:	[	92:	\
93:	]	94:	^	95:	_	96:	`	97:	a
98:	b	99:	c	100:	d	101:	e	102:	f
103:	g	104:	h	105:	i	106:	j	107:	k
108:	l	109:	m	110:	n	111:	o	112:	p
113:	q	114:	r	115:	s	116:	t	117:	u
118:	v	119:	w	120:	x	121:	y	122:	z
123:	{	124:	|	125:	}	126:	~	127:	DEL

思考：1. 请写出该程序对应的算法，并画出其流程图。

2. 是否可以采用 do 循环或 do…while 循环来实现，请编写程序验证。

【例 5-20】设公鸡每只 5 元，母鸡每只 3 元，小鸡 1 元 3 只，现用 100 元钱买 100 只鸡，编写程序，计算出可以各买多少只鸡。

分析：设可以买公鸡 i 只、母鸡 j 只、小鸡 k 只。算法核心就是必须满足两个条件：

1. 买鸡所付出的价钱必须是 100 元：$(i*5+j*3+k/3)==100$

2. 所购买的鸡的总数必须是 100 只：$(i+j+k)==100)$

程序流程图如图 5-17 所示，采用三重循环的方式，计算每一种可能的解。

根据图 5-17 所示的流程图写出如下程序。

```
/*example5_20.c   100 元钱买 100 只鸡 */
#include <stdio.h>
int main()
{
    int i,j,k;
    for(i=0; i*5<=100; i++)
            for(j=0; j*3<=100; j++)
                    for(k=0; k/3<=100; k+=3)
                            if((i*5+j*3+k/3)==100 && (i+j+k)==100)
                                    printf("Cock -- %d\tHen -- %d\tChicken -- %d\n",i,j,k);
    return 0;
}
```

程序运行结果：

```
Cock -- 0      Hen -- 25      Chicken -- 75
Cock -- 4      Hen -- 18      Chicken -- 78
Cock -- 8      Hen -- 11      Chicken -- 81
Cock -- 12     Hen -- 4       Chicken -- 84
```

思考：是否还有其他算法可以解决这个问题，请编写程序进行验证。

【例 5-21】有如下所示的数列，该数列的第一个数值为 3。

3	5	7	9…
6	8	10	12…
9	11	13	15…
12	14	16	18…
15	17	19	21…
…			

请编写程序，从键盘输入该数列的行数和列数，在屏幕上输出该数列。

分析：不难看出该数列的组成规律：每一列的数据为上一列对应位置的数据值加 2，每一行的数据为上一行对应位置的数据值加 3，也即第 i 行的第 1 个数值为 $i*3$，第 i 行的第 j 个数值为 $i*3+(j-1)*2$。

用变量 a 表示要输出的每一个数据，a 的初始值为 3；变量 n 表示要输出数据的行数；用 i 表示循环变量来控制要输出的行数。程序流程图如图 5-18 所示。

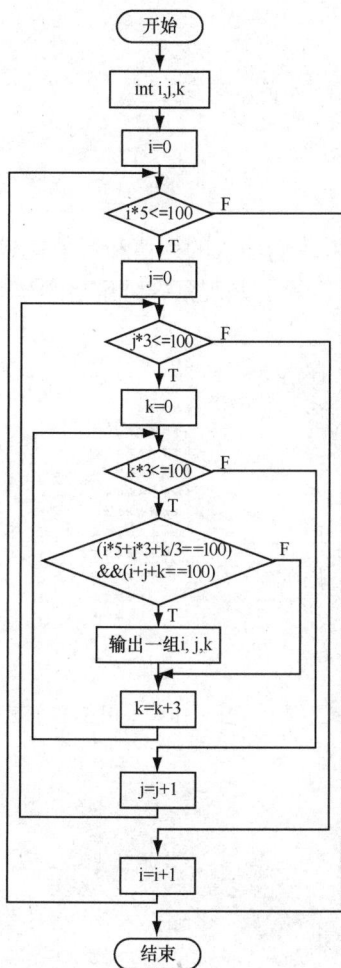

图 5-17 【例 5-20】的程序流程图   图 5-18 【例 5-21】的程序流程图

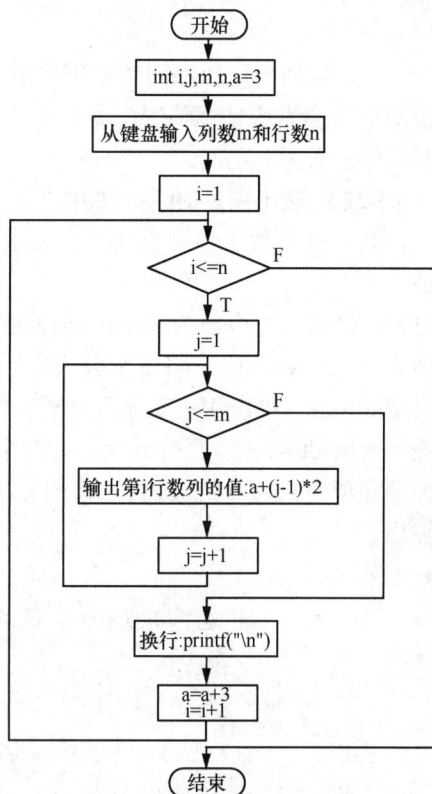

根据流程图写出如下程序。

```
/*example5_21a.c   按规律输出数据,数列的数列和行数从键盘输入*/
#include <stdio.h>
int main()
{
    int i,j,m,n,a=3;
    printf("请输入数列的列数 m: ");
    scanf("%d",&m);
    printf("\n请输入数列的行数 n: ");
    scanf("%d",&n);
    for(i=1;i<=n;i++)
    {
```

```
        for(j=1;j<=m;j++)
            printf("%d\t",a+(j-1)*2);
        printf("\n");
        a=a+3;
    }
    return 0;
}
```

程序运行结果：

请输入数列的列数m: 8

请输入数列的行数n: 6
3   5   7   9   11   13   15   17
6   8   10   12   14   16   18   20
9   11   13   15   17   19   21   23
12   14   16   18   20   22   24   26
15   17   19   21   23   25   27   29
18   20   22   24   26   28   30   32

思考：该数列的行数和列数是用户从键盘输入的，如果我们输入的列值和行值比较大，则输出的数据会发生什么情况？是什么原因造成的？请上机验证并观察，理解屏幕输出的数据与程序的关系。

【例5-22】输出图5-19所示的图案，图案的最大宽度值（水平方向*号的个数）由键盘输入。要求最大的宽度值必须为奇数。

分析：设最大宽度值为width，根据图案的规律，输出的总行数为width+width-1。将图案分成上下两部分考虑，上半部分有width行，可以用一个循环完成"*"号的输出，下半部分循环有width-1行，每行分成左右两个部分，左边部分用一个循环完成空白符号的输出，右边部分用一个循环完成"*"号的输出。

```
                *
                **
                ***
                ****
                *****
                ******
                *******
                ********
                *********
                ********
                *******
                ******
                *****
                ****
                ***
                **
                *
```

图5-19 【例5-22】图案

程序如下：

```
/* exam5_22.c 输出菱形几何图案*/
#include <stdio.h>
int main()
{
    int i,j,width;
    printf("请输入最大的宽度值: \n");
    scanf("%d",&width);
    for(i=1;i<=width;i++)
    {   for(j=1;j<=i;j++)
            printf("*");
        printf("\n");
    }
    for(i=1;i<=width;i++)
    {   for(j=1;j<=i;j++)
            printf(" ");
        for(j=i;j<=width-1;j++)
            printf("*");
        printf("\n");
    }
    return 0 ;
}
```

通过这个例子不难看出，对于有规律的几何图案，可以分成不同的部位，通过循环语句来输出。

思考：请编写程序，在屏幕上输出图 5-20 所示的几何图案。

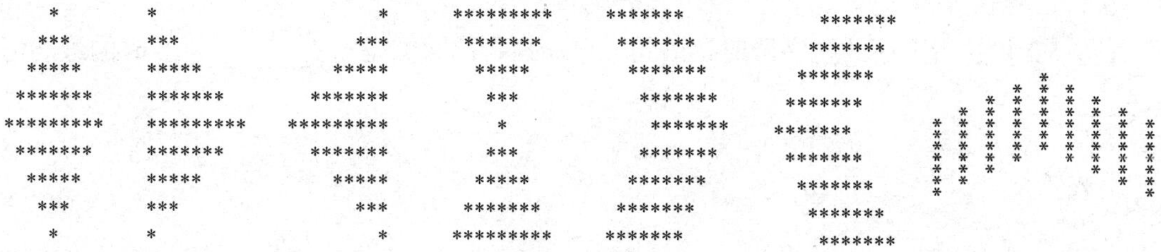

图 5-20　几何图案

5.8　本章小结

本章主要讨论了 3 种循环语句结构——for 语句、while 语句和 do...while 语句，另外还了解了 if 语句和 goto 语句组合构成的循环。

一般情况下，3 种循环语句都可以用来处理同一类问题，但当循环次数是肯定的情况下，用 for 循环比较方便。

3 种循环都可互相嵌套以构成各种混合嵌套结构。

while 循环和 for 循环都要先判断条件再执行循环语句，因此，有可能一次也不执行循环语句，而 do...while 循环不论怎样都会先执行一次循环语句。

使用循环结构时要注意避免以下几个方面的问题。

（1）<循环体语句>为复合语句，但没有使用花括号，在实验中这通常会提示有语法错误，待修改后再继续。

（2）程序发生了无限循环，无法从循环中退出。这通常是关系表达式的值一直为"真"造成的，请检查关系表达式或循环变量表达式是否正确。

（3）混淆了 break 语句与 continue 语句的功能，使程序的执行发生了错误。

到目前为止，我们已学习了 C 语言的三种基本结构：顺序语句、分支语句、循环语句，C 语言程序主要就是由这三种结构构成的，可以用来解决一些简单问题，但现在处理的数据还只限于简单变量，亦即由系统提供的简单数据类型定义的变量，难以完成复杂数据的处理，在后面的章节我们将深入探讨 C 语言的数据处理方法，以提高 C 语言处理数据的能力，解决更加复杂的问题。

习题

一、填空题。请在以下各题的空白处填入合适的内容。

【题 5.1】以下程序的输出结果是_____。

```
#include<stdio.h>
Int main()
{    int k=0,m=0,i,j;
     for(i=0;i<2;i++)
```

```
    {  for(j=0;j<3;j++)   k++;   k=k-j;}
m=i+j;
printf("k=%d,m=%d",k,m);
return 0;
}
```

【题 5.2】执行下面的程序段时，语句 m=i+j;执行的次数是_____，m 的最终值是_____。

```
{ int i,j,m,k=0;
  for(i=1;i<=5;i++)
        for(j=5;j>=-5;j=j-2)
            { m=i+j;k=k+1;}
  printf("%d,%d",k,m);
}
```

【题 5.3】以下程序的功能是：按顺序读入 10 名学生 4 门课程的成绩，计算出每位学生的平均分并输出。

```
#include<stdio.h>
int  main()
{
int n,k;
float score ,sum,ave;
sum=0.0;
for(n=1;n<=10;n++)
{
            for(k=1;k<=4;k++)
            {
                scanf("%f",&score);
                sum+=score;
            }
  ave=sum/4.0;
  printf("NO%d:%f\n",n,ave);
  }
  return 0;
}
```

上述程序运行后结果不正确，调试时发现有一条语句出现在程序中的位置不正确。这条语句是_____。

【题 5.4】以下程序执行后的输出结果是_____。

```
#include<stdio.h>
int main()
{
    int x=15;
    while(x>10 && x<50)
    {
        x++;
        if(x/3)    {x++;  break;}
        else          continue;
    }
    printf("%d",x);
    return 0;
}
```

【题 5.5】以下程序中，判断 i>j 共执行了_____次。

```
#include<stdio.h>
int main()
{   inti=0,j=10,k=2,s=0;
    for(; ;)
    {
        i+=k;
```

```
        if(i>j){printf("%d\n",s);break;}
        s+=i;
    }
    return 0;
}
```

【题 5.6】以下程序的功能：输出 100 以内能被 3 整除且个位数为 6 的所有整数。请填空。

```
#include <stdio.h>
int main()
{
    int  i, j;
    for(i=0;_____(1)_____; i++)
    {
        j=i*10+6;
        if(_____(2)_____) continue;
        printf("%4d",j);
    }
    printf("\n");
    return 0;
}
```

【题 5.7】有一分数序列 2/1,3/2,5/3,8/5,13/8,…，求出这个数列的前 20 项之和。请填空。

```
#include <stdio.h>
int main( )
{   int i,t,n=20;
    float a=2,b=1,s=0;
    for (i=1; i<=n; i++)
    {
        _____;
        _____;
        _____;
        _____;
    }
    return 0;
}
```

【题 5.8】运行以下程序，如果从键盘输入"1298"，输出结果为_____。

```
#include<stdio.h>
int main()
{
    int  n1,n2;
    scanf("%d",&n2);
    while(n2!=0)
    {
        n1=n2%10;
        n2=n2/10;
        printf("%d",n1);
    }
    return 0;
}
```

【题 5.9】从键盘输入若干学生的成绩，统计并输出最高成绩和最低成绩，当输入负数时结束输入。请在下列程序中填空。

```
#include<stdio.h>
int main()
{
    float x,max,min;
    printf("please input scores:");
    scanf("%f",&x);
```

循环结构／第5章

```
    max=min=x;
    while(_____)
    {
        if(_____) max=x;
        if(_____) min=x;
        scanf("%f",&x);
    }
    printf("\nmax=%f\nmin=%f\n",max,min);
    getch();
    return 0;
}
```

【题 5.10】以下程序的运行结果是_____。

```
#include<stdio.h>
int main()
{
    int  i,m=0, n=0, k=0;
    for(i=9; i<=11; i++) {
        switch(i/10) {
            case  0:  m++; n++; break;
            case 10:  n++;break;
            default:  k++;n++;
        }
    }
    printf("%d %d %d\n",m,n,k);
    return 0;
}
```

二、单选题。 在以下每一题的四个选项中，请选择一个正确的答案。

【题 5.11】设有程序段 int k=10;while(k==0) k=k-1;，则下面描述中正确的是_____。

   A. while 循环执行 10 次   B. 循环是无限循环

   C. 循环语句一次也不执行   D. 循环语句执行一次

【题 5.12】以下程序执行后的输出结果是_____。

```
#include<stdio.h>
int main()
{   inti=0,a=0;
    while(i<20)
    {   for(; ;)
        {   if((i%10)==0)
                break;
            else
                i--;
        }
    i+=11;
    a+=i;
    }
    printf("%d",a);
    return 0;
}
```

   A. 21   B. 32   C. 33   D. 11

【题 5.13】以下程序的输出结果是_____。

```
#include<stdio.h>
int main()
{
    int a,b;
    for(a=1,b=1;a<=100;a++)
    {
```

```
        if(b>20)
            break;
        if(b%3==1)
        {
            b+=3;
            continue;
        }
    b=5;
    }
    printf("%d,%d",a,b);
    getch();
    return 0;
}
```

   A. 10   B. 9   C. 8,22   D. 7

【题 5.14】对于以下两个循环语句，叙述正确的是_____。

① while(1); ② for(; ;);

   A. ①②都是无限循环   B. ①是无限循环，②错误

   C. ①循环一次，②错误   D. ①②皆错误

【题 5.15】以下程序的执行结果是_____。

```
#include "stdio.h"
int main()
{
    int x=3;
    do
    {
        printf("%3d\n",x-=2);
    }while(!(--x));
    getch();
    return 0;
}
```

   A. 1   B. 3 0   C. 1 −2   D. 死循环

【题 5.16】设 x 和 y 均为 int 型变量，则执行以下的循环后，y 值为_____。

```
#include <stdio.h>
int main()
{
    int x,y;
    for(y=1,x=1;y<=50;y++)
    {
        if(x>=10) break;
        if(x%2==1)
        {
            x+=5;
            continue;
        }
            x-=3;
    }
    printf("y=%d\n",y);
    return 0;
}
```

   A. 2   B. 6   C. 4   D. 8

【题 5.17】以下程序的运行结果是_____。

```
#include "stdio.h"
int main()
{
```

```
    int y=10;
    for(;y>0;y--)
        if(y%3==0)
        {
            printf("%d",--y);
            continue;
        }
    getch();
    return 0;
}
```

    A. 741   B. 852   C. 963   D. 875421

【题 5.18】以下程序的运行结果是_____。

```
#include "stdio.h"
int main()
{
    int x,i;
    for(i=1;i<=100;i++)
    {
        x=i;
        if(++x%2==0)
            if(++x%3==0)
                if(++x%7==0)
                    printf("%d ",x);
    }
    printf("\n");
    return 0;
}
```

    A. 39 81   B. 42 84   C. 26 68   D. 28 70

三、编程题。对以下问题编写程序并上机验证。

【题 5.19】求两个正整数的最大公约数和最小公倍数。

【题 5.20】判断输入的某个数是否为素数。若是，则输出 YES；否则输出 NO。

【题 5.21】编写程序，统计某 C 源程序中标识符的个数。

【题 5.22】设有十进制数字 a、b、c、d、e，求满足 abc*e=dcba（a 非 0，e 非 0 非 1）的最大的 abcd。

【题 5.23】打印如下高和上底均为 5 的等腰空心梯形。

```
        *****
       *     *
      *       *
     *************
```

【题 5.24】用循环结构编写程序，计算 π 的近似值，公式为：

$$\pi/4 \approx 1-1/3+1/5-1/7+\cdots$$

直到最后一项的绝对值小于 10^{-6} 为止。

【题 5.25】用牛顿迭代法求下面方程在 $x=1.5$ 附近的根：

$$2x^3-4x^2+3x-6=0$$

【题 5.26】一根长度为 133m 的材料，需要截成长度为 19m 和 23m 的短料，求两种短料各截多少根时，剩余的材料最少。

【题 5.27】某次大奖赛，有 7 个评委对参赛者打分，编写程序：对一名参赛者，输入 7 个评委给参赛者打出的分数，去掉一个最高分和一个最低分，输出参赛者的平均得分。

【题 5.28】一位百万富翁遇到一个陌生人，陌生人找他谈一个换钱计划。该计划如下：我每天给你 10 万元，而你第一天只需给我 1 分钱；第二天我仍给你 10 万元，你给我 2 分钱；第三天我仍给你 10 万元，你给我 4 分钱……你每天给我的钱是前一天的 2 倍，直到满一个月（30 天）。百万富翁很高兴，欣然接受了这个契约。请编写一个程序计算这一个月中陌生人给百万富翁多少钱，百万富翁给陌生人多少钱。

【题 5.29】从键盘输入一行字符，若为小写字母，则转化为大写字母；若为大写字母，则转化为小写字母；否则转化为 ASCII 表中的下一个字符。

【题 5.30】输出 1～10000 的完数（完数定义：真因子之和等于数本身）。

【题 5.31】编写一个程序，依次输入 5 位学生的 7 门课程的成绩，每输入一位学生的 7 门课程成绩后，立即统计并输出该学生的总分和平均分。

【题 5.32】一个盒子中放有 12 个球，3 个红的、3 个白的、6 个黑的，从中任取 8 个球，求共有多少种不同的颜色搭配。

【题 5.33】求不超过 1000 的回文素数。

【题 5.34】自守数是指一个数的平方的尾数等于该数自身的自然数，如 76^2=5776。求出 2 000 000 以内的自守数。

【题 5.35】输入自然数 n，将 n 分解为质因子连乘的形式输出。例如，输入 756，则程序显示为 756=2*2*3*3*3*7。

【题 5.36】编写程序，输出以下图案。

```
          *
         * *
        * * *
       * * * * *
      * * * * * * *
       * * * * *
        * * *
          *
```

【题 5.37】求 s_n=a+aa+aaa+…+$aaa…a$ 的值。例如，当 a=2，n=4 时，s_n=2+22+222+2222。a 和 n 由键盘输入。

【题 5.38】如果某地区 1996 年的人口为 12.3 亿人，假设每年的人口增长率分别为 2%、1.5%、1% 和 0.5% 时，则该地区在哪一年人口能达到 13 亿人？

【题 5.39】一个数如果等于其每一个数字立方之和，则此数为阿姆斯特朗数。如 407 就是一个阿姆斯特朗数，因为 407=4^3+0^3+7^3。要求输出 100～999 中所有的阿姆斯特朗数。

【题 5.40】有一数字灯谜如下：

$$
\begin{array}{cccc}
A & B & C & D \\
- & C & D & C \\
\hline
A & B & C &
\end{array}
$$

A、B、C、D 均为一位非负整数，要求找出 A、B、C、D 各值。

【题 5.41】打印九九乘法表。

【题 5.42】计算 1!+2!+3!+…+n! 的值，n 值由键盘输入。

【题 5.43】从键盘输入若干个学生的成绩，当成绩小于 0 时结束输入。计算出平均成绩，并输出不及格的成绩和人数。

【题 5.44】从键盘输入一批字符（以@结束），按要求加密并输出。加密规则如下：

（1）所有字母均转换为小写；

（2）若是字母'a'到'y'，则转化为下一个字母；

（3）若是'z'，则转化为'a'；

（4）其他字符，保持不变。

【题 5.45】已知 $abc+cba=1333$，其中 a、b、c 均为一个数字，编写一个程序求出 a、b、c 分别代表什么数字。

【题 5.46】设 N 是一个四位数，它的 9 倍正好是其反序数，求 N。（反序数就是将整数的数字倒过来形成的整数。）

【题 5.47】一个整数，它加上 100 后是一个完全平方数，再加上 168 又是一个完全平方数，请编程输出 100000 以内满足上述要求的数。（一个数的平方根的平方等于该数，此数是完全平方数。例如，121 的平方根等于 11，而 $11^2=121$，121 是完全平方数。）

第6章

函数与宏定义

6.1 函数的概念

在 C 语言中，函数可分为两类，一类是由系统定义的标准函数，又称为库函数。其函数声明一般放在系统的 include 目录下以.h 为扩展名的头文件中，在程序中要用到某个库函数，必须在调用该函数之前用"#include<头文件名>"命令将库函数信息包含到本程序中。有关各类常用的库函数及所属的头文件请查阅本书提供的电子资源，#include 命令将在6.5.2 小节介绍。

另一类是自定义函数。这类函数是根据问题的特殊要求而设计的，自定义的函数为程序的模块化设计提供了有效的技术支撑，有利于程序的维护和扩充。

C 语言程序设计的核心就是设计自定义函数，每一个函数都是具有独立功能的模块，通过各模块之间的协调工作可以完成复杂的程序功能。

6.1.1 函数的定义

前面的章节已经使用过一些由系统提供的函数，如 scanf()、printf()、srand()等。一个函数就是一些语句的集合，这些语句组合在一起完成一项操作，返回所需要的结果。

C 语言还允许程序设计人员自己定义函数，称为自定义函数。

自定义函数的形式为：

```
[存储类型符]  [返回值类型符]   函数名([形参说明表])
{
     函数语句体
}
```

（1）[存储类型符]指的是函数的作用范围，它只有两种形式——static 和 extern。static 说明函数只能作用于其所在的源文件，用 static 说明的函数又称为内部函数；extern 说明函数可被其他源文件中的函数调用，用 extern 说明的函数，又称为外部函数。默认情况为 extern。

（2）[返回值类型符]指的是函数体语句执行完毕，函数返回值的类型，如 int、float、char 等，若函数无返回值，则用空类型 void 来定义函数的返回值。默认情况为 int（有些编译器不支持默认情况）。

（3）函数名由任何合法的标识符构成。为了增强程序的可读性，建议使函数名与函数内容存在一定的关系，以养成良好的编程风格。

（4）[形参说明表]是一系列用逗号分开的形参变量数据类型声明。如"int x, int y, int z;"

表示形参变量有 3 个——x、y、z。它们的类型都是 int 型的。[形参说明表]可以缺省，缺省时表示函数无参数。

（5）函数语句体放在一对花括号（{}）中，主要由两个部分组成。

① 局部数据类型声明部分。用来说明函数中局部变量的数据类型。

② 功能实现部分。可由顺序语句、分支语句、循环语句、函数调用语句和函数返回语句等构成，是函数的主体部分。

（6）函数返回语句的形式有以下两种。

① 函数有返回值类型，则函数返回语句的形式为：

```
return (表达式的值);
```

其中，"表达式的值"的数据类型必须与函数返回值类型一致。

② 函数返回值为 void（函数无返回值）时，则函数返回语句的形式为：

```
return;
```

这种情况下也可以不写 return 语句。

注意：函数语句体执行完毕后，程序自动返回函数调用处，继续执行下面的语句。

例如，求两个任意整数的绝对值的和，可用函数 abs_sum()实现。

函数定义如下：

```
int abs_sum(int m, int n)
{
    if(m<0)
        m=-m;
    if(n<0)
        n=-n;
    return (m+n);
}
```

当然，也可以直接调用系统函数来计算 m 和 n 的绝对值之和，函数也可以写成这样：

```
int abs_sum(int m, int n)
{
    return (abs(m)+abs(n));
}
```

注意：求整数的绝对值的函数 abs()是在头文件 math.h 中声明的。

6.1.2　函数的声明和调用

在大多数的情况下，程序中使用自定义的函数之前要先进行函数声明，然后才能在程序中调用。

1．函数声明

函数声明语句的一般形式为：

```
[存储类型符]    [返回值类型符]    函数名([形参说明表]);
```

2．函数调用

函数定义完毕，若不通过函数调用，是不会发挥任何作用的。函数调用是通过函数调用语句来实现的，它分为以下两种形式。

（1）函数无返回值的函数调用语句

函数名([实参表]);

（2）函数有返回值的函数调用语句

变量名=函数名([实参表]);

注意：变量名的类型必须与函数的返回值类型相同。

不论是哪种情况，函数调用时都会去执行函数中的语句内容，函数执行完毕，回到函数的调用处，继续执行程序中函数调用后面的语句。

例如：

```
…
int x=5, y=-10;
int z;
…
z=abs_sum(x, y);   /*函数调用 */
…
```

6.1.3　函数的传值方式

在调用函数时，若函数是有参数的，则必须采用实参表将每一个实参的值相应地传递给每一个形参变量，形参变量在接收到实参表传过来的值时，会在内存临时开辟一个新的空间，以保存形参变量的值。当函数执行完毕，这些临时开辟的内存空间会被释放，并且形参的值在函数中不论是否发生变化，都不会影响到实参变量的值的变化，这就是函数的传值方式。

自定义函数在程序中的使用顺序有以下两种形式。

1．函数定义放在 main 函数的后面

这时，在 main 函数调用该函数之前，必须先进行函数声明。也就是说，函数声明语句应放在函数调用语句之前，具体位置与编译环境有关。

2．函数定义放在 main 函数的前面

这时，在 main 函数中可直接调用该函数，不需要进行函数声明。

注意：上面提到的 main 函数也可以是其他自定义的函数。

【例 6-1】 编写程序，通过调用函数 int abs_sum(int m,int n)，求任意两个整数的绝对值的和。

分析：两个整数的绝对值的和仍然是整型数，函数调用时需要一个整型变量来接收函数的返回值。

程序如下：

```
/*example6_1.c 自定义函数, 求两个整数绝对值的和*/
#include <stdio.h>
int abs_sum(int m,int n);   /*函数声明, 求 m 和 n 的绝对值之和*/
int main()
{
    int x,y,z;
    scanf("%d%d",&x,&y);
    z=abs_sum(x,y);        /*函数调用*/
    printf("|%d|+|%d|=%d\n",x,y,z);
```

```
        return0;
}
int abs_sum(int m,int n)      /*函数定义*/
{
        if(m<0)
            m=-m;
        if(n<0)
            n=-n;
        return m+n;
}
```

程序运行结果：

```
7 -12↵
|7|+|-12|=19
```

在程序中，若将函数定义放在函数调用之前，则可以不使用函数声明语句，上面的程序也可以写成如下形式。

```
/*example6_1a.c 自定义函数，求两个整数绝对值的和*/
#include <stdio.h>
int abs_sum(int m,int n)      /*函数定义*/
{
        if(m<0)
            m=-m;
        if(n<0)
            n=-n;
        return m+n;
}
int main()
{
        int x,y,z;
        scanf("%d%d",&x,&y);
        z=abs_sum(x,y);           /*函数调用*/
        printf("|%d|+|%d|=%d\n",x,y,z);
        return0;
}
```

上面这两个程序 example6_1.c 和 example6_1a.c 的功能是相同的。

用传值方式调用函数时，实参也可以是函数调用语句，请看下面的程序。

【例 6-2】编写程序，通过调用函数 int abs_sum(int m,int n)，求任意 3 个整数的绝对值的和。

分析：因为 3 个整数绝对值的和还是整数，因此，也可以将函数调用作为函数的实参。

程序如下：

```
/*example6_2.c 调用函数求 3 个整数绝对值的和*/
#include <stdio.h>
int abs_sum(int m,int n);      /*函数声明*/
int main()
{    int x,y,z,sum;
     scanf("%d%d%d",&x,&y,&z);
     sum=abs_sum(abs_sum(x,y),z);       /*函数调用*/
     printf("|%d|+|%d|+|%d|=%d\n",x,y,z,sum);
     return0;
}
int abs_sum(int m,int n)      /*函数定义*/
{    if(m<0)
             m=-m;
      if(n<0)
             n=-n;
      return m+n;
}
```

程序运行结果：

```
-7 12 -5↵
|-7|+|12|+|-5|=24
```

当然，解决这个问题也可以通过两次调用函数来求得 3 个数绝对值的和：

```
sum=abs_sum(x,y);
sum=abs_sum(sum,z);
```

另外，也可以通过设计一个新的函数来实现求 3 个数绝对值的和：

```
int abs_sum(int a,int b,int c);
```

如果没有特别要求，一般不建议将函数调用语句作为函数的实参。

> 📌 **注意**：若函数有返回值，调用时又没有把它赋给某个变量，C 语言的语法并不报错，程序仍然可以执行，但函数的返回值有可能丢失，在程序中要防止这种情况的发生。

【例 6-3】 编写程序，求任意两个数的乘积。

分析：自定义一个函数 double mul(double a, double b)，用于求两个数的乘积，函数的返回值为 double 型。

程序如下：

```
/*example6_3.c   求两个数的乘积*/
#include <stdio.h>
float mul(float a,float b);     /*函数声明*/
int main()
{
    float x,y,z;
    printf("Please enter the value of x and y:\n");
    scanf("%f %f",&x,&y);
    z=mul(x,y);     /* 1. 函数调用，变量 z 接收返回值*/
    printf("1--x=%4.1f,y=%4.1f, ",x,y);
    printf("(%4.1f)*(%4.1f)=%4.1f\n",x,y,z);
    x=x+10;
    y=y-5;
    printf("2--x=%4.1f,y=%4.1f, ",x,y);
    mul(x,y);       /* 2. 函数调用，无变量接收返回值*/
    printf("(%4.1f)*(%4.1f)=%4.1f\n",x,y,z);
    x=x*2;
    y=y*2;
    printf("3--x=%4.1f,y=%4.1f, ",x,y);
    z=mul(x,y);     /* 3. 函数调用，变量 z 接收返回值*/
    printf("(%4.1f)*(%4.1f)=%4.1f\n",x,y,z);
    return0;
}
float mul(float a,float b)     /*函数定义*/
{
    return a*b;
}
```

程序运行结果：

```
lease enter the value of x and y:
10 8
1--x=10.0,y= 8.0, (10.0)*( 8.0)=80.0
2--x=20.0,y= 3.0, (20.0)*( 3.0)=80.0
3--x=40.0,y= 6.0, (40.0)*( 6.0)=240.0
```

在上面这个程序中，第 1 处函数调用时将函数的返回值赋给变量 z，得到正确的计算结果；第 2 处调用函数后没有将函数的返回值赋给任何变量，函数的返回值丢失，无法将函数的计算结果输出，输出的 z 值仍然是上次的计算结果，所以输出的表达式 (20.0)*(3.0)=80.0 看上去是错误的，实则两者不相关；第 3 处调用函数的形式与第 1 处相同，得到正确的计算结果。

因此，对于有返回值的函数，在调用函数时，必须用相应的变量来接收函数的返回值，否则函数的调用就失去了意义。

6.2 变量的作用域和存储类型

1．变量的作用域

变量的作用域指的是在程序中能引用该变量的范围。C 语言程序中根据变量的作用域不同，可将其分为局部变量和全局变量两种。

局部变量：在函数内部或某个控制块的内部定义的变量为局部变量，局部变量的有效范围只限于本函数内部，退出函数或控制块，该变量自动失效。局部变量所具有的这种特性使程序的模块增强了独立性。

全局变量：在函数外面定义的变量称为全局变量，全局变量的作用域是从该变量定义的位置开始，直到源文件结束。在同一文件中的所有函数都可以引用全局变量。全局变量所具有的这种特性可以增强各函数间数据的联系。

局部变量和全局变量的作用域如图 6-1 所示。

2．变量的存储类型

变量的存储类型指的是变量的存储属性，它说明变量占用存储空间的区域。在内存中，供用户使用的存储区由程序区、静态存储区和动态存储区 3 个部分组成。变量的存储类型有 auto 型、register 型、static 型和 extern 型 4 种。

auto 型变量存储在内存的动态存储

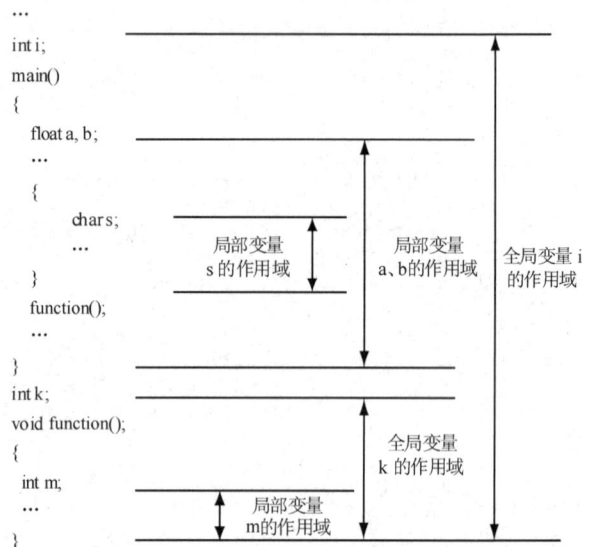

图 6-1　局部变量和全局变量的作用域

区；register 型变量保存在寄存器中；static 型变量和 extern 型变量存储在静态存储器。

局部变量的存储类型默认值为 auto 型，全局变量的存储类型默认值为 extern 型。

auto 型和 register 型只用于定义局部变量。

static 型既可定义局部变量，又可定义全局变量。定义局部变量时，局部变量的值将被保留，若定义时没有赋初值，则系统会自动为其赋 0 值；定义全局变量时，其有效范围为它所在的源文件，其他源文件不能使用。

【例 6-4】了解变量的作用域。阅读下面的程序，注意区分局部变量和全局变量的作用域。

```
/*example6_4.c  了解变量的作用域*/
#include <stdio.h>
void function1( void );
void function2( void );
```

```
void function3( void );
int x = 12;
int main()
{
    int x = 14;
    printf("x in main is %d\n", x );
    {
        int x = 16;
        printf( "x in inner scope of main is %d\n", x );
    }
    printf( "x in main is %d\n", x );
    function1();
    function2();
    function3();
    function1();
    function2();
    function3();
    printf( "\nx in main is %d\n", x );
    return 0;
}
void function1( void )
{
    int x = 20;
    printf("\nThis is function1:\n");
    printf( "x in a is: %d\n", x );
    ++x;
    printf( "++x in a is: %d\n", x );
}
void function2( void )
{
    static int x = 40;
    printf("\nThis is function2:\n");
    printf( "static x in b is: %d\n", x );
    ++x;
    printf( "static ++x in b is:%d\n", x );
}
void function3( void )
{
    printf("\nThis is function3:\n");
    printf( "global x in c is:%d\n", x );
    ++x;
    printf( "global ++x in c is:%d\n", x );
}
```

程序运行结果：

```
x in main is 14
x in inner scope of main is 16
x in main is 14

This is function1:
x in a is: 20
++x in a is: 21

This is function2:
static x in b is: 40
static ++x in b is:41

This is function3:
global x in c is:12
global ++x in c is:13

This is function1:
x in a is: 20
++x in a is: 21

This is function2:
static x in b is: 41
```

```
static ++x in b is:42

This is function3:
global x in c is:13
global ++x in c is:14

x in main is 14
```

在上面这个程序中，请注意局部变量、全局变量和静态存储变量的区别，以及它们的作用域。

【例 6-5】设计一个函数 long fac(int n)计算正整数的阶乘，编写程序进行测试。

分析：由于计算机对变量的字节长度分配有限，亦即整型变量的最大值是一定的，因此，目前计算整数的阶乘只能针对较小的整数。在本程序中，假定要计算 1～5 的阶乘。

算法的核心思想：对于任意正整数 n，如果知道$(n-1)!$，则 $n!=n×(n-1)!$。可在函数中定义一个 static 型变量，用来保存每一次阶乘的计算结果。

程序如下：

```
/*example6_5.c 利用static型变量保留每一次阶乘的值*/
#include <stdio.h>
long fac(int n)  /* fac()是计算n!的函数 */
{
    static int f=1;
    f=f*n;
    return f;
}
int main()
{   int i;
    for(i=1;i<=5;i++)
    printf("%d!=%ld\n",i,fac(i));
    return0;
}
```

程序运行结果：

```
1!=1
2!=2
3!=6
4!=24
5!=120
```

在这个程序中，函数 fac 中的局部变量 f 被定义成 static 型，因此，它只在该函数第 1 次被调用的时候初始化其值为 1，以后再调用该函数，不再进行初始化，而是使用上一次调用的值。这也是 static 型变量的一个特点。

思考：

（1）用上面这个程序计算正整数的阶乘，能获得正确结果的最大正整数是多少？

（2）如果不用循环，能否直接求出某个整数的阶乘？

6.3 内部函数与外部函数

在 C 语言中，自定义的函数也可分为内部函数和外部函数两种，内部函数又称为静态函数。

1．内部函数

若函数的存储类型为 static 型，则可称其为内部函数或静态函数，它表示在由多个源文件组成的同一个程序中，该函数只能在其所在的文件中使用，在其他文件中不可使用。

内部函数的声明形式为：

```
static <返回值类型> <函数名>(<参数>);
```

不同文件中可以有相同名称的内部函数，但功能可以不同，相互不受干扰。

2．外部函数

若函数的存储类型为 extern 型，则可称其为外部函数，它表示该函数能被其他源文件调用。函数的默认存储类型为 extern 型。

【例 6-6】 外部函数的应用示例。下面的程序由 3 个文件组成，即 file1.c、file2.c、example6_6.c。file1.c、file2.c 分别定义了两个外部函数，example6_6.c 可以分别调用这两个函数。

（1）file1.c

```
/* file1.c 外部函数定义 */
extern int add(int m, int n)
{
    return (m+n);
}
```

（2）file2.c

```
/* file2.c 外部函数定义 */
extern int mod(int a, int b)
{
    return (a%b);
}
```

（3）example6_6.c

```
/* example6_6.c 调用外部函数*/
#include <stdio.h>
extern int mod(int a, int b);       /*外部函数声明*/
extern int add(int m, int n);       /*外部函数声明*/
int main()
{
    int x, y, result1,result2,result;
    printf("Please enter x and y:\n");
    scanf("%d%d", &x, &y);
    result1=add(x,y);               /*调用 file1 中的外部函数*/
    printf("x+y=%d\n",result1);
    if(result1>0)
            result2=mod(x,y);       /*调用 file2 中的外部函数*/
    result=result1-result2;
    printf("mod(x,y)=%d\n",result2);
    printf("(x+y)-mod(x,y)=%d\n", result);
    return0;
}
```

程序运行结果：

```
Please enter x and y:
7 5↵
x+y=12
mod(x,y)=2
(x+y)-mod(x,y)=10
```

关于程序的几点说明。

（1）在程序 file1.c、file2.c 中的函数定义可以不用 extern 加以说明，默认为外部函数。

（2）在 example6_6.c 中对外部函数的声明也可以不用 extern 加以说明，默认为外部函数。

（3）由多个源文件组成一个程序时，main()函数只能出现在一个源文件中。

（4）由多个源文件组成一个程序时，它们的连接方式有以下 3 种。

① 将各源文件分别编译成目标文件，得到多个目标文件（其扩展名为.obj），然后用连接命令把多个.obj 文件连接起来，Turbo C 的连接命令为 tlink，对于本例，可以用下面的命令进行连接：

```
tlink example6_6.obj+file1.obj+file2.obj
```

这样就生成了一个 example6_6.exe 的可执行文件。

② 建立项目文件（其扩展名为.prj 或.dsw），具体操作可参阅各种 C 语言集成开发环境说明。

③ 使用文件包含命令。请参阅本章 6.5.2 节。

（5）如果将 file1.c 或 file2.c 中的外部函数定义改成内部函数定义（将 extern 改成 static），则主程序在编译时无法通过。

（6）在程序 file1.c 或 file2.c 中，也可以互相调用其外部函数。

> **注意**：对于允许在其他文件中使用的外部函数，其函数声明可用 extern 进行说明，也可以不用 extern 进行说明。
>
> 对于只需在本文件中使用的内部函数，其函数声明必须用 static 进行说明。

6.4 递归函数的设计和调用

函数是可以嵌套调用的，即某函数中的语句可以是对另一个函数的调用，例如：

```
…
int main()
{
    float t;
    int x,y;
    t=fun1(x,y);
    …
    …
    return0;
}
float fun1(int a,int b)
{
    int z;
    z=fun2(a+b,a-b);
    …
}
int fun2(int m,int n)
{
    …
}
…
```

fun1()和 fun2()是两个独立的函数，在 fun1()的函数体内又包括了对 fun2()函数的调用，其嵌套调用的过程如图 6-2 所示。

调用过程按图 6-2 中箭头所示的方向和顺序进行，属于一种线性调用

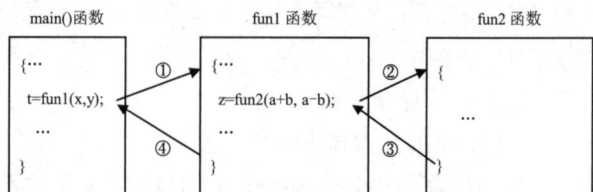

图 6-2　函数嵌套调用

关系，每次调用后，最终返回原调用点，继续执行函数调用下面的语句。

在 C 语言中，除了函数的嵌套调用，还存在着另一种函数的调用形式，即函数的递归调用。在函数中出现调用函数自身的语句或两个函数之间出现相互调用的情况，这种调用方式称为递归调用。根据不同的调用方式，递归又分为直接递归调用和间接递归调用。

1．直接递归调用

直接递归调用是指在函数定义的语句中，存在着调用本函数的语句。

2．间接递归调用

间接递归调用是指在不同的函数定义中，存在着互相调用函数语句的情况。

直接递归和间接递归的调用形式如图 6-3 所示。

在 C 语言中，为了防止陷入无限递归调用的状态，避免严重错误的发生，对于递归函数的设计是有严格的数学模型的，并不是所有的问题都可以设计成递归函数。

一个函数能设计成为递归函数，除边界条件外，在数学上必须具备以下两个条件。

（1）问题的后一部分与原始问题类似。

（a）直接递归调用　　（b）间接递归调用

图 6-3　递归调用形式

（2）问题的后一部分是原始问题的简化。

递归函数设计的难点在于建立问题的数学模型，一旦建立了正确的递归数学模型，就可以很容易地编写出递归函数。

【例 6-7】 编写程序，要求从键盘输入一个正整数 n，计算 $n!$。

分析：该问题与【例 6-5】所描述的问题有些类似，但要求不一样，本题不要求从 1! 开始计算，而要求直接计算 $n!$ 。

$n!$ 的数学表达式为：

$$n! = \begin{cases} 1 & (n=0,1) \\ n \times (n-1)! & (n>1) \end{cases}$$

从 $n!$ 的数学模型可以看出，当 n 的值为 0 或 1 时，就是其边界条件，这时 $n!$ 的值为 1；当 n 的值大于 1 时，它满足数学上对递归函数的两个条件：

（1）$(n-1)!$ 与 $n!$ 是类似的；

（2）$(n-1)!$ 是 $n!$ 计算的简化。

采用递归函数设计求 $n!$ 的函数 long fac(int n)。其程序流程图及函数设计如图 6-4 所示。

完整的程序如下：

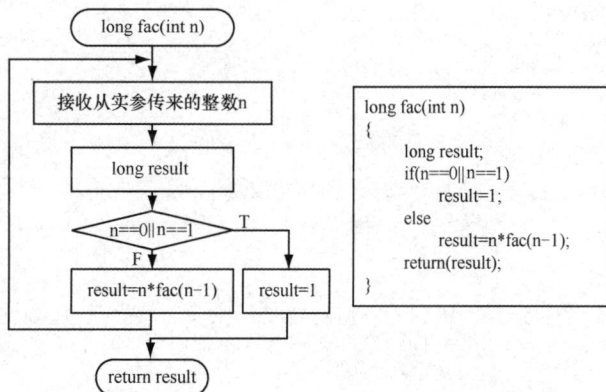

（a）递归函数算法流程图　　　　（b）递归函数算法程序设计

图 6-4　用递归函数求 n! 的程序流程图及程序设计

```
/*example6_7.c 用递归函数法求 n! */
#include <stdio.h>
long fac(int n)
{
    long result;
    if(n==0||n==1)
            result=1;
    else
            result=n*fac(n-1);
    return result;
}
int main()
{
    int n;
    long f;
    printf("Please enter value of n:");
    scanf("%d",&n);
    if(n<=0)
            printf("Sorry! You enter a wrong number!\n");
    else
    {
            f=fac(n);
            printf("%d!=%ld\n",n,f);
    }
    return 0;
}
```

程序运行结果：

```
Please enter value of n:6↵
6!=720
```

【例 6-8】 Fibonacci 数列的组成规律为 0,1,1,2,3,5,8,13,21,…，编写程序，求 Fibonacci 数列第 i 项的值（$0 \leqslant i \leqslant 40$）。

分析：由观察可知，Fibonacci 数列第 1 项为 0，第 2 项为 1，从第 3 项开始，数列每 1 项的值为前两项的和。可将 Fibonacci 数列用数字模型表达为：

```
fibonacci(1)=0
fibonacci(2)=1
fibonacci(i)=fibonacci(i-1)+fibonacci(i-2)      (i=3,4,5,…)
```

显然，从第 3 项开始，Fibonacci 数列的数学表达式满足递归函数的两个必要条件，因此，可以用递归函数 long fibonacci (int n)来求得数列中第 n 项的值。

程序如下：

```
/*example6_8.c  求 Fibonacci 数列第 i 项的值 */
#include <stdio.h>
long fibonacci(int n);
int main()
{
    int i=1;
    unsigned long result;
    printf("请输入数列的项数:");
    scanf("%d",&i);
    while(i>0)
    {
        result=fibonacci(i);
        printf("fibonacci[%d]=%lu\n",i,result);
        printf("请输入数列的项数:");
        scanf("%d",&i);
    }
    return 0;
}
long fibonacci(int n)
```

```
{
    if(n==1||n==2)
        return n-1;
    else
        returnfibonacci(n-1)+ fibonacci(n-2)
}
```

程序运行结果:

```
请输入数列的项数:1
fibonacci[1]=0
请输入数列的项数:2
fibonacci[2]=1
请输入数列的项数:11
fibonacci[11]=55
请输入数列的项数:12
fibonacci[12]=89
请输入数列的项数:13
fibonacci[13]=144
请输入数列的项数:0
```

程序可以循环地输入数列的项数值 i,计算出数列第 i 项的值,直到输入的数小于等于零,程序结束,但值得关注的问题是:随着项数 i 的增大,Fibonacci 数列本身的值 result 是否会超出 unsigned 数据类型的取值范围?如果超出了数据的取值范围,程序会发生什么错误呢?同时函数调用的空间开销会怎样?

以 n=5 为例,图 6-5 说明了 fibonacci 函数怎样计算数列中第 5 项的值 fibonacci(5)。为简化起见,图中把 fibonacci 简写成 f。

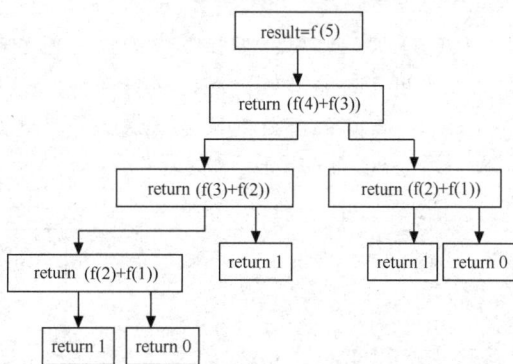

图 6-5   fibonacci 函数的递归调用

> **注意**:fibonacci 递归调用的次数,从图 6-5 中可以看出,如果 $n>3$,则每次递归调用 fibonacci 函数都要调用该函数两次。也就是说,计算第 n 个 Fibonacci 数列的值,就要执行($2^{n-2}+1$)次递归调用,对于 n=5 的情况,要调用递归函数 9 次,计算第 20 项的 fibonacci 函数需要递归的次数为 $2^{18}+1$(26 万多次),计算第 30 项的 fibonacci 函数需要递归的次数约为 $2^{28}+1$(两亿多次)。由此可见,这种递归函数虽然程序的算法简单,但计算的复杂度会随着 n 的增加而呈指数级增长。

6.5 预处理

在 C 语言中,说明语句和可执行语句是用来完成程序的功能的,除此之外,C 语言中还有一些编译预处理指令,它们的作用是向编译系统发布信息或命令,告诉编译系统在对源程序进行编译之前应做些什么事。

所有的编译预处理都是以"#"开头,单占源程序中的一行,一般放在源程序的首部。

> **注意**:编译预处理不是 C 语句,行末不必加分号。

C 语言提供的预处理指令主要有 3 种:宏定义、文件包含、条件编译及其他。

6.5.1 宏定义

宏定义有两种：不带参数的宏和带参数的宏。

宏定义的作用是用宏名来代表一字符串，宏名由标识符构成，通常采用大写字母来表示。一旦对字符串命名，就可在源程序中使用宏名，以达到简化程序书写的目的。C 编译系统在编译之前会将标识符替换成字符串。

1．不带参数的宏

不带参数的宏的定义形式为：

```
#define    宏名  字符串
```

> 📝 **说明**：（1）define 是关键字，表示宏定义。
>
> （2）宏名必须符合标识符的定义，为区别于变量，宏名一般采用大写字母，如
>
> ```
> #define PI 3.14159
> ```
>
> （3）宏的作用：在程序中的任何地方都可直接使用宏名，编译器会先将程序中的宏名用字符串替换，然后进行编译，这称为宏替换。宏替换并不进行语法检查。
>
> （4）宏名的有效范围是从定义命令之后，直到源程序文件结束，或遇到宏定义终止命令#undef 为止。例如：

```
#define G 9.8
#define PI 3.14159
main()
{
    ...
}
#undef PI
void f1()
{
    ...
}
void f2()
{
    ...
}
```

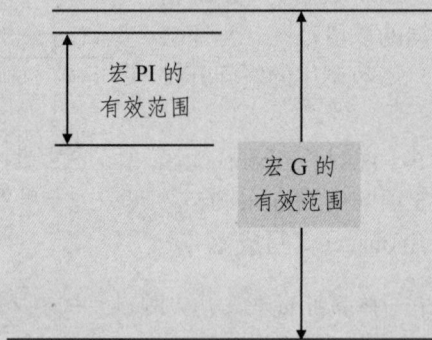

宏 PI 的
有效范围

宏 G 的
有效范围

【例 6-9】阅读下面的程序，了解不带参数的宏的作用。

```c
/*example6_9.c  了解不带参数的宏的作用 */
#include <stdio.h>
#define PI 3.1415926
#define STRING This is a test.
int main()
{
    double r,s;
    printf("STRING\n");
    printf("Please enter value of radius(r): ");
    scanf("%lf",&r);
    while(r>0)
    {
        s=PI*r*r;
        printf("Area of Circl=%10.3lf\n",s);
        printf("Please enter value of radius(r): ");
        scanf("%lf",&r);
    }
    return 0;
}
```

程序运行结果：

```
STRING
Please enter value of radius(r): 10↵
Area of Circl=        314.159
Please enter value of radius(r): 2↵
Area of Circl=         12.566
Please enter value of radius(r): 3↵
Area of Circl=         28.274
Please enter value of radius(r): 4↵
Area of Circl=         50.265
Please enter value of radius(r): 0↵
```

在上面的这个程序中，从程序运行结果的第 1 行可以看出：在 printf()语句中，由双引号（""）括起来的字符串中若含有标识符，则编译前不进行替换，这一点常常被人们忽略了。

如果要用 printf()语句输出宏名 STRING 代表的字符串，则必须修改宏定义。

将#define STRING This is a test 修改成：

```
#define STRING "This is a test\n";
```

再将语句 printf("STRING\n"); 修改成 printf(STRING);，这样程序运行结果的第 1 行就会是宏名所代表的字符串 This is a test。

不带参数的宏常常被用来表述程序中的一些固定不变的值，如圆周率、数组的大小等。

2．带参数的宏

带参数的宏的定义形式为：

```
#define 宏名(参数表)    字符串
```

🖉 **说明：**（1）字符串应包含有参数表中的参数。

（2）宏替换时，是将字符串中的参数用实参表中的参数进行替换。

假如定义了这样的宏：

```
#define S(r) 3.14159*r*r
```

在程序中若出现 S(3.0)，则相当于 3.14159*3.0*3.0。必须注意，这种替换是严格意义上的字符替换。

若程序中出现 S(3.0+4.0)，则相当于 3.14159*3.0+4.0*3.0+4.0。也许这样的结果并不是所想要得到的，因此，在设计有参数的宏时，有可能出现二义性，这是应该注意避免的。

【例 6-10】 阅读下面的程序，了解带参数的宏的作用，分析程序运行结果。

```
/*example6_10.c   了解带参数的宏的作用*/
#include <stdio.h>
#define F(a)  a*b
int main()
{
    int x,y,b,z;
    printf("Please enter the value of x,y:\n");
    scanf("%d%d",&x,&y);
    b=x+y;
    z=F(x+y);
    printf("b=%d\nF(x+y)=%d\n",b,z);
    return 0;
}
```

程序运行结果：

```
Please enter the value of x,y:
3 4↵
b=7
F(x+y)=31
```

这个程序的运行结果是在读者的预料之中吗？实际上，z=F(x+y);语句在编译之前会成为：

```
z=x+y*b;
```

其结果自然就是 z=31。

如果读者希望的结果正是这样，那这样的宏定义就是合理的，如果读者希望是这样的结果：

```
F(x+y)成为(x+y)*b
F(x+y+z)成为(x+y+z)*b
```

则进行宏定义时，要将字符串中的参数用圆括号括起来，成为如下形式：

```
#define F(a) (a)*b
```

这样就可以避免二义性。

> **注意**：有参数的宏定义与函数是完全不同的两个概念。

6.5.2 文件包含

文件包含指的是一个源文件可以将另一个源文件的全部内容包含进来，在对源文件进行编译之前，用包含文件的内容取代该预处理命令。

文件包含命令的一般形式为：

```
#include <包含文件名>
```

或

```
#include "包含文件名"
```

> **说明**：（1）include 是命令关键字，表示文件包含，一个 include 命令只能包含一个文件。
> （2）<>表示被包含文件在标准目录（include）中。
> （3）""表示被包含文件在指定的目录中，若只有文件名不带路径，则在当前目录中，若找不到，再到标准目录中寻找。
> （4）包含文件名可以是.c 源文件或.h 头文件，例如：
>
> ```
> #include <stdio.h>
> #include "myhead.h"
> #include "D:\\myexam\\myfile.c"
> ```

采用文件包含，可以将多个源文件拼接在一起，如有文件 file2.c，如图 6-6 所示。该文件中的内容全部都是自定义的函数。另有文件 file1.c，该文件有 main 函数。如果在 file1.c 程序中要调用 file2.c 中的函数，可采用文件包含的形式，如图 6-7 所示。

file2.c

```
...
 int fun1()
{
 ...
}
 int fun2()
{
 ...
}
...
```

图 6-6 两个 C 程序源文件

file1.c

```
...
 #include"file2.c"
...
main()
{int a
 ...
  a=fun1()+fun2();
 ...
}
```

图 6-7 编译前文件包含命令被替换

在 file1.c 中，使用文件包含命令#include "file2.c"将文件 file2.c 包含进来，在对 file1.c 进行编译时，系统会用 file2.c 的内容替换掉 file1.c 中的文件包含命令#include "file2.c"，然后再对其进行编译。

> 🔍 提示：请注意外部函数与文件包含的区别，它们都是可以在某个程序中用到另一个文件中的函数，但使用的方法有所不同。

6.5.3 条件编译及其他

ANSI C 标准定义的 C 语言预处理命令还包括下列命令：

```
#error 停止编译并显示错误信息
#undef 取消已定义的宏
#if 如果给定条件为真，则编译#if 下面的代码
#else 否则编译#else 下面的代码
#elif（#else if 的简写）如果前面的#if 给定条件不为真，当前条件为真时，编译下面的代码
#endif 结束一个#if…#else 条件编译块
#ifdef 如果宏已经定义，则编译下面的代码
#ifndef 如果宏没有定义，则编译下面的代码
#line
#pragma
```

其中，#if、#elif、#endif、#ifdef 和#ifndef 都属于条件编译命令，可对程序源代码的各部分有选择地进行编译。

1．#if、#else、#elif 和#endif

#if、#else、#elif 和#endif：判断是否满足给定条件的编译形式，一般形式有如下几种。

（1）第 1 种形式

```
#if<表达式>
      语句段 1
[#else
      语句段 2]
#endif
```

作用：如果"表达式"的值为真，则编译"语句段 1"，否则编译"语句段 2"，方括号表示可缺省，不论是否有#else，#endif 都是必不可少的。

（2）第 2 种形式

```
#if<表达式 1>
      语句段 1
#elif<表达式 2>
      语句段 2
#else
      <语句段 3>
#endif
```

作用：如果"表达式 1"的值为真，则编译语句段 1，否则判断"表达式 2"；如果"表达式 2"的值为真，则编译语句段 2，否则编译"语句段 3"。

在这里，#else 是与#elif 嵌套的，与 if 分支语句相类似，只要符合嵌套规则就行。与 if 分支语句不同的是，这是条件编译，只有符合条件的代码才被保留下来。

【例 6-11】阅读下面的程序，了解条件编译的作用。

```
/*example6_11.c 了解条件编译的作用 */
#include <stdio.h>
#define MAX 10
```

```
int main()
{
    #if MAX>99
        printf("compile for array greater than 99\n");
    #else
        printf("compile for small array\n");
    #endif
    return 0;
}
```

程序运行结果：

```
compile for small array
```

在此例中，因为 MAX 小于 99，所以，不编译#if 块下面的程序，只编译#else 块下面的程序，因此，屏幕上显示 "compiled for small array" 这一消息。

2. #ifdef 和#ifndef

它们判断是否定义有宏名的条件编译。

（1）#ifdef 的一般形式为：

```
#ifdef    宏名
          语句段
#endif
```

作用：如果在此之前已定义了这样的宏名，则编译语句段。

（2）#ifndef 的一般形式为：

```
#ifndef    宏名
          语句段
#endif
```

作用：如果在此之前没有定义这样的宏名，则编译语句段。

#else 可用于#ifdef 和#ifndef 中，但#elif 不可以。

【例 6-12】阅读下面的程序，了解#ifdef 和#ifndef 的作用。

```
/*example6_12.c    了解条件编译 */
#include <stdio.h>
#define TED 10
int main()
{
    #ifdef TED
            printf("Hi,Ted\n");
    #else
            printf("Hi,Anyone\n");
    #endif
    #ifndef RALPH
            printf("RAPLH not defined\n");
    #endif
    return 0;
}
```

程序运行结果：

```
Hi,Ted
RAPLH not defined
```

可以像嵌套#if 那样，#ifdef 与#ifndef 也可以嵌套。

3. #error

#error 属于处理器命令，它的作用是强迫编译器停止编译，主要用于程序调试。

4. #line

命令#line 改变_LINE_与_FILE_的内容，它们是在编译器中预先定义的宏名。

命令的基本形式为：

```
#line number["filename"]
```

其中，number 为任何正整数，可选的文件名为任意有效文件标识符。行号为源程序中当前行号，filename 为源文件的名字。命令#line 主要用于调试及其他特殊应用。

例如，下面的程序通过#line 100 说明 main 函数的行计数_LINE_的值从 100 开始；因此，printf()语句输出的_LINE_的值为 102，因为它是语句#line 100 后的第 3 行。

```
#include <stdio.h>
#line 100                  /*初始化行计数器 */
main()                     /* 行号 100  */
{                          /* 行号 101  */
    prinft("%d\n", _LINE_);      /* 行号 102  */
}
```

ANSI 标准说明了 5 个预定义的宏名，它们是：

```
_LINE_
_FILE_
_DATE_
_TIME_
_STDC_
```

如果编译不是标准的，有可能仅支持以上宏名中的几个或根本不支持。编译器也许会提供其他预定义的宏名。

其他宏名的含义请参见相关编译手册。

> **注意**：系统定义的宏名在书写时一般是由标识符与两边各一条下画线构成。

6.6 程序范例

【例 6-13】编写函数 long exp(int a, int b)，计算 a 的 b 次幂（a^b）。要求 a 与 b 的值均为大于零的正整数（$a>0$、$b>0$）。

分析：要计算 a^b，实际上是计算 b 个 a 相乘。例如，$2^3=2\times2\times2$，$5^4=5\times5\times5\times5$。该函数算法可以设计成递归和非递归的形式。

1. 函数 long exp1 (int a，int b)的非递归算法

（1）置计算结果 result 的初值为 1（包含了 $b=0$ 的情况）。

（2）如果 $b>0$，则 result=a×result；否则转到（4）。

（3）$b=b-1$，转到（2）。

（4）结束。

程序流程图如图 6-8 所示。

根据图 6-8 所示的流程图写出的程序如下。

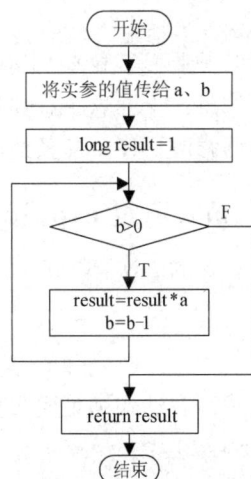

图 6-8　函数 long exp1(int a, int b)的非递归算法

```
/*example6_13.c   计算a的b次幂*/
#include <stdio.h>
long exp1(int a,int b);
int main()
{
    int m,n;
    long fab;
    printf("请输入m、n的值:");
    scanf("%d%d",&m,&n);
    if(m>0 && n>=0)
    {
        fab=exp1(m,n);
        printf("%d的%d次幂=%ld\n",m,n,fab);
    }
    else
        printf("输入的数据有误，程序运行结束! \n");
    return 0;
}
/*函数定义:*/
long exp1(int a,int b)
{
    long result=1;
    while(b>0)
    {
        result=result*a;
        b=b-1;
    }
    return result;
}
```

程序第 1 次运行结果:

```
请输入m、n的值:3 3↵
3的3次幂=27
```

程序第 2 次运行结果:

```
请输入m、n的值:4 5↵
4的5次幂=1024
```

程序第 3 次运行结果:

```
请输入m、n的值:9 -2↵
输入的数据有误，程序运行结束!
```

请注意，上面这个程序每次只计算一次，若要重复计算不同的数，就要反复重新运行程序，请修改程序，使其能反复计算而不需要重新运行程序。

2. 函数 long exp2(int a, int b) 的递归算法

计算 a 的 b 次幂（a^b）方法可表示成:

$$a^b = \begin{cases} a & (b=1) \\ a \times a^{b-1} & (b>1) \end{cases}$$

显然，表达式满足递归算法的条件，可以用递归算法来实现。

```
/*递归算法函数定义*/
long exp2(int a,int b)
{
    if(b==0)
        return 1;
    if(b==1)
        return a;
```

```
        else
            return a*exp2(a,b-1);
}
```

可以直接用该递归算法的函数 long exp2(int a, int b)替换掉上面程序中的非递归算法，主程序部分保持不变，修改后的程序如下。

```
/*example6_13a.c    用递归算法计算 a 的 b 次幂*/
#include <stdio.h>
long exp2(int a,int b);
int main()
{
    int m,n;
    long fab;
    printf("请输入 m、n 的值:");
    scanf("%d%d",&m,&n);
    if(m>0 && n>0)
    {
        fab=exp2(m,n);
        printf("%d 的%d 次幂=%ld\n",m,n,fab);
    }
    else
        printf("输入的数据有误，程序运行结束! \n");
    return 0;
}
/*函数定义:*/
long exp2(int a,int b)
{
    if(b==1)
        return a;
    else
        return a*exp2(a,b-1);
}
```

程序运行结果同 example6_13.c 一致。请思考，是否还有其他算法可以实现计算 a 的 b 次幂（a^b）？请读者写出算法，上机验证。

【例 6-14】编写程序，从键盘输入一个正整数 number，通过函数将该整数值的数字反向返回 int reverseDigits(int number)。为简单起见，number 的取值范围为 1～9999。例如，若整数值为 4629，函数的返回值应为 9264；若整数值为 3027，函数的返回值应为 7203。程序以输入−1 作为结束。

分析：该问题的核心是通过函数 reverseDigits(int number)将数字 number 反向后，返回一个新的数 reverse，因此，必须分离 number 的每 1 位数字，number 的最低位成为 reverse 的最高位。

函数 reverseDigits(int number)的算法可按以下方法设计。

（1）先置反向数 reverse=0。

（2）如果 number<10，则 reverse=number；转（4）。

（3）如果 number≥10，则：

① 取 number 的个位数（number%10）的余数生成反向数 reverse=reverse×10+(number%10);；

② 修改 number 的值，去掉 number 的个位数 number= number/10;，转（3）。

否则，得到反向数最后的值 reverse= reverse×10+number。

（4）返回反向数 reverse。

函数 reverseDigits(int number)的程序流程图如图 6-9 所示。

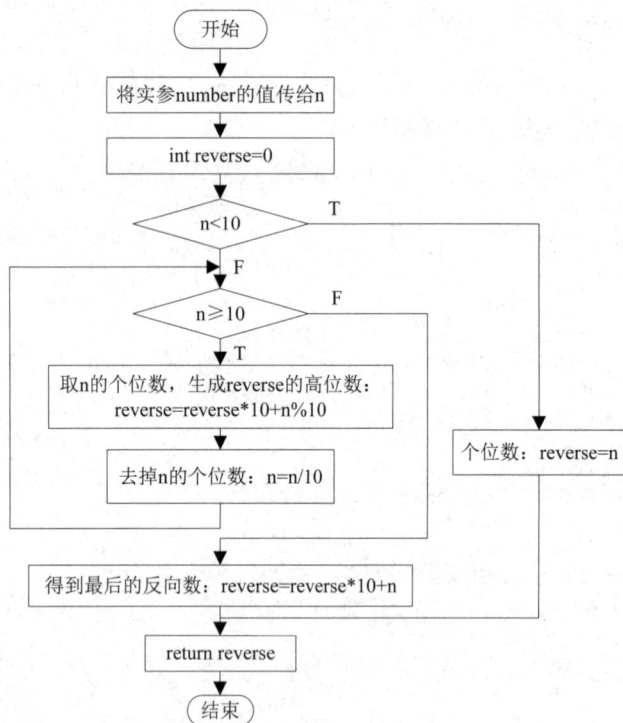

图 6-9　函数 reverseDigits 的程序流程图

根据图 6-9 所示的流程图写出的程序如下。

```c
/*example6_14.c 从键盘输入整型数，反向将其数字输出*/
#include <stdio.h>
int reverseDigits(int n);
int main()
{
    int number,reverse;
    printf("Enter a number between 1 and 9999:\n");
    scanf("%d",&number);
    while(number!=-1)
    {
        if(number>0 && number<10000)
        {
            reverse=reverseDigits(number);
            printf("number: %d--> reversed: %d\n",number,reverse);
        }
        else
            printf("Sorry! You enter a wrong number.Please try again!\n");
        scanf("%d",&number);
    }
    return 0;
}
int reverseDigits(int n)
{
    int reverse=0;      /*反向后的数*/
    if(n<10)
        reverse=n;
    else
    {
        while(n>=10)
        {
```

```
                        reverse=reverse*10+n%10;
                        n=n/10;
                    }
                    reverse=reverse*10+n;
            }
        return reverse;
    }
```

程序运行结果：

```
Enter a number between 1 and 9999:
3409↵
number: 3409--> reversed: 9043
1024↵
number: 1024--> reversed: 4201
4521↵
number: 4521--> reversed: 1254
16↵
number: 16--> reversed: 61
10↵
number: 10--> reversed: 1
6↵
number: 6--> reversed: 6
0857↵
number: 857--> reversed: 758
-1↵
```

🔍 **提示**：解决该问题的算法不止这一种，请读者思考其他的算法，并编写程序验证。

【例 6-15】 编写程序，求方程 $f(x)= ax^2+bx+c$ 在某区间的定积分 $\int_{lower}^{upper} f(x)\,\mathrm{d}x$。为了程序的通用性，要求从键盘输入方程 $f(x)$ 的系数 a、b 和 c 的值，以及积分区间的上下限 $upper$、$lower$ 的值。

分析：显然，积分 $\int_{lower}^{upper} f(x)\,\mathrm{d}x$ 的结果为图 6-10（a）所示阴影部分的平面面积，计算机在求解这个问题时，是将积分区间分解成 n 个微小区间，如图 6-10（b）所示。求出这 n 个小区间的面积之和，即可得到图 6-10（a）所示整个区域的面积。

在图 6-10（b）中，第 i 个区间的面积为：

$$s = \frac{h \times [f(x_i) + f(x_{i+1})]}{2} \qquad (0 \leq i \leq n-1)$$

式中，$x_i = lower + i \times h$。

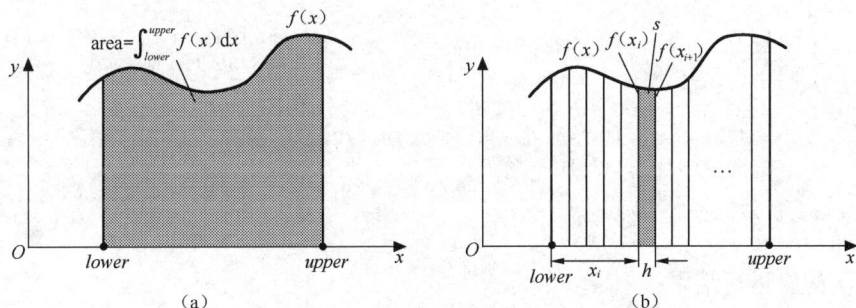

图 6-10 $f(x)$ 在 x 轴上某个区域的定积分

本题的关键是建立积分的求和函数：

```
double integrate(double lower,double upper)
```

可采用如下的算法。

（1）确定区间的个数 n（区间的个数决定了计算结果的精度）。

（2）获得区间的宽度大小，$h=(upper-lower)/n$。

（3）计算某个小区间的面积，$s=h\times(f(lower+i\times h)+f(lower+(i+1)\times h))/2$。

（4）对 s 求和 $\sum\limits_{i=0}^{n-1}s$，结果即为该积分的近似值。

被积分函数 $f(x)=ax^2+bx+c$ 可以另外单独生成。

程序如下：

```
/*example6_15.c 计算一元二次方程 f(x)在某区间的面积*/
#include <stdio.h>
double f(double x);                            /*被积函数*/
double integrate(double lower,double upper);   /*积分函数*/
double a,b,c;                                   /* 积分方程 f(x)=a*x*x+bx+c 的系数 */
int main()
{

    double upper_limit,lower_limit;
    double result;
    printf("Please enter coefficient of function(a,b,c):\n");
    scanf("%lf%lf%lf",&a,&b,&c);                /* 输入函数的参数值*/
    printf("Please enter the lower_limit and upper_limit of integrate:\n");
    scanf("%lf%lf",&lower_limit,&upper_limit);   /* 输入积分的下限和上限值*/
    while(lower_limit>=upper_limit)
    {
        printf("Sorry! The lower can not bigger than upper.\n");
        printf("Please enter angin:\n");
        scanf("%lf%lf",&lower_limit,&upper_limit);
    }
    result=integrate(lower_limit,upper_limit);   /* 调用函数求积分的值 */
    printf("result=%f\n",result);
    return 0;
}
/* 定义被积函数 */
double f(double x)
{
    return a*x*x+b*x+c;
}
/* 定义积分函数 */
double integrate(double lower,double upper)
{
    double h,s,area=0;
    int i;
    int n=200;                                  /* 确定区间的个数，n 决定了计算的精度 */
    h=(upper-lower)/n;                          /* 每个小区间的宽度大小 */
    for(i=0;i<n;i++)
    {
        s=h*(f(lower+i*h)+f(lower+(i+1)*h))/2; /*计算每个小区间的面积*/
        area=area+s;   /*面积求和*/
    }
    return area;
}
```

第 1 次程序运行结果：

```
Please enter coefficient of function(a,b,c):
3 2 1↵
Please enter the lower-limit and upper-limit of integrate:
-1 1↵
result=4.000100
```

第 2 次程序运行结果：

```
Please enter coefficient of function(a,b,c):
1 3 2↵
Please enter the lower-limit and upper-limit of integrate:
0 3↵
result=28.500113
```

从程序第 1 次和第 2 次运行时的输入情况可知：程序分别计算了两个函数的积分，即 $\int_{-1}^{1}(3x^2+2x+1)\,\mathrm{d}x$ 和 $\int_{0}^{3}(x^2+3x+2)\,\mathrm{d}x$。

根据定积分原理，积分的计算结果应为：

$$\int_{-1}^{1}(3x^2+2x+1)\,\mathrm{d}x = (x^3 + x^2 + x)\Big|_{-1}^{1} = 4$$

$$\int_{0}^{3}(x^2+3x+2)\,\mathrm{d}x = (\frac{x^3}{3} + \frac{3x^2}{2} + 2x)\Big|_{0}^{3} = 28.5$$

该程序可以求得任意一元二次方程在某个区域的定积分。对比程序的计算结果与实际计算的结果可知，程序的计算结果与实际值存在一定的误差，并且它们的误差会因为函数 integrate() 中小区间个数 n 值的不同而不同，n 值越大，误差越小；n 值越小，误差越大。

在实际工程中，不能对所有问题划分的区间个数都相同，应该根据区间的大小和精度要求来确定合适的 n 值，求得较为精确的计算结果。

读者可以修改程序，从键盘输入计算精度的 n 值，比较计算结果。

思考：为什么程序要将积分方程 $f(x)=ax^2+bx+c$ 的系数 a、b、c 设置成为全局变量，如果不将系数设置成为全局变量，应怎样修改程序才可以解决该问题？

【例 6-16】由一个古老的传说演变成的汉诺塔游戏：有 3 根柱子 A、B、C，在 A 柱上按大小依次放着 n 个中间有孔的盘子［见图 6-11（a）］，现在要将这 n 个盘子从 A 柱移到 C 柱上去［见图 6-11（b）］，移动过程中，可以借助中间的 B 柱，规定每次只能移动一个盘子，且在盘子的移动过程中，大盘子只能在小盘子的下面，那么怎样才能以最少的移动步骤来完成这个任务？请编写程序，给出完成汉诺塔游戏的移动步骤。

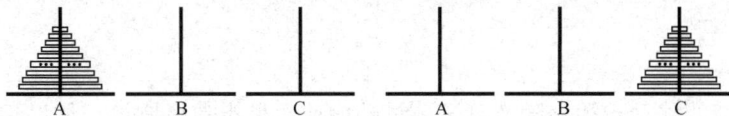

（a）汉诺塔游戏的初始状态　　　　　（b）汉诺塔游戏的最终状态

图 6-11　汉诺塔游戏的状态

分析：采用递归算法，分 3 步进行。

（1）将 A 柱上的 $n-1$ 个盘子移到 B 柱上。

（2）直接将 A 柱上最下面的那个盘子移到 C 柱上。

（3）将 B 柱上的 $n-1$ 个盘子借助于 A 柱移到 C 柱上。

上面这 3 个步骤满足递归函数的要求，第 1 步可看成原始问题的简化，第 3 步可看成原始问题的类似。采用递归算法，用伪代码来描述的算法如图 6-12 所示。

程序如下：

```
Procedure Hanoi_Tower(n, A, B, C)
Begin
      IF n=1 Then
            将盘子从 A 移动到 C；
      Else
      {
            Hanoi_Tower(n-1,A,C,B);
            将盘子从 A 移动到 C；
            Hanoi_Tower(n-1,B,A,C)
      }
End Hanoi_Tower
```

图 6-12　汉诺塔游戏步骤的递归算法

```
/*example6_16.c 用递归算法求解汉诺塔游戏的步骤*/
#include<stdio.h>
/*将 n 个盘子从 tower_A 柱借助 tower_B 柱移动到 tower_C 柱上: */
```

```
    void HanoTower(unsigned n,char tower_A,char tower_B,char tower_C);
    /*移动 tower1 柱上的一个盘子到 tower2 柱上: */
    void move(char tower1,char tower2);
    int steps=0;
    int main()
    {
        unsigned n;
        printf("Please enter the number of disk:\n");
        scanf("%d",&n);                          /*输入盘子的个数*/
        printf("The steps of move:\n");
        HanoTower(n,'A','B','C');   /*调用函数, 将 n 个盘子从 A 柱借助 B 柱移动到 C 柱上*/
        printf("The Total steps are: %d\n",steps);
        return 0;
    }
    void HanoTower(unsigned n,char a,char b,char c)
    {
        steps++;
        if(n==1)
              move(a,c);
        else
        {
              HanoTower(n-1,a,c,b);
              move(a,c);
              HanoTower(n-1,b,a,c);
        }
    }
    void move(char tower1,char tower2)
    {
        printf("form  \t%c --> \t%c\n",tower1,tower2);
    }
```

程序运行结果:

```
Please enter the number of disk:
3↵
The steps of move:
form     A -->   C
form     A -->   B
form     C -->   B
form     A -->   C
form     B -->   A
form     B -->   C
form     A -->   C
The Total steps are: 7
```

　　汉诺塔游戏的移动步骤会随着盘子数量的增加而呈指数级增加, 如果盘子数为 n, 则完成游戏所需的步骤为 2^n-1 步, 因此, 对于盘子数较大时, 用递归算法来求解移动的步骤时, 计算机的时间开销和空间开销都会比较大。

　　思考:

　　（1）请用笔算的方法跟踪函数 HanoTower(n,'A','B','C')的递归调用过程, 将步骤记录下来。

　　（2）采用非递归的算法设计游戏的求解步骤, 并编写程序进行验证。

6.7 本章小结

　　本章介绍了函数的定义和传值调用函数的方法, 作为 C 语言程序设计的重要内容, 函数是实现模块化程序设计的主要手段, 将问题分解成一个个具有独立功能的函数, 程序通过对函数的调用, 完成复杂工作, 这种化繁为简的方法, 既有利于整体程序的设计, 也有利于程序的后期维护和更新。本章我们学习的是函数的传值方式, 其特点是函数的参数为简单数据类型，函数传值调用的一个重要用途就是不改变实参的值，亦即在调用函数前和调用函数后传入形参的值不会发生变化，这样可以有效地保护数据不被意外修改。通常对于一些有特定功能而又不需要改变实参值的情况，都会将函数设计成传值方式。

另外，本章介绍了变量的作用域和存储类型在程序中的作用。要注意这样一种情况：若用全局变量作为函数的实参，则在调用函数后是有可能使该全局变量的值发生变化的。

对于递归函数的设计，一定要有可使递归结束的条件，否则会使程序产生无限递归。

预处理中的文件包含、宏定义、条件编译等都由"#"开头，它们并不是 C 语言中的语句。使用预处理命令时，要注意以下几点。

（1）宏替换定义的末尾不能使用分号。

（2）在有参数的宏定义中，参数加括号和不加括号有时会有区别。

（3）使用文件包含时，要避免出现变量和函数发生重定义的现象。

（4）要区分条件编译与条件语句的作用。

习题

一、单选题。 在以下每一题的四个选项中，请选择一个正确的答案。

【题 6.1】按 C 语言的规定，以下不正确的说法是_____。

    A. 实参可以是常量、变量或表达式   B. 形参可以是常量、变量或表达式

    C. 实参可以为任意类型   D. 形参应与其对应的实参类型一致

【题 6.2】以下正确的函数定义形式是_____。

    A. double fun(int x,int y)   B. double fun(int x;int y)

    C. double fun(int x,y)   D. double fun(int x,y;)

【题 6.3】在一个源文件中定义的全局变量的作用域为_____。

    A. 本文件的全部范围

    B. 本程序的全部范围

    C. 本函数的全部范围

    D. 从定义该变量的位置开始至本文件结束为止

【题 6.4】C 语言规定，调用一个函数时，实参变量和形参变量之间的数据传递是_____。

    A. 地址传递

    B. 值传递

    C. 由实参传给形参，并由形参回传给实参

    D. 由用户指定传递方式

【题 6.5】以下描述不正确的是_____。

    A. 调用函数时，实参可以是表达式

    B. 调用函数时，实参与形参可以共用内存单元

    C. 调用函数时，将为形参分配内存单元

    D. 调用函数时，实参与形参的类型必须一致

【题 6.6】如果在一个函数的复合语句中定义了一个变量，则该变量_____。

    A. 只在该复合语句中有效   B. 在该函数中有效

    C. 在本程序范围内有效   D. 为非法变量

【题 6.7】 以下不正确的说法是_____。

    A. 函数未被调用时，系统将不会为形参分配内存单元

    B. 实参与形参的个数应相等，且实参与形参的类型必须对应一致

    C. 当形参为变量时，实参可以是常量、变量或表达式

    D. 形参至少要有一个，不可以为空

【题 6.8】 以下叙述中不正确的是_____。

    A. 使用 static float a 定义的外部变量存放在内存中的静态存储区

    B. 使用 float b 定义的外部变量存放在内存中的动态存储区

    C. 使用 static float c 定义的内部变量存放在内存中的静态存储区

    D. 使用 float d 定义的内部变量存放在内存中的动态存储区

【题 6.9】 凡是函数中未指定存储类型的局部变量，其隐含的存储类型为_____。

    A. auto   B. static   C. extern   D. register

【题 6.10】 在以下关于带参数宏定义的描述中，正确的说法是_____。

    A. 宏名和它的参数都无类型   B. 宏名有类型，它的参数无类型

    C. 宏名无类型，它的参数有类型   D. 宏名和它的参数都有类型

二、判断题。判断下列各叙述的正确性，若正确，则在（ ）内标记"√"；若错误，则在（ ）内标记"×"。

【题 6.11】 （ ）C 语言程序的主函数必须在其他函数之前，一个 C 语言程序总是从主函数开始执行。

【题 6.12】 （ ）在 C 语言中调用函数时，只能将实参的值传递给形参，形参的值不能传递给实参。

【题 6.13】 （ ）C 语言程序中有调用关系的函数必须放在同一源程序文件中。

【题 6.14】 （ ）在 C 语言中函数返回值的类型是由定义函数时所指定的函数类型决定的。

【题 6.15】 （ ）在 C 语言中，不同函数中可以使用相同的变量名。

【题 6.16】 （ ）所有的递归程序均可以采用非递归算法实现。

【题 6.17】 （ ）在一个 C 语言源程序文件中，若要定义一个只允许在该源文件中所有函数使用的变量，该变量的存储类别应该是 static。

【题 6.18】 （ ）在递归函数中使用自动变量，不同层次的同名变量在赋值时不会互相影响。

【题 6.19】 （ ）在一个源文件中定义的外部变量的作用域为本文件的全部范围。

【题 6.20】 （ ）宏替换时先求出实参数表达式的值，然后代入形参运算求值。

三、填空题。请在以下各叙述的空白处填入合适的内容。

【题 6.21】 C 语言中，若程序中使用数学函数，则在程序中应该包含文件_____。

【题 6.22】 C 语言允许函数值类型缺省定义，此时该函数值隐含的类型是_____型。

【题 6.23】 C 语言规定，函数返回值的类型是由_____决定的。

【题 6.24】 如果函数值的类型与返回值类型不一致时，应该以_____为准。

【题 6.25】 函数定义中返回值类型定义为 void 的意思是_____。

【题 6.26】 在函数外部定义的变量是＿＿＿＿＿＿变量；形式参数是＿＿＿＿＿＿变量。

【题 6.27】 函数调用语句 fun((exp1,exp2),(exp3,exp4,exp5));中含有＿＿＿＿＿＿个实参。

【题 6.28】 在 C 语言程序中，函数的＿＿＿＿＿＿不可以嵌套，但函数的＿＿＿＿＿＿可以嵌套。

【题 6.29】 如果函数 funA 中又调用了函数 funA，称＿＿＿＿＿＿递归。如果函数 funA 中调用了函数 funB，函数 funB 中又调用了函数 funA，称＿＿＿＿＿＿递归。

【题 6.30】 如果一个函数只能被本文件中其他函数所调用，它称为＿＿＿＿＿＿，又称
＿＿＿＿＿＿。

四、阅读以下程序，写出程序运行结果。

【题 6.31】 #include <stdio.h>

```
int fun(int a,int b)
{ int c;
  c=a+b;
  return c;
}
int main()
{ int x=5,z;
  z=fun(x+4,x);
  printf("%d",z)
  return 0;
}
```

运行结果：＿＿＿＿＿＿

【题 6.32】 #include <stdio.h>

```
int max(int a[],int n)
{ int i,mx;
  mx=a[0];
  for(i=1;i<n;i++)
     if(a[i]>mx) mx=a[i];
  return mx;
}
int main()
{   int a[8]={23,4,6,12,33,55,2,45};
    printf("max is %d\n",max(a,8));
    return 0;
}
```

运行结果：＿＿＿＿＿＿

【题 6.33】 #include "stdio.h"

```
int func(int x, int y)
{ int z;
  z=x+y;
  return z++;
}
int main( )
{ int i=3, j=2, k=1;
  do
  {  k+=func(i, j);
     printf("%d\n",k);
     i++;
     j++;
  }while(i<=5);
  return 0;
}
```

运行结果：＿＿＿＿＿＿

【题 6.34】#include <stdio.h>

```
                #define  N   5
                void fun( );
                int main( )
                {  int   i;
                   for(i=1;  i<N;  i++)
                      fun( );
                   return 0;
                }
                void fun( )
                {  static int a;
                   int b=2;
                   printf("(%d,%d)\n", a+=3, a+b);
                }
```

运行结果：_____

五、程序填空题。请在以下程序的空白处填入合适的内容。

【题 6.35】以下程序中，函数 prime 的功能是在主函数中输入一个整数，输出是否是质数的信息。

```
#include <stdio.h>
int main()
{ int prime(int );
  int n;
  printf("input a integer:\n");
  scanf("%d",&n);
  if(prime(n))
  printf("%d is a prime\n",n);
  else  printf("%d is a not a prime\n",n);
  return 0;
}
int prime(int n)
{ int flag=1,i;
  for(i=2;i<n/2&&_____;i++)
  if(n%i==0)
  flag=0;
  _____;
}
```

【题 6.36】以下程序采用函数递归调用的方法计算 sum=1+2+3···+n。请填空，使之完整。

```
#include<stdio.h>
int main()
{ int sum(int );
  int i;
  scanf("%d",&i);
  printf("sum=%d\n",_____);
  return 0;
}
int sum(int n)
{ if(n<=1)
  return n;
  else return_____;
}
```

六、编程题。对以下问题编写程序并上机验证。

【题 6.37】计算并返回一个整数的立方。

【题 6.38】一个素数，当它的数字位置调换以后仍为素数，则该素数为绝对素数。编写一个程序，求出所有的两位绝对素数。

【题 6.39】编写函数计算组合数 $c(n,k)=n!/(k!(n-k)!)$。

【题 6.40】编写一个函数，求满足以下条件的最大的 n 值。

$$2^1+2^2+2^3+\cdots+2^n<1000$$

【题 6.41】设计一个函数，输出整数 n 的所有素数因子。

【题 6.42】可应用下面的近似公式计算 e 的几次方。函数 f_1 用来计算每项分子的值，函数 f_2 用来计算每项分母的值。

$$e^x=1+x+\frac{x^2}{2!}+\frac{x^2}{3!}+\cdots\text{（前 20 项的和）}$$

【题 6.43】设计一个判断素数（prime number）的函数，编写程序验证函数的功能。

【题 6.44】用递归法求 $Y=x+x^2/2!+x^3/3!+\cdots$ 到第 n 项，n 和 x 的值由键盘输入。

【题 6.45】使用调用自定义函数的形式编程求 $s=m!+n!+k!$。要求 m、n、k 的值从键盘输入。

【题 6.46】请编写函数 int fun(int x)，用来判断 x 是否出现在它的平方数的右边。例如，5 出现在 $5^2=25$ 的右边，则是满足要求的 x。若满足要求则返回 1，否则返回 0。x 的范围是 $0\sim99$。

【题 6.47】编写两个函数，分别求最大公约数和最小公倍数。

【题 6.48】用牛顿迭代法求方程 $ax^3+bx^2+cx+d=0$ 在 $x=1$ 附近的根。牛顿迭代公式为 $x_{n+1}=x_n-\dfrac{f(x_n)}{f'(x_n)}$。$a$、$b$、$c$、$d$ 从键盘输入。

【题 6.49】编写程序求 $S=21\times1!+22\times2!+\cdots+2n\times n!$ 的值，要求不使用数学函数而采用如下方法：先编写两个函数分别求解 $2n$ 和 $n!$，再编写求解 S 的函数，求解过程中调用前两个函数。最后在主函数中输入 n，调用求解 S 的函数完成任务。

从本章开始我们将要了解 C 语言处理复杂数据的方法，在程序设计中，常需要使用大量相同数据类型的变量来保存数据，若采用简单变量的定义方式，则需要大量不同的标识符作为变量名，并且这些变量在内存中的存放是随机的，随着这种变量的增多，对这些变量的组织和管理会使程序变得复杂。对于这种情况，C 语言提供了一种较好的解决方案，这就是数组。

例如，一个班有 50 个学生，统计这个班学生的成绩需要 50 个变量。若定义 50 个相同数据类型（如 int 型）的变量，程序中的管理会很不方便，若定义成具有 50 个相同数据类型的元素（如 int score[50];），在程序中解决问题就方便多了。

在 C 语言中，数组具有以下几个特点：

（1）数组可以看成一种元素的集合，在这个集合中，所有元素的数据类型都是相同的。

（2）每一个数组元素的作用相当于简单变量。

（3）同一数组中的数组元素在内存中占据的地址空间是连续的。

（4）数组的大小（数组元素的个数）必须在定义时确定，在程序中不可改变。

（5）数组名代表的是数组存放于内存中的起始地址，亦即首地址。

7.1 一维数组的定义和初始化

7.1.1 一维数组的定义

为了与简单变量区别开来，数组利用其下标来区分不同的变量，一维数组的定义格式为：

［存储类型］　＜数据类型＞　＜数组名＞［数组大小］；

如 int a[6];，数组名为 a，它有 6 个元素，分别为 a[0]、a[1]、a[2]、a[3]、a[4]、a[5]，每个元素都代表着一个整型变量。

数组在内存中是按顺序连续存放的，占用的内存大小为每一个元素占用内存的大小的和。

使用数组时要注意以下几个方面。

（1）C 语言对数组的下标值是否越界不做检测，如有数组 int score[6]，数组 score 的下标值为 0～5，若在程序中使用了 score[6] 或其他下标值，程序仍会运行，但有可能出现意外情况。因此，在程序中对数组元素的使用需要谨慎，以防止程序遭到破坏，必要的时候，需要设计一函数模块来检测数组元素的下标是否越界。

（2）数组不能整体输入或整体输出，只能对其数组元素进行输入和输出。

【例 7-1】 阅读以下程序，通过程序的运行结果，了解一维简单数组的输入和输出。

```c
/*example7_1.c 了解一维简单数组的输入和输出*/
#include <stdio.h>
int main()
{
    int a[5],i;
    printf("第 1 组：输入 5 个值，输出 5 个值\n");
    printf("Please enter 5 numbers of a[5]:\n");
    for(i=0;i<5;i++)
        scanf("%d",&a[i]);
    for(i=0;i<5;i++)
        printf("a[%d] is %d\n",i,a[i]);
    printf("----------------------------\n");
    printf("第 2 组：输入 5 个值，输出 10 个值\n");
    printf("Please enter 5 numbers of a[5]:\n");
    for(i=0;i<5;i++)
        scanf("%d",&a[i]);
    for(i=0;i<10;i++)
        printf("a[%d] is %d\n",i,a[i]);
    printf("----------------------------\n");
    printf("第 3 组：输入 10 个值，输出 10 个值\n");
    printf("Please enter 10 numbers of a[5]:\n");
    for(i=0;i<10;i++)
        scanf("%d",&a[i]);
    for(i=0;i<10;i++)
        printf("a[%d] is %d\n",i,a[i]);
    return 0;
}
```

程序运行结果：

```
第 1 组：输入 5 个值，输出 5 个值
Please enter 5 numbers of a[5]:
1 2 3 4 5↵
a[0] is 1
a[1] is 2
a[2] is 3
a[3] is 4
a[4] is 5
----------------------------
第 2 组：输入 5 个值，输出 10 个值
Please enter 5 numbers of a[5]:
11 22 33 44 55↵
a[0] is 11
a[1] is 22
a[2] is 33
a[3] is 44
a[4] is 55
a[5] is 1245120
a[6] is 4199417
a[7] is 1
a[8] is 3608336
a[9] is 3608536
----------------------------
第 3 组：输入 10 个值，输出 10 个值
Please enter 10 numbers of a[5]:
31 32 33 34 35 36 37 38 39 40↵
a[0] is 31
a[1] is 32
a[2] is 33
a[3] is 34
a[4] is 35
a[5] is 36
a[6] is 37
a[7] is 38
```

```
a[8] is 39
a[9] is 40
```

程序运行时会以非正常的方式结束。从程序的运行结果，可以得到以下结论。

（1）为确保程序的正确性，要求使用的数组元素与定义的大小相符，如第1组的输入、输出情况。

（2）对于超出数组大小范围的非数组元素，程序并不检查该数组元素的合理性与否，但其结果是无法预料的，如果在程序中使用这些非数组元素的值，将会导致严重的错误，如第2组的输入、输出情况。

（3）如果对超出数组大小的非数组元数输入合理的值，表面上看输出的结果也是正确的，但实际上系统已经出现了问题，程序会非正常结束，如第3组的输入、输出情况。

因此，使用数组的时候，一定要在数组大小定义的范围内，才能保证数据的可靠性。

7.1.2　一维数组的初始化

C语言允许在定义数组的同时对数组中的元素赋初值，这被称为数组的初始化。

初始化数组格式：

[static] <类型标识符>　<数组名[<元素个数>]>={<初值列表>};

或

<类型标识符>　<数组名[<元素个数>]>={<初值列表>};

💡 **注意**：格式中的<初值列表>是用逗号分隔的数值；不写明<元素个数>的时候，系统自动将<初值列表>中数值的个数作为元素个数。

例如，int a[5] ={2, 4, 6, 8,10};或者 int a[ ] =={2, 4, 6, 8,10};都表示：a[0]=2、a[1]=4、a[2]=6、a[3]=8、a[4]=10。再如 static int b[5] ={2, 4, 6, 8,10};或者 static int b[ ] ={2, 4, 6, 8,10};都表示：b[0]=2、b[1]=4、b[2]=6、b[3]=8、b[4]=10。

对于自动存储类型的数组，若<初值列表>中给出的数据个数少于<元素个数>，则只能给数组前面的元素赋值，数组后面元素的值不能确定。

例如，int c[5] ={1, 3, 5};表示 c[0]=1、c[1]=3、c[2]=5，c[3]和 c[4]的值不能确定，由系统随机赋值。

对静态存储类型的数组，若<初值列表>给出的数据个数少于<元素个数>，则除了能给数组前面的元素赋值，系统将对数组后面元素的值自动赋0值（对字符数组赋空值 NULL，空值为不可见字符，即 ASCII 值为零）。

例如，static int d[5] ={11, 33, 55};表示 d[0]=11、d[1]=33、d[2]=55、d[3]=0、d[4]=0;
static word[5]={'A','B','C'};表示 w[0]=A、w[1]=B、w[2]=C、w[3]=w[4]=NULL。

【例7-2】阅读以下程序，了解一维简单数组的初始化。

```
/*example7_2.c   了解一维简单数组的初始化   */
#include<stdio.h>
int main()
{
    int a[6]={0,1,2},i;
    double b[6]={0.0,1.1,2.2};
    char ch[6]={'a','b', 'c'};
    printf("整型数组元素的值: \n");
    for(i=0;i<6;i++)
        printf("a[%d]=%d  ",i,a[i]);
```

```
    printf("\n");
    printf("浮点型数组元素的值：\n");
    for(i=0;i<6;i++)
        printf("b[%d]=%5.2lf  ",i,b[i]);
    printf("\n");
    printf("字符型数组元素的值：\n");
    for(i=0;i<6;i++)
        printf("ch[%d]=%d  ",i,ch[i]);
    printf("\n");
    for(i=0;i<6;i++)
        printf("ch[%d]=%c   ",i,ch[i]);
    printf("\n");
    return 0;
}
```

程序运行结果：

```
整型数组元素的值：
a[0]=0  a[1]=1  a[2]=2  a[3]=0  a[4]=0  a[5]=0
浮点型数组元素的值：
b[0]= 0.00  b[1]= 1.10  b[2]= 2.20  b[3]= 0.00  b[4]= 0.00  b[5]= 0.00
字符型数组元素的值：
ch[0]=97  ch[1]=98  ch[2]=99  ch[3]=0  ch[4]=0  ch[5]=0
ch[0]=a    ch[1]=b    ch[2]=c    ch[3]=    ch[4]=    ch[5]=
```

请注意，从程序运行结果来看，也许会有人这样认为：初始化数组元素时，对那些没有给定初值的元素，系统会自动地赋予零值，其实并不是这样的。大多数情况下，也许会是这样的结果，但这并不是必然的结果，还会因实现环境的不同而不同，零值也是一种随机值。如果期望系统对没有赋值的数组元素自动赋初值为零，则可以将数组定义成为 static 型。

7.2 一维数组的使用

数组定义完毕，就可以在程序中引用数组元素，引用格式为：

数组名[下标]

数组元素的作用等同于简单变量。若有定义：

```
int a[10],b[10],c[10];
char w[10];
```

则下面对数组元素进行的各种表达式运算均是合法的：

```
…
a[3]=28;
b[4]=a[2]+a[3];
w[3]='d';
c[2]=c[4]%2;
printf("%d",a[0]);
```

关于数组元素引用的说明如下。

（1）下标可以是整数或整型表达式，对于这样的数组：

```
int var[5];
char str[10];
```

若 i、j 均为整型变量，则下面数组元素的使用是合法的。

```
var[i+j]=2;
str[1+2]='e';
```

（2）下标的值不应超过数组的大小，如数组 a 的大小为 5，则下标的取值在 0～4 的范围内。

需要特别强调的是，C 编译不检查下标是否"出界"。对于数组 int var[5]，如果使用 var[5]，编译时不指出"下标出界"的错误，会将 var[4]下面一个单元中的值作为 var[5]引用，如图 7-1 所示。

实际上，var[4]后面的元素并不是我们所要引用的数组元素。如果有这样的赋值语句：

```
var[5]=89;
```

系统并不会报错，这就有可能破坏数组以外的其他变量的值，造成一些意外的后果。因此，设计程序时必须注意确保数组的下标值在允许的范围之内。

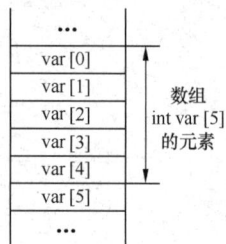

图 7-1 超过下标的数组元素

【例 7-3】 阅读以下程序，了解一维数组各元素的基本应用情况。

```
/*example7_3.c   了解一维数组在程序中的使用*/
#include <stdio.h>
int main()
{
        int i,a[5]={1,2,3,4,5};          /*初始化数组*/
        printf("输出数组元素的正确值: \n");
        for(i=0;i<5;i++)
                printf("a[%d]=%d\t",i,a[i]);
        printf("\n 输出超出下标的元素的值:\n");
        for(i=5;i<10;i++)                /*使用超出下标的元素*/
                printf("a[%d]=%d\t",i,a[i]);
        printf("\n 改变数组元素的值:\n");
        a[0]=(a[1]+a[2])*(a[3]+a[4]);
        printf("a[0]=%d\n",a[0]);
        return 0;
}
```

程序运行结果：

```
输出数组元素的正确值:
a[0]=1   a[1]=2   a[2]=3   a[3]=4   a[4]=5
输出超出下标的元素的值:
a[5]=5   a[6]=1245120    a[7]=4199161    a[8]=1   a[9]=3608352
改变数组元素的值:
a[0]=45
```

显然，a[5]、a[6]、a[7]、a[8]和 a[9]不属于数组 a 中的元素，但程序并不检查，反而会给出相应的值，但系统给出的值是随机的，是无法预料的。

【例 7-4】 编写程序，计算 Fibonacci 数列前 20 项的值，将计算结果保存到数组 FBNC 中并输出到屏幕上，每行 5 项，一共 4 行。

分析：本例求解的问题与【例 6-8】类似，用数组 FBNC[n]保存数列的每一项，Fibonacci 数列的组成规律如下。

```
FBNC[0]=0
FBNC[1]=1
…
FBNC[i]= FBNC[i-1]+ FBNC[i-2] (i=2,3,…,n)
```

从第 3 项开始，每个数据项的值为前两个数据项的和。

本例只需要计算前 20 项的值，可以采用一维整型数组 int FBNC[20]来保存这个数列的前 20 项。

程序如下：

```
/*example7_4.c   输出 Fibonacci 数列前 20 项的值*/
#include <stdio.h>
```

```
int main()
{
    int i;
    unsigned long FBNC[20];
    FBNC[0]=0;
    FBNC[1]=1;
    for(i=2;i<20;i++)
            FBNC[i]=FBNC[i-2]+FBNC[i-1];
    printf("Fibonacci 数列的前 20 项的值为\n");
    for(i=0;i<20;i++)
    {
        if(i%5==0)
                printf("\n");
        if(i<10)
                printf("f[%d]=%lu\t\t",i,FBNC[i]);
        else
                printf("f[%d]=%lu\t",i,FBNC[i]);
    }
    return 0;
}
```

程序运行结果：

```
Fibonacci 数列的前 20 项的值为
f[0]=0          f[1]=1          f[2]=1          f[3]=2          f[4]=3
f[5]=5          f[6]=8          f[7]=13         f[8]=21         f[9]=34
f[10]=55        f[11]=89        f[12]=144       f[13]=233       f[14]=377
f[15]=610       f[16]=987       f[17]=1597      f[18]=2584      f[19]=4181
```

对于 Fibonacci 数列，要注意随着项数的增大，数列的值会急剧增加，有可能会超过变量所能存储的最大值。

思考：怎样求出程序能够计算的最大 Fibonacci 数列值所在的项数？请修改程序并加以验证。

【例 7-5】设有 N 个元素的整型数组，请编写程序，将数组下标为 m 的元素开始的连续 n 个元素与数组前 m 个元素交换位置。要求数组元素的值在 0～99 之间，由计算机随机生成，m 和 n 的值由键盘输入（m 和 n 的值均应≥0），且 m 和 n 的值均不应超出数组元素的许可范围。

假设 $N=10$，数组 int a[N]元素的值为：

数组元素	a[0]	a[1]	a[2]	a[3]	a[4]	a[5]	a[6]	a[7]	a[8]	a[9]
元素的值	36	15	28	67	53	92	74	9	46	57

若有 $m=3$、$n=5$，则需要移动的数据为下面的阴影所示：

a[0]	a[1]	a[2]	a[3]	a[4]	a[5]	a[6]	a[7]	a[8]	a[9]
36	15	28	67	53	92	74	9	46	57

移动后的结果应为：

a[0]	a[1]	a[2]	a[3]	a[4]	a[5]	a[6]	a[7]	a[8]	a[9]
67	53	92	74	9	36	15	28	46	57

分析：决定数组元素个数的 N 值可由程序来设定。解决这类问题的关键是怎样合理地移动数据，相应的解决方案也不止一种。在这里我们采用一种类似两数交换的方法，仅用 3 步即可完成数据的移动。

第 1 步：将连续的 n 个数组元素（阴影部分的数据）移到临时数组中。

第 2 步：将数组前 m 个元素后移。

第 3 步：将临时数组中的数据移到数组的首部。

程序如下：

```
/*example7_5.c    将数组下标为 m 的元素开始的连续 n 个元素与数组前 m 个元素交换位置*/
#include <stdio.h>
#include <time.h>
#include <stdlib.h>
#define N 10
void move(int t[],int m,int n);   /* 函数声明 */
int main()
{
    int a[N],i,m,n;
    srand(time(NULL));
    for(i=0;i<N;i++)
        a[i]=rand()%100;    /* 随机生成数组元素的值 */
    printf("原始数组元素的值:\n");
    for(i=0;i<N;i++)
        printf("%d  ",a[i]);
    printf("\n");
    printf("请输入要移动的数据开始位置: \n");
    scanf("%d",&m);
    printf("请输入要移动的数据个数: \n");
    scanf("%d",&n);
    move(a,m,n);       /*  调用函数移动数据   */
    printf("移动数组元素后的值:\n");
    for (i=0;i<N;i++)
        printf("%d  ",a[i]);
    printf("\n");
    return 0;
}
void move(int t[],int m,int n)/*    函数定义    */
{
    int temp[N],i;
    for(i=0;i<n;i++)
        temp[i]=t[m+i];    /*  将连续的 n 个元素移到临时数组   */
    for(i=0;i<m;i++)
        t[(m+n-1)-i]=t[(m-1)-i];   /*  将原数组前 m 个元素后移   */
    for(i=0;i<n;i++)
        t[i]=temp[i];      /*  将临时数组中的元素移回到数组的前部   */
}
```

程序运行结果：

```
原始数组元素的值:
9  47  95  14  4  23  5  34  38  58
请输入要移动的数据开始位置:
3
请输入要移动的数据个数:
5
移动数组元素后的值:
14  4  23  34  9  47  95  38  58
```

函数 move() 仅用 3 条语句完成了数组元素的移动，其中的关键为第 2 个 for 循环语句，请读者阅读程序，分析算法的实现方法。

这个程序对于输入的 m 和 n 的值并没有严格的限制。如果程序输入了不合法的值或者 m、n 的值超出了数组元素的正常范围，会导致什么情况？请读者改进程序，使程序更加严谨和完善。

请读者思考其他算法并编写程序进行验证。

7.3 多维数组

7.3.1 二维数组的概念

二维数组的应用很广，如平面上的一组点的集合就可用二维数组表示，每个点由代表着 x 轴的横坐标和代表着 y 轴的纵坐标来表示，如图 7-2 所示。

平面上的点可用二维数组表示为：

$$P[x][y] = \begin{bmatrix} a_{11} & a_{12} & ... & a_{1n} \\ a_{21} & a_{22} & ... & a_{2n} \\ ... & ... & ... & ... \\ a_{m1} & a_{m2} & ... & a_{mn} \end{bmatrix}$$

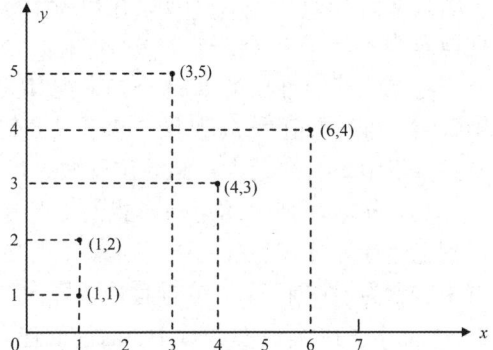

图 7-2　用二维数组表示点

如果图 7-2 所示的 5 个点代表着 5 个温度采集点，以 x、y 表示各采集点的坐标值，不同的采集点采集到的温度值各不相同，以 $P[x][y]$ 代表温度采集点，假设有：

```
P[1][1]=28.1
P[1][2]=29.5
P[3][5]=33.8
P[4][3]=31.2
P[6][4]=32.4
```

则这些点的值分别代表着平面上不同点的温度。

7.3.2 二维数组的定义

二维数组的定义格式为：

-<类型标识符>　数组名[行元素个数][列元素个数];

例如：

```
char word[3][2];          /* 数组 word，具有 3 行 2 列，每一个数组元素的值都是字符型数据*/
int num[2][4];            /* 数组 num，具有 2 行 4 列，每一个数组元素的值都是整型数据*/
float term[4][3];         /* 数组 term，具有 4 行 3 列，每一个数组元素的值都是浮点型数据*/
```

同一维数组相同，数组元素的下标从 0 开始，因此，数组 word 中的元素为：

```
word[0][0]    word[0][1]
word[1][0]    word[1][1]
word[2][0]    word[2][1]
```

二维数组在内存中的存放顺序是"按行优先，先行后列"，即先存放第一行，然后是第二行、第三行等，直到最后一行。例如，上面的 word 数组在内存中的存放顺序如图 7-3 所示。

从二维数组中各元素在内存中的排列顺序可以计算出数组元素在数组中的顺序号。

假设有一个 m×n 的二维数组 a[m][n]，其中数组元素 a[i][j] 在数组中排列的位置为：

图 7-3　二维数组元素的存放顺序

i×n+j+1（其中 i=0,1,2,…,m-1,j=0,1,…,n-1）

例如，有一个 4×3 的数组 a[4][3]:

$$a = \begin{bmatrix} a_{00} & a_{01} & a_{02} \\ a_{10} & a_{11} & a_{12} \\ a_{20} & a_{21} & a_{22} \\ a_{30} & a_{31} & a_{32} \end{bmatrix}$$

数组的行数 m=4，列数 n=3，元素 a_{21} 即数组元素 a[2][1]（i=2, j=1），在数组中的排列位置为 i×n+j+1=2×3+1+1=8，即它在数组元素存储序列中排在第 8 位，如果视其为一维数组，则下标值为 7。从图 7-4 可以清楚地看到数组中每一个元素存储的位置顺序。

其实从上面列出的矩阵形式便很容易地得到上述计算公式。对一个 a_{ij} 元素（在 C 语言中表示为 a[i][j]），在它前面有 i 行，共有 i×n 个元素。在 a_{ij} 所在的行中，a_{ij} 前面还有 j 个元素，因此在数组中 a_{ij} 前面共有 i×n+j 个元素。那么 a_{ij} 就在第(i×n+j)+1 个元素。因为下标是从 0 算起，因此 a_{21} 的下标号为 7。

数组的元素	排列位置(从1算起)	下标值(从0算起)
a[0][0]	1	0
a[0][1]	2	1
a[0][2]	3	2
a[1][0]	4	3
a[1][1]	5	4
a[1][2]	6	5
a[2][0]	7	6
a[2][1]	8	7
a[2][2]	9	8
a[3][0]	10	9
a[3][1]	11	10
a[3][2]	12	11

图 7-4　数组排列位置

7.3.3　多维数组的定义

多维数组的定义格式为：

<类型标识符> 数组名[元素 1 的个数] [元素 2 的个数] [元素 3 的个数]…[元素 n 的个数]；

多维数组的物理意义在计算机中的表现并不是很明确，更多的概念表现在它的逻辑关系上，因为计算机对多维数组是按照一定的顺序将数组的元素存储在内存中，形成一个序列，因此，也可以像对待一维数组那样处理多维数组。

例如：

```
int Tel[3][2][3];       /*三维数组 Tel，每个数组元素的值都是整型数据，共有 18 个元素*/
float V[2][2][3][2];    /*四维数组 V，每个数组元素的值都是浮点型数据，共有 24 个元素*/
```

多维数组在内存中的存放顺序仍然是"按行优先"，上面 Tel 数组的元素为：

```
Tel[0][0][0]    Tel[0][0][1]    Tel[0][0][2]
Tel[0][1][0]    Tel[0][1][1]    Tel[0][1][2]
Tel[1][0][0]    Tel[1][0][1]    Tel[1][0][2]
Tel[1][1][0]    Tel[1][1][1]    Tel[1][1][2]
Tel[2][0][0]    Tel[2][0][1]    Tel[2][0][2]
Tel[2][1][0]    Tel[2][1][1]    Tel[2][1][2]
```

在内存中的存放顺序如图 7-5 所示。

从图 7-5 可以看到，存放顺序是先变化第三个下标，然后变化第二个下标，最后变化第一个下标。

请注意不要将二维数组及多维数组写成 a[4,3]或 Tel[3,2,3]的形式，每个下标都应当用方括号括起来，下标可以是整型表达式（同

Tel[0][0][0]
Tel[0][0][1]
Tel[0][0][2]
Tel[0][1][0]
Tel[0][1][1]
Tel[0][1][2]
Tel[1][0][0]
Tel[1][0][1]
Tel[1][0][2]
Tel[1][1][0]
Tel[1][1][1]
Tel[1][1][2]
Tel[2][0][0]
Tel[2][0][1]
Tel[2][0][2]
Tel[2][1][0]
Tel[2][1][1]
Tel[2][1][2]

图 7-5　Tel 数组在内存中的存放顺序

一维数组的整型表达式应相同），使用时下标值不应超过定义时的范围。

可采用二重循环或多重循环对二维数组及多维数组的每个数组元素进行输入/输出，而不能只对数组名进行操作。

【例7-6】以下程序的功能是向一个具有3行4列的二维数组 a[3][4]输入数值并输出全部数组的元素。阅读程序，了解多维数组元素的输入/输出方法。

```
/*example7_6.c    二维数组元素的输入与输出*/
#include <stdio.h>
int main()
{
    int i,j;
    int a[3][4];
    printf("Please input value of a (a[0][0]~a[2][3]):\n");
    for(i=0;i<3;i++)
        for(j=0;j<4;j++)
            scanf("%d",&a[i][j]);
    printf("The value of a is\n");
    for(i=0;i<3;i++)
    {
        for(j=0;j<4;j++)
            printf("a[%d][%d]=%d\t",i,j,a[i][j]);
        printf("\n");
    }
    return 0;
}
```

程序运行结果：

```
Please input value of a (a[0][0]~a[2][3]):
1  2  3  4  5  6  7  8  9  10  11  12↵
The value of a is
a[0][0]=1        a[0][1]=2        a[0][2]=3        a[0][3]=4
a[1][0]=5        a[1][1]=6        a[1][2]=7        a[1][3]=8
a[2][0]=9        a[2][1]=10       a[2][2]=11       a[2][3]=12
```

从程序不难看出，对于二维数组元素的操作，通常采用二重循环的方式比较方便，外层代表行、内层代表列。

7.3.4 二维数组及多维数组的初始化

同一维数组一样，可以在定义的同时对数组元素赋初值。对二维数组及多维数组的元素赋初值时，可采用"按行优先"的顺序对数组元素赋值。赋值时可采用对元素全部赋初值和对部分元素赋初值两种方式，下面以二维数组 array[3][2]为例进行讲解。

1．对全部元素赋初值

赋初值格式为：

```
<类型标识符>  array[3][2]={{a1, a2}, {a3, a4}, {a5, a6}};        ①
<类型标识符>  array[3][2]={a1, a2, a3, a4, a5, a6};              ②
<类型标识符>  array[][2]={a1, a2, a3, a4, a5, a6};               ③
```

式①被称为分行赋值；式②、式③被称为按顺序赋值。
例如：

```
int array [3][2]={{1,2}, {3, 4}, {5, 6}};        /*采用第①种赋值方式*/
int array [3][2]={ 1,2, 3, 4, 5, 6};             /*采用第②种赋值方式*/
int array [][2]={ 1,2, 3, 4, 5, 6};              /*采用第③种赋值方式*/
```

上面3种对数组 array 元素赋初值的结果都是相同的，程序会按数组在内存中的排列顺序将各初值赋予数组元素，如图 7-6 所示。

图 7-6 的含义相当于：

```
array[0][0]=1;
array[0][1]=2;
array[1][0]=3;
array[1][1]=4;
array[2][0]=5;
array[2][1]=6;
```

矩阵式为：

$$\begin{bmatrix} 1 & 2 \\ 3 & 4 \\ 5 & 6 \end{bmatrix}$$

数组元素在内存中的顺序	数组元素的值
array[0][0]	1
array[0][1]	2
array[1][0]	3
array[1][1]	4
array[2][0]	5
array[2][1]	6

图 7-6　数组元素赋初值

2．对部分元素赋初值

赋初值格式为：

```
<类型标识符>  array[3][2]={{a1, a2},{a3}};                    ①
<类型标识符>  array[3][2]={ a1, a2, a3};                      ②
```

式①被称为分行赋值，式②被称为按顺序赋值。

例如：

```
static int array[3][2]={{1, 2},{3}}; /*采用第①种赋初值方式*/
static int array[3][2]={ 1, 2, 3};   /*采用第②种赋初值方式*/
```

上面两种对数组 array 部分元素赋初值的结果是相同的，都是对数组 array 的前面 3 个元素赋初值，后面 3 个元素未赋初值，系统自动赋予 0 值。数组 array 中各元素的值为：

```
array[0][0]=1;
array[0][1]=2;
array[1][0]=3;
array[1][1]=0
array[2][0]=0;
array[2][1]=0;
```

矩阵式为：

$$\begin{bmatrix} 1 & 2 \\ 3 & 0 \\ 0 & 0 \end{bmatrix}$$

现在，读者也许会问：能否只对数组中每一行的部分元素赋初值，而不是完全按顺序赋初值呢？如果可以，怎样实现呢？答案是肯定的：可以对数组中每一行的前面几个元素赋初值，采用分行赋值的方式。

例如：

```
static int brr[3][4]={{1},{2, 3},{4,5,6}};
```

则数组 brr 中各元素的值为：

```
brr[0][0]=1;
brr[0][1]=0;
brr[0][2]=0;
brr[0][3]=0;
brr[1][0]=2;
brr[1][1]=3;
brr[1][2]=0;
brr[1][3]=0;
brr[2][0]=4;
```

```
brr[2][1]=5;
brr[2][2]=6;
brr[2][3]=0;
```

矩阵式为：

$$\begin{bmatrix} 1 & 0 & 0 & 0 \\ 2 & 3 & 0 & 0 \\ 4 & 5 & 6 & 0 \end{bmatrix}$$

请注意，如果我们想把数值 brr[3][4]中各元素的值赋初值为：

$$\begin{bmatrix} 0 & 0 & 0 & 1 \\ 0 & 0 & 2 & 3 \\ 0 & 4 & 5 & 6 \end{bmatrix}$$

则可以这样定义：

```
int brr[3][4]={{0, 0, 0, 1}, {0, 0, 2, 3}, {0, 4, 5, 6}};
```

下面，我们来看一下三维数组的初始化。

```
int a[2][3][4]={{{1, 2, 3, 4}, {5, 6, 7, 8}, {9, 10, 11, 12}},
                {{13, 14, 15, 16}, {17, 18, 19, 20}, {21, 22, 23, 24}}};
```

由于第一维的大小为 2，可以认为 a
数组由两个二维数组组成，每个二维数
组为 3 行 4 列，如图 7-7 所示。初始化
时，对每个二维数组按行赋初值的方法，

1	2	3	4		13	14	15	16
5	6	7	8		17	18	19	20
9	10	11	12		21	22	23	24

图 7-7 对三维数组赋初值

分别用花括号把各行元素值括起来，并且将 3 行的初值再用花括号括起来。例如，{{1, 2, 3, 4}, {5, 6, 7, 8}, {9, 10, 11, 12}}是第一组二维数组的初值；同样，{{13, 14, 15, 16}, {17, 18, 19, 20}, {21, 22, 23, 24}}是第二组二维数组的初值。

当然也可以不必用这么多花括号，而把三维数组中全部元素连续写在一个花括号内，按元素在内存中的排列顺序依次赋初值，但这样做会降低程序的可读性，例如：

```
int a[2][3][4]={1, 2, 3, 4, 5, 6, 7, 8, 9, 10, 11, 12, 13, 14, 15, 16, 17,
                18, 19, 20, 21, 22, 23, 24 };
```

也可以省略第一维的大小，上面的定义可改写为：

```
int a[][3][4]={1, 2, 3, 4, 5, 6, 7, 8, 9, 10, 11, 12, 13, 14, 15, 16, 17,
               18, 19, 20, 21, 22, 23, 24 };
```

系统会根据初值个数，算出第一维的大小为 2。

从上面的赋值方式可以看到，采用分行赋值的
方法概念清楚、含义明确，尤其在初始值比较多的
情况下不易出错，也不需一个一个地数，只需找到
相应行的数据即可。在分行初始化数组时，由于给
出的初值已清楚地表明了行数和各行中的元素值，
因此，第一维的大小可以不写，如三维数组：

```
int a[][2][3]={{{1, 2, 0}, {4, 5, 6}}, {{7},
{0, 8, 0}}};
```

它的第一维的大小为 2，数组中各元素的值如
图 7-8 所示。

```
a[0][0][0]=1;
a[0][0][1]=2;
a[0][0][2]=0;
a[0][1][0]= 4;
a[0][1][1]=5;
a[0][1][2]=6;
a[1][0][0]=7;
a[1][0][1]=0;
a[1][0][2]=0;
a[1][1][0]=0;
a[1][1][1]=8;
a[1][1][2]=0;
```

$$\begin{bmatrix} 1 & 2 & 0 \\ 4 & 5 & 6 \end{bmatrix} \begin{bmatrix} 7 & 0 & 0 \\ 0 & 8 & 0 \end{bmatrix}$$

（a）元素   （b）矩阵式

图 7-8 数组 a[2][2][3]中各元素的值

7.4 字符数组

"字符串"是指若干有效字符的序列，用双引号括起来。

不同的程序语言允许使用的字符串是不相同的。C语言中的字符串可以包括字母、数字、专用字符、转义字符等。例如，以下字符串都是合法的：

```
"Hello";"C_Language";"ax+b=c";"78.6";"%f\n"
```

需要特别提示的是，C语言中并没有字符串变量，字符串不是存放在一个变量中，而是存放在一个字符型的数组中，也就是说，要在C语言程序中处理字符串，要借用字符数组来完成，将字符串的每一个字符保存在一个字符型数组中。因此，作为字符数组，存放字符和存放字符串在输入/输出等方面会有一些不同。

例如，char word[12];表示word是一个字符数组，可存放最多12个字符的字符串。若要用word这个数组来存放"C_Language"10个字符，可以采用赋值语句，将字符一个一个地赋予字符数组的各个元素，如：

```
word[0]= 'C';        word[1]= '_';
word[2]= 'L';        word[3]= 'a';
word[4]= 'n';        word[5]= 'g';
word[6]= 'u';        word[7]= 'a';
word[8]= 'g';        word[9]= 'e';
```

对这个数组，如果要输出它所有的内容，最好的方法是采用循环将每一个元素的值输出。而word[10]和word[11]的值是什么，我们无法预知，因此，不能将其整体输出。

C语言规定，用字符"\0"作为字符串的结束标志。这样，对上面的数组，只要再加上一条语句word[10]= '\0';，数组word中的内容就可以作为字符串整体输出，输出命令为：

```
printf("%s", word);
```

图7-9所示为字符数组中字符和字符串的存储方式，不难看出，除了字符串的结束标志，两者的有效字符及对应的数组元素的值完全相同。使用数组元素的时候，两者也是完全相同的。

字符数组元素的后面放一个字符"\0"，表示字符数组中存放的字符串到此结束。输出时可以得到数组元素的有用字符而不输出后面的空白字符。

word[0]	C	word[0]	C
word[1]	_	word[1]	_
word[2]	L	word[2]	L
word[3]	a	word[3]	a
word[4]	n	word[4]	n
word[5]	g	word[5]	g
word[6]	u	word[6]	u
word[7]	a	word[7]	a
word[8]	g	word[8]	g
word[9]	e	word[9]	e
未知值		word[10]	\0
未知值		未知值	
(a) 字符数组		(b) 字符串	

图7-9　字符数组和字符串的存储形式

"\0"是指ASCII值为0的字符。从ASCII表可以看到，ASCII值为0的字符是一个不可显示字符，它不进行任何操作，只是作为一个标记。"\0"可以用赋值方法赋给一个字符变量或字符型数组中的任何元素，例如：

```
word[4]= '\0';
```

请注意字符数组与字符串这两个术语的含义和它们的区别。字符串存放在字符数组中，字符数组与字符串可以不等长，但字符数组的大小不能小于字符串的长度，字符串常量以符号"\0"作为结束标记。

7.4.1　字符数组的初始化

在定义一个字符数组的同时可以给它指定初值，有如下两种初始化方法。

（1）逐一为数组中各元素指定初值字符，即分别对每个元素赋初值，例如：

```
char word[10]={'C', '_', 'L', 'a', 'n', 'g', 'u', 'a', 'g', 'e'};
```

或

```
char word[]={'C', '_', 'L', 'a', 'n', 'g', 'u', 'a', 'g', 'e'};
```

数组 word 中各元素的值如图 7-10 所示。

⚡**注意**：这种初始化未将结束标记"\0"存入数组中。

（2）将字符串赋给指定的数组，例如：

```
char word[]={"C_language"};
```

或

```
char word[11]={"C_Language"};
char word[11]= "C_Language";
char word[]="C_Language";
```

请注意上面两种初始化数组的区别。单个字符用单引号括起来，字符串用双引号括起来。将字符串赋予数组时，除了将字符串中各字符逐个地按顺序赋予字符数组中的各元素，系统还自动地在最后一个字符后面加一个"\0"字符作为字符串的结束标志，并把它一起存放在字符数组中，数组 word 中各元素的值如图 7-11 所示。

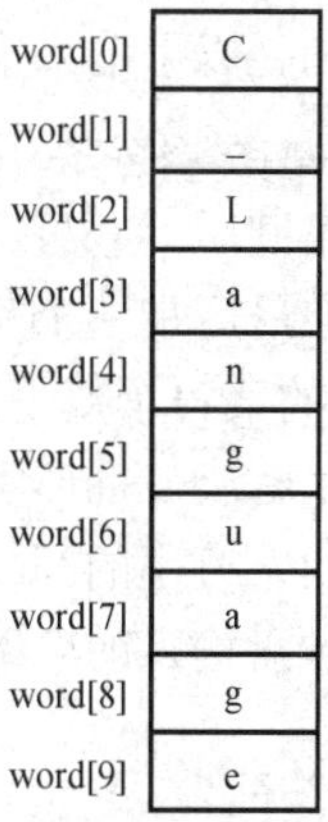

比较一下图 7-10 和图 7-11，我们可以看到，用字符串的形式对数组元素赋初值时，虽然没有给出数组的大小，但是系统会自动地定义为 word[11]，而不是 word[10]，因为增加了一个字符串结束字符"\0"，如果写成 char word[10]={"C_Language"};，会出现什么情况呢？本来应该把 11 个字符赋给 word 数组，但 word 数组的大小只限定在 10 个字符内，因此，最后一个字符"\0"未能放入 word 数组中，而是存放到了 word 数组之后的存储单元中，这有可能会破坏其他数据或程序本身。

逐一为数组元素赋初值

图 7-10　数组 word 中的各元素

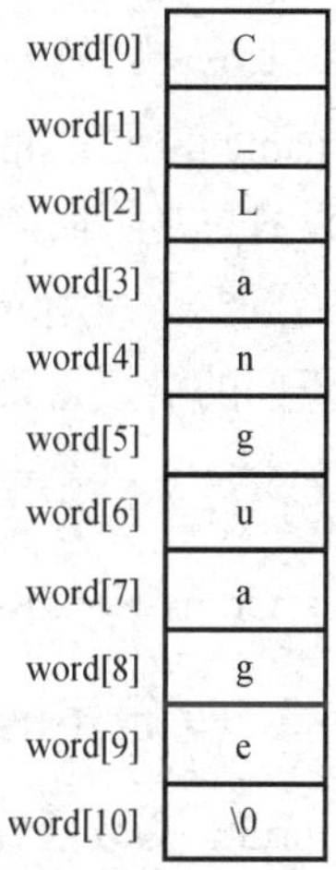

7.4.2　字符串的输入

除可以使用上面的初始化方法使字符串存放入数组外，还可用 scanf 函数来输入字符或字符串。

假定有一字符数组 char name[9]。

（1）向数组元素 name[0]输入一个字符，其概念与简单字符变量的输入相同，即：

```
scanf("%c", &name[0]);
```

（2）向数组输入整个字符串：

将字符串值给数组

图 7-11　数组 word 中各元素的值

```
scanf("%s", name);
```

或

```
scanf("%s",&name);
```

在 scanf 函数中用"%s"作为输入一个字符串的格式符。注意，由于数组名代表数组的首地址，对一维字符数组 name，scanf 函数只需给定其数组名 name 即可，因此，常常不需要这样写：

```
scanf("%s",&name);
```

使用 scanf 函数向数组输入字符串时必须注意两个问题：第 1 个问题是输入的字符串中不能包含空格，因为 C 语言规定用 scanf 函数输入字符串时，以空格或回车符作为字符串间的符号；第 2 个问题是输入字符串时两边不要用双引号括起来。

例如，以下输入方式：

```
China word↵
```

在按回车键后，它只会把"China"作为一个字符串输入，系统自动在最后加一个字符串结束标志"\0"，这时输入给数组 name 中的字符个数是 6 而不是 12，如图 7-12 所示。

name[0]	C
name[1]	h
name[2]	i
name[3]	n
name[4]	a
name[5]	\0

图 7-12 用 scanf()输入字符串

为了解决 scanf 函数不能完整地读入含有空格符、制表符等字符的字符串的问题，C 语言提供了一个专门用于读取字符串的函数 gets，该函数可以读取从键盘输入的全部字符（包括空格），直到遇到回车符为止。

例如：

```
char name[9];
gets(name);
```

如果输入的字符串为：

```
Very hot↵
```

则数组 name 的元素如图 7-13 所示。

请读者思考下面的问题。若有：

```
char name1[15], name2[15];
```

则采用不同的输入方式：

```
scanf("%s %s", name1, name2);
gets(name1);
```

name[0]	V
name[1]	e
name[2]	r
name[3]	y
name[4]	
name[5]	h
name[6]	o
name[7]	t
name[8]	\0

图 7-13 用 gets()输入字符串

当输入了 China HongKong↵后，数组 name1、name2 各有何不同？

7.4.3 字符串的输出

用 printf 函数可输出一个或几个数组元素，也可以将存放在字符数组中的字符输出，例如：

```
printf("%c, %s", name[0], name);
```

先输出一个字符数组元素的值 name[0]，然后输出 name 数组中的整个字符串。如果 name 数组中的元素值如图 7-13 所示，则上面 printf 函数输出为：

```
V,Very hot
```

这是由于在用 printf("%s", name);输出字符串时，不会把空格符当成字符串的结束符，这一点与用 scanf("%s",name);语句输入字符串不同。

另外，C 语言提供了一个字符串输出函数 puts()，用它可输出字符串的空格。

【例 7-7】阅读以下程序，了解用不同的方式输入/输出字符串的方法。

```
/*example7_7.c    了解多种方法输入/输出字符串*/
#include <stdio.h>
int main()
{
    char str1[12],str2[12],str3[12];
    int i;
    printf("1.用 gets()/puts() 输入/输出字符串(<12:)\n");
    gets(str1);
    puts(str1);
    printf("2.用 scanf()/printf()输入/输出单个字符(<12):\n");
    for(i=0;i<12;i++)
        scanf("%c",&str2[i]);
    for(i=0;i<12;i++)
        printf("%c",str2[i]);
    printf("\n");
    printf("3.用 scanf()/printf()整体输入字符串(<12):\n");
    scanf("%s",str3);
    printf("%s",str3);
    printf("\n");
    return 0;
}
```

读者在计算机上运行这个程序，从键盘输入长度不等的一串字符，程序会通过不同的输入/输出函数给出不同的结果，请分析程序的运行结果，理解和掌握字符串输入/输出的不同方法，以便灵活地运用到程序设计中。

7.4.4　二维字符数组

一个字符串可以放在一个一维数组中。如果有若干个字符串，可以用一个二维数组来存放它们。二维数组可以认为是由若干个一维数组组成的，因此一个 $m×n$ 的二维字符数组可以存放 m 个字符串，每个字符串最大长度为 $n-1$（因为还要留一个位置存放 "\0"）。

例如：

```
char week[7][4]={ "SUN", "MON", "TUE", "WED", "THU", "FRI", "SAT"};
```

表示数组 week 是一个二维字符数组，可以看成是 7 个一维字符数组，如图 7-14 所示。

如果要输出 "MON" 这个字符串，可使用下面的语句：

```
printf("%s", week[1]);
```

其中，week[1]相当于一维数组名，week[1]是字符串 "MON" 的起始地址，也就是二维数组第 2 行的起始地址(注意行数的起始下标值为 0)。该 printf 函数的作用是从给定的地址开始逐个输出字符，直到遇到 "\0" 为止。如果在该行上没有结束标志 "\0" 字符，则会接着输出下一行的

week[0]	S	U	N	\0
week[1]	M	O	N	\0
week[2]	T	U	E	\0
week[3]	W	E	D	\0
week[4]	T	H	U	\0
week[5]	F	R	I	\0
week[6]	S	A	T	\0

图 7-14　二维字符数组 week

字符，直到遇到一个结束标志 "\0" 为止。二维数组的每一个元素的值都是可以改变的。

【例 7-8】阅读以下程序，了解二维字符数组的特性及使用方法。

```
/*example7_8.c  了解二维字符数组的特性及使用方法*/
#include <stdio.h>
int main()
{
       int i;
       char week[7][4]={"sun","mon","tue","wed","thu","fri","sat"};
       printf("The value of week[7][4] is:\n");
       for(i=0;i<7;i++)
              printf("week[%d]=%s\n",i,week[i]);
       week[0][3]='&';
       week[2][3]='&';
       week[5][3]='&';
       printf("After change the value of week[7][4]:\n");
       for(i=0;i<7;i++)
              printf("week[%d]=%s\n",i,week[i]);
       return 0;
}
```

程序运行结果：

```
The value of week[7][4] is:
week[0]=sun
week[1]=mon
week[2]=tue
week[3]=wed
week[4]=thu
week[5]=fri
week[6]=sat
After change the value of week[7][4]:
week[0]=sun&mon
week[1]=mon
week[2]=tue&wed
week[3]=wed
week[4]=thu
week[5]=fri&sat
week[6]=sat
```

程序中，人为地将 week[0][3]、week[2][3]和 week[5][3]元素的字符由原来的“\0”改为“&”，这样在输出每一行的字符串时，它就要寻找到第 1 个行结束标志“\0”，然后把该行输出，如图 7-15 所示。

改变前

week [0]	s	u	n	\0
week [1]	m	o	n	\0
week [2]	t	u	e	\0
week [3]	w	e	d	\0
week [4]	t	h	u	\0
week [5]	f	r	i	\0
week [6]	s	a	t	\0

改变后

week [0]	s	u	n	&
week [1]	m	o	n	\0
week [2]	t	u	e	&
week [3]	w	e	d	\0
week [4]	t	h	u	\0
week [5]	f	r	i	&
week [6]	s	a	t	\0

图 7-15　数组 week 改变前后的值

C 语言提供了一些用于字符串处理的库函数，这些函数大部分放在头文件 string.h 中。除上面介绍的用于输入/输出的 gets 函数和 puts 函数以外，常用的函数有以下几种。

（1）字符串复制函数

字符串复制函数（char *strcpy(char *dest, const char *src)）的作用是将 src 所指的字符串复制到 dest 所指的字符数组中，例如：

```
strcpy(name1, "Apple");
```

其作用是将"Apple"这个字符串复制到 name1 数组中。

假设 name 中已有字符"C_Language"，如图 7-16（a）所示。

执行 strcpy(name, "Apple");语句后，name 数组中的内容如图 7-16（b）所示。

此时，name 数组中有两个结束标志"\0"，如果执行 printf("%s"，name):，则只会输出"Apple"，后面的内容不输出。

> **说明：**（1）字符串复制时，字符串结束标志"\0"会一起被复制到 name 中。
>
> （2）可利用字符串复制函数将一个字符数组中的字符串复制到另一个字符数组中去。
>
> ```
> strcpy(name1,name2);
> ```
>
> 需要注意的是，数组 name2 的大小不能大于数组 name1 的大小。

请注意，不能直接用赋值语句对一个数组整体赋值。以下语句均是非法的：

```
name1=name2;
name1="Apple";
```

【例 7-9】以下程序是采用字符串复制函数，将一个字符串复制到另一个数组中去，阅读程序，了解函数的作用。

```
/*example7_9.c 了解字符串复制函数的作用*/
#include <stdio.h>
#include <string.h>
int main()
{
    int i;
    char name1[6]={"apple"};
    char name2[11]={"C_Language"};
    printf("The value of name1 and name2:\n");
    printf("name1=%s\nname2=%s\n",name1,name2);
    strcpy(name2,name1);
    printf("After change the name2:\n");
    printf("name2=%s\n",name2);
    printf("The all value of name2:\n");
    for(i=0;i<11;i++)
            printf("%c",name2[i]);
    printf("\n");
    return 0;
}
```

图 7-16 复制前后的数组

程序运行结果：

```
The value of name1 and name2:
name1=apple
name2=C_Language
After change the name2:
name2=apple
The all value of name2:
apple uage
```

从程序的运行结果可以知道，strcpy(name2,name1)是把数组 name1 中的内容连同结束字符'\0'，从数组 name2 的第 1 个元素起开始覆盖掉原来的字符值，于是，name2 数组中元素会有两个结束标志'\0'。

如果在程序中使用 strcpy(name1,name2);这条语句，则由于 name2 数组的大小比 name1 数组大，因此，系统会改变数组以外的数据，造成一些意外破坏，使用时要多加注意。

（2）字符串连接函数

字符串连接函数（char *strcat(char *dest, char *src)）的作用是将 src 所指的字符串连同

结束符一起连接到 dest 所指的字符串的尾部（去掉原 dest 所指字符串的结束标志），例如：

```
strcat(name1, name2);
```

其中 name1、name2 均为字符数组，函数执行结果是将 name2 中的内容连同结束符连接到 name1 数组的尾部。为避免破坏系统的数据，字符数组 name1 必须定义得足够大，使其能够存放 name2 数组中的内容。

例如，假设有数组 name1 和 name2，分别如下：

```
char name1[13]={"pear"};
char name2[6]={Apple};
```

则执行语句 strcat(name1, name2);后，name1 中的内容如图 7-17 所示。

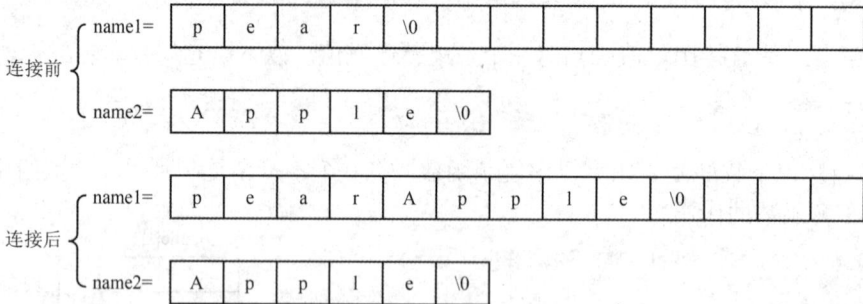

图 7-17　连接前后的数组

（3）字符串比较函数

字符串比较函数 strcmp 的作用是比较两个字符，其语法形式为：

```
strcmp(字符串 1,字符串 2);
```

如果字符串 1=字符串 2，则函数值为 0；

如果字符串 1>字符串 2，则函数值为一个正整数；

如果字符串 1<字符串 2，则函数值为一个负整数。

字符串的比较与其他高级语言中的规定相同，即从两个字符串中第一个字符开始，按字符的 ASCII 值的大小逐个进行比较，直到出现不同的字符或遇到 "\0" 为止。如果全部字符都相同，就认为两个字符串相等。若出现了不相同的字符，则以第一个不相同的字符的比较结果为准。比较的结果由函数的返回值返回。

【例 7-10】以下程序是从键盘输入两个字符串，并采用系统函数比较它们相同与否。

```
/*example7_10.c    了解字符串比较函数的作用*/
#include <stdio.h>
#include <string.h>
int main()
{
     char name1[10],name2[10];
     int k;
     printf("Please input name1:\n");
     gets(name1);
     printf("Please input name2:\n");
     gets(name2);
     k=strcmp(name1,name2);   /* 比较两个字符串是否相同 */
     printf("k=%d\n",k);
     if(k>0)
          printf("The string of \"%s\" > \"%s\"",name1,name2);
     else if(k<0)
          printf("The string of \"%s\" < \"%s\"",name1,name2);
```

```
        else
                printf("The string of \"%s\" = \"%s\"",name1,name2);
        return 0;
}
```

程序运行结果 1：

```
Please input name1:
education
Please input name2:
educated
k=1
The string of "education" > "educated"
```

程序运行结果 2：

```
Please input name1:
education↵
Please input name2:
educated↵
k=4
The string of "education" > "educated"
```

请注意作为比较结果的 k 值，不论是大于零还是小于零，都不一定会是一个固定的值，而是一个随机数。

（4）大小写字母转换函数

函数的作用：把字符串中的大写字母改成小写，或把小写改成大写。

① 小写转大写的命令为 strupr(name);。

② 大写转小写的命令为 strlwr(name);。

其中，name 为字符串数组名。

如有字符数组 char name[]={"apple"};，则执行语句 strupr(name); 后，name 数组中的字母全变成大写，如图 7-18 所示。

| name 定义时 | a | p | p | l | e | \0 |

| name 转换后 | A | P | P | L | E | \0 |

图 7-18　大小写字母的转换

更多关于字符串的处理函数请参见各种 C 编译手册的系统函数。

7.5　数组作为函数的参数

数组作为保存数据的载体，同样可以作为函数的参数。要将数组传递到函数的参数中去，可以采用以下两种不同的方法。

7.5.1　数组元素作为函数的参数

因为数组元素的作用等同于简单变量，所以，如果将数组元素作为函数的实参，则函数的形参必须是简单变量，函数的调用属于传值调用方式，实参的值是单向传递给形参。

【例 7-11】阅读以下程序，了解数组元素作为实参的作用。

```
/*example7_11.c   了解数组元素作为实参的作用*/
#include <stdio.h>
#include <conio.h>
double Expfun1(double a,double b,double c);
int main()
{
    double b[3];
    double average;
    b[0]=21.3;
```

```
        b[1]=b[0]/3;
        b[2]=8.2;
        printf("1--in main:\n b[0]=%4.1f\n b[1]=%4.1f\n b[2]=%4.1f\n",b[0],b[1],b[2]);
        average=Expfun1(b[0],b[1],b[2]);
        printf("average=%4.1f\n",average);
        printf("3--in main:\n b[0]=%4.1f\n b[1]=%4.1f\n b[2]=%4.1f\n",b[0],b[1],b[2]);
        return 0;
    }
    double Expfun1(double a,double b,double c)
    {
        double sum,aver;
        sum=a+b+c;
        a=a+5.5;
        b=b+5.5;
        c=c+5.5;
        aver=sum/3.0;
        printf("2--in function:\n a=%4.1f\n b=%4.1f\n c=%4.1f\n",a,b,c);
        return (aver);

    }
```

程序运行结果：

```
1--in main:
 b[0]=21.3          ⎫
 b[1]= 7.1          ⎬   函数调用前数组元素的值
 b[2]= 8.2          ⎭
2--in function:
 a=26.8             ⎫
 b=12.6             ⎬   函数调用中形参的值
 c=13.7             ⎪
average=12.2        ⎭
3--in main:
 b[0]=21.3          ⎫
 b[1]= 7.1          ⎬   函数调用后数组元素的值
 b[2]= 8.2          ⎭
```

显然，在上面的程序中，数组元素的值 b[0]、b[1]、b[2] 在函数调用前后没有发生变化。

在调用 Expfun1 函数时，将 b[0]、b[1]、b[2] 的值分别传送给函数 Expfun1 中的形参 a、b、c，求出平均值 aver 后，将 aver 的值返回主函数，赋给变量 average。

因为这是将数组元素作为函数的实参，采用"传值"的方式，因此，b[0]、b[1]、b[2] 的值在函数调用前后不会发生变化。

7.5.2　数组名作为函数的参数

数组作为一种数据类型，也可以作为函数的参数，调用函数时，用数组名作为实参，这种函数的调用方法又被称为"传址"方式。

这时，如果函数中有语句修改了数组元素的值，当函数执行完毕返回到函数调用处时，原来作为实参的数组元素的值也相应发生了改变。因为数组名代表的是数组在内存中的首地址，实参与形参共用相同的内存单元，调用函数时，把实参在内存中的首地址传递给形参，形参接收到实参的地址后，如果函数的语句中有对形参值的改变，实际上就是完成了对实参值的改变，这种函数的调用方式就是"传址"，设计函数时，其形参的数据类型必须是数组。

【例 7-12】阅读以下程序，了解数组名作为函数参数的传值调用形式和作用。

```
/*example7_12.c  了解数组名作为函数参数的传值调用形式和作用*/
#include <stdio.h>
void Expfun2(float a[4]);
```

```
int main()
{
        float s[4]={88.5,90.5,70,71};
        printf("1--函数调用前数组元素的值: \n");
        printf(" s[0]=%4.1f\n s[1]=%4.1f\n s[2]=%4.1f\n s[3]=%4.1f\n",s[0], s[1],
s[2],s[3]);
        Expfun2(s);
        printf("3--函数调用后数组元素的值: \n");
        printf(" s[0]=%4.1f\n s[1]=%4.1f\n s[2]=%4.1f\n s[3]=%4.1f\n",s[0], s[1],
s[2],s[3]);
         return 0;
}
void Expfun2(float a[4])
{
        float sum;
        sum=a[0]+a[1]+a[2]+a[3];
        a[0]=a[0]/10;
        a[1]=a[1]/10;
        a[2]=a[2]/10;
        a[3]=a[3]/10;
        printf("2--函数中修改数组元素的值: \n");
        printf(" a[0]=%4.1f\n a[1]=%4.1f\n a[2]=%4.1f\n a[3]=%4.1f\n",a[0], a[1],
a[2],a[3]);
}
```

程序运行结果:

```
1--函数调用前数组元素的值:
 s[0]=88.5
 s[1]=90.5
 s[2]=70.0
 s[3]=71.0
2--函数中修改数组元素的值:
 a[0]=8.9
 a[1]=9.1
 a[2]=7.0
 a[3]=7.1
3--函数调用后数组元素的值:
 s[0]=8.9
 s[1]=9.1
 s[2]=7.0
 s[3]=7.1
```

显然，数组元素的值在调用前后发生了变化。在调用 Espfun2 函数时，把实参数组的起始地址传送给形参数组，于是，形参数组和实参数组共占用一段内存单元，如图 7-19 所示。

因此，当形参的值发生变化时，实参的值也随之发生变化。以数组名作为函数参数时，数据的传送具有"双向性"，也就是说，既可从实参数组将数据"传送"给形参数组，又可将形参数组中的数据"传回"给实参数组。在这里，我们所说的"传送""传回"并不是真正意义上的数据赋值，只是对应的数组元素共同占用一个内存单元，这一点很重要。

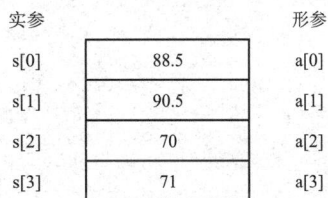

实参		形参
s[0]	88.5	a[0]
s[1]	90.5	a[1]
s[2]	70	a[2]
s[3]	71	a[3]

图 7-19　形参和实参数组共占内存单元

另外，以数组名作为函数的参数时，形参数组可以不定义长度。例如，上面程序中的 Expfun2 函数可以写成:

```
float Expfun2(float a[])
{
  …
}
```

这是由于形参数组并不另外分配内存单元，只是共享实参数组的数据。必须注意的是，使用形参数组时，不要超过实参数组的长度。例如，上面程序中数组 s 的长度为 4，则相应的形参数组长度不应超过 4。如果出现 a[5]、a[6]，就有可能导致一些意料之外的错误。

【例 7-13】编写程序，从键盘输入 8 种商品的价格，求这 8 种商品的平均价、最高价和最低价，并将高于平均价的商品价格打印出来。

分析：因为衡量商品价格的数据类型是相同的，所以，可以用数组 float price[8]来保存这 8 种商品的价格。

为了实现程序的模块化，应将不同的功能设计成函数，如对商品的价格输入和输出，求平均价、最高价、最低价，输出高于平均价的商品价格。应用数组名作为参数，采用传值的方式传递数组元素的值。各函数的功能如下。

void readprice(float price)——输入 8 种商品的价格并打印输出。

float averPrice(float price)——计算商品的平均价。

float highPrice(float price)——找商品的最高价。

float lowPrice(float price)——找商品的最低价。

void prtprice(float price)——输出高于商品平均价的商品价格。

用变量 average、highestP、lowestP 分别表示商品的平均价、最高价和最低价。

主程序的流程图如图 7-20 所示。

程序如下：

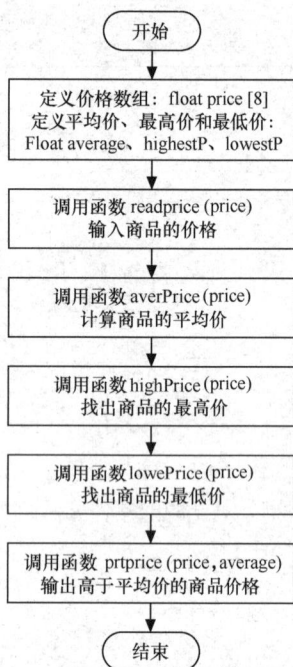

图 7-20 【例 7-13】主程序的流程图

```
/*example7_13c   输入 8 种商品的价格，并进行统计*/
#include <stdio.h>
void readprice(float price[8]);              /*输入商品的价格*/
float averPrice(float price[8]);             /*计算商品的平均价*/
float highPrice(float price[8]);             /*找出商品的最高价*/
float lowPrice(float price[8]);              /*找出商品的最低价*/
void prtprice(float price[8],float ave);     /*输出高于平均价的商品价格*/
int main()
{
    float price[8];
    float average,highestP,lowestP;
    readprice(price);                        /*输入商品的价格*/
    average=averPrice(price);                /*计算商品的平均价*/
    highestP=highPrice(price);               /*找出商品的最高价*/
    lowestP=lowPrice(price);                 /*找出商品的最低价*/
    printf("The highest Price=%6.2f\n",highestP);
    printf("the lowest Price=%6.2f\n",lowestP);
    printf("The average Price=%6.2f\n",average);
    prtprice(price,average);                 /*输出高于平均价的商品价格*/
    return 0;
}
/*-----------------------------*/
/*输入商品的价格*/
void readprice(float price[8])
{
    int i;
    printf("Enter 8 goods price:\n");
    for(i=0;i<8;i++)
            scanf("%f",&price[i]);
```

```
        printf("The price of 8 goods is \n");
        for(i=0;i<8;i++)
                printf("%6.2f\t",price[i]);
        printf("\n");
        return;
}
/*--------------------------------*/
/*计算商品的平均价*/
float averPrice(float price[8])
{
        float sum=0.0;
        float average;
        int i;
        for(i=0;i<8;i++)
                sum=sum+price[i];
        average=sum/8;
        return (average);
}
/*--------------------------------*/
/*找出商品的最高价*/
float highPrice(float price[8])
{
        float highest;
        int i;
        highest=price[0];
        for(i=0;i<7;i++)
                if(highest<price[i+1])
                        highest=price[i+1];
        return (highest);
}
/*--------------------------------*/
/*找出商品的最低价*/
float lowPrice(float price[8])
{
        float lowest;
        int i;
        lowest=price[0];
        for(i=0;i<7;i++)
                if(lowest>price[i+1])
                        lowest=price[i+1];
        return (lowest);
}
/*--------------------------------*/
/*输出高于平均价格的商品价格*/
void prtprice(float price[8],float average)
{
        int i;
        printf("The goods which are higher than average price:\n");
        for(i=0;i<8;i++)
                if(price[i]>average)
                        printf("%6.2f\t",price[i]);
        return;
}
```

程序运行结果：

```
Enter 8 goods price:
1.1 2.2 3.3 4.4 5.5 6.6 7.7 8.8↵
The price of 8 goods is
    1.10    2.20    3.30    4.40    5.50    6.60    7.70    8.80
The highest Price=  8.80
the lowest Price=  1.10
The average Price=  4.95
The goods which are higher than average price:
    5.50    6.60    7.70    8.80
```

程序采用了模块化的设计方法，将不同的功能划分成函数，每个函数的功能是单一的，程序通过对多个单一功能的组合而达到目的。这样做有利于程序的维护和扩充。另外，函数采用数组名作为参数，方便了数组元素值的传递。

7.6 程序范例

【例 7-14】 编写程序，利用随机函数生成 20 个 50 以内的整数，存入一个数组中，从键盘输入一个整数作为关键字，用线性查找方法在数组中查找，如果输入的数在数组中存在，则输出该数在数组中的下标值；否则输出 -1，表示该数在数组中不存在。

分析：线性查找的方法，就是把数组中的每一个元素与输入的关键字做比较。线性查找的方法一般都采用循环结构来实现。

本题的关键是用随机函数生成 20 个随机数。为了使随机数具有真正意义上的随机性，可采用系统时间作为随机种子，使得每一次运行程序时，获得的随机数都不一样。

用 array[20] 来保存随机生成的 20 个整数，用 key 表示从键盘输入的任意整数。

设计一个线性查找函数 int LineaFind(int a[],int keyword);，查找 keyword 是否在数组 a [] 中，如果在，就返回数组的下标值；否则就返回 -1。

程序如下：

```
/*example7_14.c   用线性查找方法在数组中查找指定的数值*/
#include <stdio.h>
#include <stdlib.h>
#include <time.h>
int LineaFind(int a[],int keyword);
int main()
{
    int i,array[20],key,sub;
    srand(time(NULL));
    for(i=0;i<20;i++)
    {
        array[i]=rand()%50;
    }
    printf("Please enter a keyword: ");
    scanf("%d",&key);
    sub=LineaFind(array,key);    /* 调用函数查找 key 是否在数组 array[]中 */
    if(sub!=-1)
        printf("Congratulation! Found out the keyword in %d,array[%d]=%d\n",
sub,sub, array[sub]);
    else
        printf("Sorry! Not found the keyword in array\n");
    /* 输出系统生成的 20 个随机数 */
    printf("The value of array :\n");
    for(i=0;i<20;i++)
    {
        printf("%d\t",array[i]);
    }
    return 0;
}
/* 线性查找算法 */
int LineaFind(int a[],int keyword)
{
    int i,subscript;
    for(i=0;i<20;i++)
    {
        if(a[i]==keyword)
        {
            subscript=i;
```

```
                    return subscript;
            }
        }
        subscript=-1;
        return subscript;
}
```

程序运行结果 1:

```
Please enter a keyword: 12
Sorry! Not found the keyword in array
The value of array:
23        44        23        14        24        38        46        19        20        43
2         25        7         30        48        48        11        40        45        10
```

程序运行结果 2:

```
Please enter a keyword: 34
Congratulation! Found out the keyword in 3,array[3]=34
The value of array:
11        39        8         34        21        31        31        30        49        2
1         9         28        13        10        25        10        20        17        38
```

【例 7-15】 设有如下所示的一个 4×5 矩阵:

$$
\mathbf{A} = \begin{bmatrix} 2 & 6 & 4 & 9 & -13 \\ 5 & -1 & 3 & 8 & 7 \\ 12 & 0 & 4 & 10 & 2 \\ 7 & 6 & -9 & 5 & 2 \end{bmatrix}
$$

请编写程序,完成下面的功能:

(1)计算所有元素的和;

(2)输出所有大于平均值的元素。

分析:可以将该矩阵看成一个二维数组,设计两个函数来完成不同的功能,一个用于计算所有元素的和 int sum_ave(int m,int n,int arr[]);,另一个用于打印所有大于平均值的元素 void prt_up(int m,int n,float average,int arr[]);。

用数组 A[4][5]来代表矩阵元素的值;sum 代表矩阵元素的和;ave 代表矩阵元素的平均值。

程序如下:

```
/*example7_15.c   计算矩阵元素的平均值及它们的和*/
#include <stdio.h>
#include <conio.h>
int sum_ave(int m,int n,int arr[]);
void prt_up(int m,int n,float average,int arr[]);
int main()
{
    int A[4][5]={{2,6,4,9,-13},{5,-1,3,8,7},{12,0,4,10,2},{7,6,-9,5,2}};
    int i=4,j=5,sum;
    float ave;
    sum=sum_ave(i,j,A[0]);              /* 调用函数求矩阵元素的和 */
    printf("The number of sum=%d\n",sum);
    ave=(float)(sum)/(i*j);
    printf("The number of average=%5.2f\n",ave);
    prt_up(i,j,ave,A[0]);              /* 输出高于平均值的矩阵元素 */
    return 0;
}
/* 计算矩阵元素值的和*/
int sum_ave(int m,int n,int arr[])
```

数组 | 第 7 章

```
{
    int i;
    int total=0;
    for(i=0;i<m*n;i++)
        total=total+arr[i];
    return(total);
}
/* 输出高于平均值的矩阵元素*/
void prt_up(int m,int n,float average,int arr[])
{
    int i,j;
    printf("The number of Bigger than average are");
    for(i=0;i<m;i++)
    {
        printf("\n");
        for(j=0;j<n;j++)
            if(arr[i*n+j]>average)
                printf("arr[%d] [%d]=%d\t",i,j, arr[i*n+j]);
    }
}
```

程序运行结果：

```
The number of sum=69
The number of average= 3.45
The number of Bigger then average are
arr[0][1]=6        arr[0][2]=4        arr[0][3]=9
arr[1][0]=5        arr[1][3]=8        arr[1][4]=7
arr[2][0]=12       arr[2][2]=4        arr[2][3]=10
arr[3][0]=7        arr[3][1]=6        arr[3][3]=5
```

在这个程序中，我们定义了两个函数 sum_ave 和 prt_up。sum_ave 的作用是对任意大小的矩阵求出它所有元素的和，prt_up 的作用是打印所有大于某个值的数值元素。形参 m 和 n 是矩阵的行数和列数，形参 average 代表数组元素的平均值，形参 arr[]为一维数组。我们知道，二维数组在内存中是按照元素的排列顺序存放的，因此，在程序中如果引用二维数组元素 A[i][j]，则二维数组与一维数组的关系为 A[i][j]=A[i×n+j]。图 7-21 所示为二维数组 A[4][5]与一维数组 arr[20]的关系。

因此，可以允许实参为二维数组，形参为一维数组。如果在函数调用时直接用数组名 A 作参数，则编译时系统会提示参数类型不匹配。

思考：是否可以将形参中的数组 arr[]直接定义成二维数组？如果可以，调用函数的时候实参的表达式应该是什么？

【例 7-16】编写程序，从键盘输入字符（字符个数不大于 1200 个），计算所输入的字符个数与输入的行数，并将计算结果输出到屏幕，以感叹号"！"作为输入的结束符。

分析：可用一个字符数组来保存所输入的字符，用变量 number 和 lines 分别代表输入的字符个数及行数。将系统功能划分成 3 大块，每一块的功能用一个函数来实现。

A[0][0]	2	arr[0]
A[0][1]	6	arr[1]
A[0][2]	4	arr[2]
A[0][3]	9	arr[3]
A[0][4]	−13	arr[4]
A[1][0]	5	arr[5]
A[1][1]	−1	arr[6]
A[1][2]	3	arr[7]
A[1][3]	8	arr[8]
A[1][4]	7	arr[9]
A[2][0]	12	arr[10]
A[2][1]	0	arr[11]
A[2][2]	4	arr[12]
A[2][3]	10	arr[13]
A[2][4]	2	arr[14]
A[3][0]	7	arr[15]
A[3][1]	6	arr[16]
A[3][2]	−9	arr[17]
A[3][3]	5	arr[18]
A[3][4]	2	arr[19]

图 7-21　二维数组 A[4][5]与一维数组 arr[20]的关系

（1）将键盘输入的字符保存到数组 string 中：void wordInput (char string[]);。

（2）统计数组中的字符个数 number 和行数 lines：void countWords (char string[]);。

（3）将计算结果输出到屏幕：void wordOutput (int number,int lines)。

为方便起见，可将字符个数 number 和行数 lines 设置成全局变量。

程序如下：

```
/*example7_16.c   统计从键盘输入的字符个数及行数 */
#include <stdio.h>
#include <string.h>
#define Max 1200
#define End '!'
void wordInput(char str[]);
void countWords(char str[]);
void wordOutput(int lines,int number);
int lines=0,number=0;
int main()
{
    char strings[Max+1];
    wordInput(strings);                  /* 调用函数将输入的字符保存到数组中 */
    countWords(strings);                 /* 调用函数统计字符的个数及行数 */
    wordOutput(lines,number);            /* 调用函数将统计结果输出 */
    return 0;
}
/* 将输入的字符保存到数组中 */
void wordInput(char str[])
{
    char c;
    int i=0;
    c=getchar();
    while(i<Max-1 && c!=End)
    {
        str[i]=c;
        c=getchar();
        i++;
    }
    if(str[i-1]=='\n')                   /* 对数组的最后一个元素的值进行处理*/
        str[i]='\0';
    else
    {
        str[i]='\n';
        str[i+1]='\0';
    }
}
/* 统计字符的个数及行数 */
void countWords(char str[])                  /*行计数*/
{
    int i=0;
    char c;
    c=str[i];
    while(c!='\0')
    {
        if(c=='\n')
                lines++;
        else
                number++;
        i++;
        c=str[i];
    }
}
/* 将统计结果输出 */
void wordOutput(int lines,int number)
```

数组　第 7 章

```
    {
        printf("The lines of string =%d\n",lines);
        printf("The words of string =%d\n",number);
    }
```

程序运行结果：

```
We are learning The C programing language. ↵
This is to count the words and lines. ↵
Do you know what is result? ↵
! ↵
The lines of string =3
The words of string =106
```

ⓘ **注意**：程序中输入的换行符没有作为字符计入字符个数中。

【**例7-17**】编写一个模拟投票系统，有 20 个人要对 3 个人进行选举投票，要求统计每个人的得票数和弃权票数，并将结果输出到屏幕。

分析：可用数组 int candidate[4]保存投票结果，candidate[1]～candidate[3]分别为 3 个不同候选人的得票数，candidate[0]为弃权票数；用数组 int vote[n]保存 n 个投票人的投票结果，投票的结果值 i 为对第 i 个人的投票（i=1,2,3），如果 i 为其他值（i≠1,2,3），则表示弃权。

设计如下两个函数。

（1）void vInput(int n,int v[])：将 n 个人的投票结果保存到数组 v 中。

（2）void prtResult(int n,int p[],int v[])：将 n 个投票结果 v[n]按候选人 p[i]进行统计，并输出投票结果。统计投票结果的关键表达式为++p[v[i]];，（i=0,1,2,…,n）。

程序如下：

```
/*example7_17.c   无记名投票统计*/
#include <stdio.h>
#define NUM 20
void vInput(int n,int v[]);
void prtResult(int n,int p[],int v[]);
int main()
{
    int vote[NUM];
    static int candidate[4]={0};                /* 候选人的初始票数均为 0 */
    printf("请对 3 个候选人投票: \n");
    vInput(NUM,vote);                           /* 将投票结果保存到数组 vote 中 */
    prtResult(NUM,candidate,vote);              /* 统计票数并输出投票结果*/
    return 0;
}
/* 将 n 个人的投票结果保存到数组 v 中 */
void vInput(int n,int v[])
{
    int i;
    for(i=0;i<NUM;i++)
    {
        scanf("%d",&v[i]);                      /* 对候选人投票 */
        if(v[i]<1|| v[i]>3)
            v[i]=0;                             /* 统计无效票数 */
    }

}
/* 将 n 个投票结果 v[n]按候选人 p[i]进行统计,并输出投票结果*/
void prtResult(int n,int p[],int v[])
{
    int i;
```

```
        for(i=0;i<n;i++)
                ++p[v[i]];
        printf("候选人\t\t 得票数\n");
        printf("---------------------\n");
        for(i=1;i<4;i++)
                printf(" %d\t\t%  d\n",i,p[i]);
        printf("弃权票:\t\t %d\n",p[0]);
}
```

程序运行结果:

```
请对 3 个候选人投票:
2 3 2 3 2 4 5 3 2 2 1 1 2 2 5 2 2 6 4 2↲
候选人              得票数
---------------------
  1                 2
  2                 10
  3                 3
弃权票:             5
```

【例 7-18】 编写程序,从键盘输入一组字符串,长度不超过 80 个字符,以结束标志为输入结束。将该字符串的字符反向输出到屏幕。假如输入的字符串为"abcdcfg",则输出结果为"gfedcba"。

分析:用字符数组 char strings[81]保存输入的字符。需要注意的是,当输入结束或输入的字符超过规定的长度时,要将字符串的结束标志放入数组中最后一个字符的后面,以便于下一步的处理。

采用递归函数算法 void backwards(char s[],int index)进行反向输出。

程序如下:

```
/*example7_18.c     将一字符串的内容反向输出到屏幕*/
#include <stdio.h>
#include <string.h>
#define SIZE 81
void sInput(int n,char s[]);
void backwards(char s[],int index);        /* 函数声明*/
int main()
{
    char string[SIZE];                    /*定义字符数组*/
    int i=0,index=0;
    sInput(SIZE,string);                  /*将不超过 SIZE 个的字符输入到数组 string*/
    printf("The reverse of string is\n");
    backwards(string,index);              /*将数组 string 中的字符反向输出*/
    return 0;
}
/* 将不超过 n 个的字符保存到数组 s[]中*/
void sInput(int n,char s[])
{
    int i=0;
    printf("Please enter a string:\n");
    while(i<n)
    {
        s[i]=getchar();
        if(s[i]==EOF)
            break;
        i++;
    }
    s[--i]='\0';                          /* 以结束标志替换掉换行符 */
}
/* 将数组 string 中的字符反向输出*/
void backwards(char s[],int index)
```

```
{
        if(s[index])
    {
        backwards(s,index+1);                    /*  递归调用函数  */
        printf("%c",s[index]);                   /*  反向输出数组 s 中的字符  */
    }
}
```

程序运行结果：

```
Please enter a string:
ABCDEFGHIJKL
123456789
^Z
The reverse of string is
987654321
LKJIHGFEDCBA
```

思考：请读者分析递归函数 void backwards(char s[],int index)的算法思想，写出其算法表达式。

上面是采用递归算法反向输出数组中的字符，当然也可以用非递归算法来实现，有兴趣的读者可自己思考非递归的算法，并编写程序验证。

7.7 本章小结

本章介绍了数组的概念及使用方法，应重点掌握以下几个方面的内容。

（1）数组元素的作用和数组名的作用。数组元素代表的是简单变量，数组名代表的是数组的首地址。

（2）字符串的含义及处理方式。语言是没有字符串类型变量的，处理字符串通常都是通过字符数组和字符串处理函数来完成的。

（3）多维数组的定义及使用方法。可以将多维数组看成是由多个一维数组组成的，对多维数组的处理实际上都是转化为对一维数组的处理。

（4）数组元素在内存中的存放方式及占用内存空间的大小。数组元素在内存中是按先后顺序连续存放的，其占用空间的大小取决于数组的数据类型。

（5）数组元素与数组名作为函数参数是有区别的，使用时要注意其合理性。

（6）进一步熟悉和掌握结构化的程序设计方法，将复杂问题分解成多个功能单一的函数，通过调用不同的函数来完成复杂功能，方便对系统进行维护和扩充。

习题

一、单选题。在以下每一题的四个选项中，请选择一个正确的答案。

【题 7.1】 在 C 语言中，引用数组元素时，其数组下标的数据类型允许是_____。
    A. 整型常量   B. 整型表达式
    C. 整型常量或整型表达式   D. 任何类型的表达式

【题 7.2】 以下对一维数组 a 中的所有元素进行正确初始化的是_____。
    A. int a[10]=(0,0,0,0);   B. int a[10]={ };
    C. int a[ ]=(0);   D. int a[10]={10*2};

【题 7.3】 对于所定义的二维数组 a[2][3]，元素 a[1][2] 是数组的第_____个元素。

    A. 3   B. 4   C. 5   D. 6

【题 7.4】 若有说明 int a[20];，则对 a 数组元素的正确引用是_____。

    A. a[20]   B. a[3.5]   C. a(5)   D. a[10−10]

【题 7.5】 若有说明 int a[3][4];，则对 a 数组元素的正确引用是_____。

    A. a[2][4]   B. a[1,3]   C. a[1+1][0]   D. a(2)(1)

【题 7.6】 以下关于数组的描述正确的是_____。

    A. 数组的大小是固定的，但可以有不同类型的数组元素

    B. 数组的大小是可变的，但所有数组元素的类型必须相同

    C. 数组的大小是固定的，所有数组元素的类型必须相同

    D. 数组的大小是可变的，可以有不同类型的数组元素

【题 7.7】 字符串 "I am a student." 在存储单元中占_____个字节。

    A. 14   B. 15   C. 16   D. 17

【题 7.8】 在执行 int a[][3]={{1,2},{3,4}};语句后，a[1][2] 的值是_____。

    A. 3   B. 4   C. 0   D. 2

【题 7.9】 以下程序的运行结果是_____。

```
char c[5]={'a', 'b', '\0', 'c', '\0'};
printf("%s",c);
```

    A. 'a"b'   B. ab   C. ab c   D. a,b

【题 7.10】 以下程序的运行结果是_____。

```
char c[ ]="\t\v\\\0will\n";
printf("%d",strlen( c ));
```

    A. 14   B. 3

    C. 9   D. 字符串中有非法字符，输出值不确定

二、判断题。判断下列各叙述的正确性，若正确，则在（ ）内标记"√"；若错误，则在（ ）内标记"×"。

【题 7.11】（ ）字符 "\0" 是字符串的结束标记，其 ASCII 值为 0。

【题 7.12】（ ）若有说明 int a[3][4]={0};，则数组 a 中每个元素均可得到初值 0。

【题 7.13】（ ）若有说明 int a[ ][4]={0,0};，则二维数组 a 的第一维大小为 0。

【题 7.14】（ ）若有说明 int a[ ][4]={0,0};，则只有 a[0][0] 和 a[0][1] 可得到初值 0，其余元素均得不到初值 0。

【题 7.15】（ ）若有说明 static int a[3][4];，则数组 a 中各元素在程序的编译阶段可得到初值 0。

【题 7.16】（ ）若用数组名作为函数调用时的实参，则实际上传递给形参的是数组的第一个元素的值。

【题 7.17】（ ）调用 strlen("abc\0ef\0g") 的返回值为 8。

【题 7.18】（ ）在两个字符串的比较中，字符个数多的字符串比字符个数少的字符串大。

【题 7.19】（ ）已知 int a[ ][ ]={1,2,3,4,5};，则数组 a 的第一维的大小是不确定的。

【题 7.20】（ ）在 C 语言中，二维数组元素在内存中的存放顺序由用户自己确定。

三、填空题。请在以下各叙述的空白处填入合适的内容。

【题 7.21】 在 C 语言中，字符串不存放在一个变量中，而是存放在一个_____中。

【题 7.22】 设有 int a[3][4]={{1},{2},{3}};，则 a[1][1] 的值为_____。

【题 7.23】 若有定义 double x[3][5];，则 x 数组中行下标的下限是 0，列下标的上限是_____。

【题 7.24】 在 C 语言中，二维数组元素在内存中的存放顺序是_____。

【题 7.25】 字符 '0' 的 ASCII 值为_____（十进制形式）。

【题 7.26】 要将两个字符串连接成一个字符串，应使用的函数是_____。

【题 7.27】 设有定义 char s[12]= "string";，则 printf("%d\n",strlen(s));的输出是_____。

【题 7.28】 字符串"chen jing"占_____字节的存储空间。

【题 7.29】 如果要比较两个字符串中的字符是否相同，可使用的库函数是_____。

【题 7.30】 若在程序中要用到 putchar()函数，应在程序开头写上文件包含命令_____。

【题 7.31】 以下程序是求矩阵 a、b 的乘积，结果存入矩阵 c 中并按矩阵形式输出。请填空。

```
#include <stdio.h>
int main()
{
    int a[3][2]={2,-1,-4,0,3,1};
    int b[2][2]={7,-9,-8,10};
    int i,j,k,s,c[3][2];
    for(i=0;i<3;i++)
       for(j=0;j<2;j++)
         {
              for(_____;k<2;k++)
                   s+=_____;
              c[i][j]=s;
         }
       for(i=0;i<3;i++)
       {
              for(j=0;j<2;j++)
                 printf("%6d  ",c[i][j]);
              _____;
       }
    getch();
    return 0;
}
```

【题 7.32】 以下程序的功能是从键盘键入一行字符，统计其中有多少个单词，单词之间用空格分隔。请填空。

```
#include <stdio.h>
int main( )
{   char s[80],c1,c2=' ';
    int i=0,num=0;
    gets(s);
    while(s[i]!='\0')
    {
         c1=s[i];
         if(i==0) c2='';
         else c2=s[i-1];
         if(_____)   num++;
         i++;
    }
    printf("These are %d words.\n",num);
```

```
    return 0;
}
```

【题 7.33】以下程序的功能是将字符串 s 中所有的字符 c 删除。请填空。

```
#include <stdio.h>
int main()
{
  char s[80],k[80];
  int i,j;
  gets(s);
  for(i=j=0;s[i]!='\0';i++)
          if(s[i]!='c')
              _____;
  puts(k);
  return 0;
}
```

【题 7.34】以下程序的功能是求 1,1+2,1+2+3,…各项的值并存入一维数组 a 中。例如，若 k=6，则应输出"1 3 6 10 15 21"。请完成程序。

```
#include <stdio.h>
int main()
{
  int i,j=0,k,s=0,a[50];
  printf("Enter a number;");
  scanf("%d",&k);
  for(i=1;i<=k;i++)
    {
        _____
        printf("%d ",a[j]);
        j++;
    }
  return 0;
}
```

四、阅读以下程序，写出程序运行结果。

【题 7.35】#include "stdio.h"

```
            void wr(char *st, int i)
            {  st[i]='\0';
               puts(st);
               if(i>1)  wr(st, i-1);
            }
            int main( )
            {  char st[ ]="abcdefg";
               wr(st, 7);
               return 0;
            }
```

【题 7.36】#include "stdio.h"

```
            int main( )
            {    int a[5]={1,1};
                 int i, j;
                 printf("%d %d\n",a[0], a[1]);
                 for(i=1; i<4; i++)
                 {
                     a[i]=a[i-1]+a[i];  a[i+1]=1;
                     for(j=0;j<=i+1;j++)
                         printf("%d",a[j]);
                     printf("\n");
                 }
```

```
            return 0;
        }
```

【题 7.37】#include "stdio.h"

```
            int main( )
        {   int a[10]={1,2,3,4,5,6,7,8,9,10};
            int b[10]={10,9,8,7,6,5,4,3,2,1};
            int i, j;
            for(i=1, j=9; i<10 && j>0 ; i+=2,j-=3)
                printf("a[%d]*b[%d]=%d\n",a[i],b[j],a[i]*b[j]);
            return 0;
        }
```

【题 7.38】#include "stdio.h"

```
            int main( )
        {   int i, a[10]={1,2,3,4,5,6,7,8,9,10}, temp;
            temp=a[9];
            for(i=9; i; i--)
                a[i]=a[i-1];
            a[0]=temp;
            for(i=0; i<10; i++)
                printf("%d  ",a[i]);
            return 0;
        }
```

五、程序填空题。 请在以下程序空白处填入合适的语句。

【题 7.39】以下程序的功能是将字符串 a 中所有的字符'a'删除，请填空。

```
#include "stdio.h"
int main( )
{   char a[50];
    int i, j;
    printf("Enter a string:");
    gets(a);
    for(i=j=0;a[i]!='\0';i++)
        if(a[i]!='a')
            _____;
    a[j]='\0';
    puts(a);
    return 0;}
```

【题 7.40】以下程序是将 array 数组按从小到大进行排序，请填空。

```
#include "stdio.h"
int main( )
{   int array[10];
    int i,j,temp;
    printf("Input 10 numbers please:\n");
    for(i=0;i<10;i++)
        scanf("%d",&array[i]);
    for(i=0;i<9;i++)
        for(j=i+1;j<10;j++)
            if(_____)
            {   temp=array[i];
                array[i]=array[j];
                array[j]=temp;
            }
    printf("The sorted 10 number:\n");
    for(i=0;i<10;i++)
        printf("%d\t",array[i]);
    return 0;
}
```

六、编程题。对以下问题编写程序并上机验证。

【题 7.41】编写程序，用冒泡法对 20 个整数按升序排序。

【题 7.42】编写程序，将一个数插入到有序的数列中去，插入后的数列仍然有序。

【题 7.43】编写程序，在有序的数列中查找某数，若该数在此数列中，则输出它所在的位置，否则输出 "no found"。

【题 7.44】若有说明 int a[2][3]={{1,2,3},{4,5,6}};，现要将 a 的行和列的元素互换后存到另一个二维数组 b 中，试编程。

【题 7.45】定义一个含有 30 个整数的数组，按顺序分别赋予从 2 开始的偶数，然后按顺序每 5 个数求出一个平均值，放在另一个数组中并输出，试编程。

【题 7.46】编写程序，在 5 行 7 列的二维数组中查找第一次出现的负数。

【题 7.47】从键盘输入 60 个字符，求相邻字母对（如 ab）出现的频率。

【题 7.48】编写程序，定义数组 int a[4][6], b[4][6], c[4][6];，并完成如下操作：

（1）从键盘上输入数据给数组 a、b。

（2）将数组 a 与数组 b 各对应元素做比较，如果相等，则数组 c 的对应元素为 0；若前者大于后者，则数组 c 的对应元素为 1；若前者小于后者，则数组 c 的对应元素为-1。

（3）输出数组 c 各元素的值。

【题 7.49】编写程序，从键盘输入两个字符串 a 和 b，要求不用 strcat()函数把串 b 的前 5 个字符连接到串 a 中，如果 b 的长度小于 5，则把 b 的所有元素都连接到 a 中。

【题 7.50】编写函数，从一个排好序的整型数组中删去某数。

【题 7.51】编写函数，将无符号整数转换成二进制字符表示。

【题 7.52】编写函数 lower()模拟标准函数 strlwr()，调用形式为 lower(char *st)，其作用是将字符串 st 中的大写字母转换成小写字母。

【题 7.53】编写函数 replicate()模拟标准函数 strset()，调用形式为 replicate(char *st,char ch)，其作用是将字符串 st 中的所有字符设置成 ch。

【题 7.54】编写函数 reverse()模拟标准函数 strrev()，调用形式为 reverse(char *st)，其作用是颠倒字符串 st 的顺序，即按与原来相反的顺序排列。

【题 7.55】求矩阵 a、b 的乘积，a 为 3×2 型矩阵，b 为 2×2 型矩阵。先从键盘输入矩阵 a 和 b 的各个元素值，经过运算后将结果存入矩阵 c 中并按矩阵形式输出。

【题 7.56】某人有 5 张 2 角和 4 张 3 角的邮票，编写函数求使用这些邮票能组合出多少种不同面值的邮资。

【题 7.57】设计函数，在二维数组中产生如下形式的杨辉三角形。

$$
\begin{array}{ccccccccc}
 & & & & 1 & & & & \\
 & & & 1 & & 1 & & & \\
 & & 1 & & 2 & & 1 & & \\
 & 1 & & 3 & & 3 & & 1 & \\
1 & & 4 & & 6 & & 4 & & 1 \\
\end{array}
$$

...

【题 7.58】从键盘上输入若干个学生的成绩，当成绩小于 0 时结束输入。计算出平均成绩，并输出不及格的成绩和人数。

【题 7.59】以下是 5×5 的螺旋方阵，编程生成 $n×n$ 的螺旋方阵。

$$
\begin{array}{ccccc}
1 & 2 & 3 & 4 & 5 \\
16 & 17 & 18 & 19 & 6 \\
15 & 24 & 25 & 20 & 7 \\
14 & 23 & 22 & 21 & 8 \\
13 & 12 & 11 & 10 & 9
\end{array}
$$

【题 7.60】编写程序，将字符串 str 中的所有字符 k 删除。

【题 7.61】设有两个数组元素个数相等的整型数组 a、b，请编写程序，统计出这两个数组中对应元素相等与不相等的个数。

【题 7.62】回文是从前向后和从后向前读起来都一样的句子。请编写一个函数，判断一个字符串是否为回文，注意处理字符串中有中文也有西文的情况。

【题 7.63】设计一个函数，交换数组 a 和数组 b 的对应元素。

【题 7.64】二维数组中鞍点的定义为：该元素的值为该行的最大值，但在该列上为最小值。编写程序，判断二维数组中是否存在鞍点，若有鞍点，请找出二维数组中鞍点的值和该鞍点在数组中的位置。示例如下：

6	19	23	9
5	17	⑱	2
3	25	24	8

该数组有1个鞍点

6	19	23	9
5	⑱	⑱	2
3	25	24	8

该数组有2个鞍点

6	19	12	9
5	17	18	2
3	25	24	8

该数组没有鞍点

第8章 指针

指针是 C 语言中的一个重要内容，指针为程序设计提供了另一种处理数据的方法，正确理解和使用指针，可以提高程序的效率，指针在 C 语言程序设计中起着很重要的作用。使用指针可以更好地利用内存资源，描述复杂的数据结构，更灵活地处理字符串和数组，从而设计出简洁、高效的 C 语言程序。

对初学者而言，理解与掌握指针的概念及使用方法有一定难度，但只要掌握好基本概念，多上机编写程序，通过对程序的运行结果进行验证，有助于尽快地掌握指针的使用。

8.1 指针的概念

在 C 语言中，指针被用来表示内存单元的地址。若把这个地址用一个变量来保存，则这个变量就被称为指针变量。指针变量也分别有不同的类型，用来保存不同类型变量的地址。严格地说，指针与指针变量是不同的，为了叙述方便，我们常常把指针变量称为指针。

内存是计算机用于存储数据的存储器，以一个字节作为存储单元，为了能正确地访问内存单元，必须为每一个内存单元编号，这个编号就被称为该单元的地址。若将一个旅店比喻成内存，则旅店的房间就是内存单元，房间号码就是该单元的地址。

假设有：

```
int i =-5;
char ch ='A';
float x =7.34;
```

则变量 i、ch、x 占用内存单元的情况有可能如图 8-1 所示。

实际的存储地址可能与图 8-1 不同，变量占用内存空间的大小与编译环境有关，大多数编译器除了整型变量，其他类型的变量占用内存单元的数量是不变的。如图 8-1 所示的变量占用内存单元的示意图中，不同的编译环境分配给整型变量 i 的内存空间有可能是不同的，有的只分配 2 个单元，有的分配 4 个单元（可参见第 2 章的表 2-3）；字符型变量 ch 占用 1 个单元；单精度浮点型变量 x 占用 4 个单元。

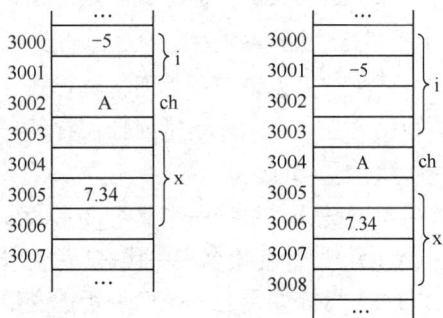

（a）整型变量占 2 个字节　　（b）整型变量占 4 个字节

图 8-1　不同编译环境下同类型的变量占用内存的情况

8.1.1　指针变量的定义

指针变量的定义形式为：

```
[存储类型]　数据类型　*指针变量名[=初始值]；
```

> ✐ **说明：**（1）存储类型是指针变量本身的存储类型，与前面介绍过的相同，可分为 register 型、static 型、extern 型和 auto 型 4 种，默认为 auto 型。
> （2）数据类型是指该指针可以指向的数据类型。
> （3）*号表示后面的变量是指针变量。
> （4）初始值通常为某个变量名的地址或为 NULL，不要将内存中的某个地址值作为初始地址值，例如：
> ```
> int a, *p=&a;        /*p 为指向整型变量的指针，p 指向了变量 a 的地址*/
> char *s=NULL;        /*s 为指向字符型变量的指针，p 指向一个空地址*/
> float *t;            /*t 为指向单精度浮点型变量的指针*/
> ```

指针变量的值是某个变量的地址，因为地址是内存单元的编号，每一个在生命周期内的变量在内存中都有一个单独的编号（亦即变量的地址），这个地址不会因为其变量值的变化而变化。

通常用无符号的长整型来为内存单元编号，也就是说，指针变量的值用无符号的长整型（unsigned long）来表示。

需要特别注意的是，指针变量所指的值与指针变量的值是两个完全不同的概念。

8.1.2　指针变量的使用

定义指针变量之后，必须将其与某个数据对象（如简单变量、数组等）的地址相关联才能使用，关联的方式有两种。

（1）赋值方式。将变量的地址赋值给指针变量：

```
<指针变量名>=&<普通变量名>；
```

例如：

```
int i, *p;
p=&i ;
```

（2）定义时赋初值方式。定义指针变量时直接指向变量的地址：

```
int i, *p=&i;
```

请注意，无论采用上面哪种形式，都是将指针 p 指向了变量 i 的地址。也可以将指针初始化为空，表示 p 不指向任何存储单元，例如：

```
int *p=NULL;
```

一旦指针变量指向了某个变量的地址，就可以引用该指针变量，引用的方式有两种。
（1）*指针变量名——代表所指变量的值；
（2）指针变量名——代表所指变量的地址。
例如：

```
int i, *p;
float x, *t;
p=&i;  /* 指针 p 指向了变量 i 的地址 */
t=&x;  /* 指针 t 指向了变量 x 的地址 */
```

```
*p=3;    /*相当于 i=3 */
*t=12.34;  /*相当于 x=12.34 */
```

变量及指针的存储关系如图 8-2 所示。

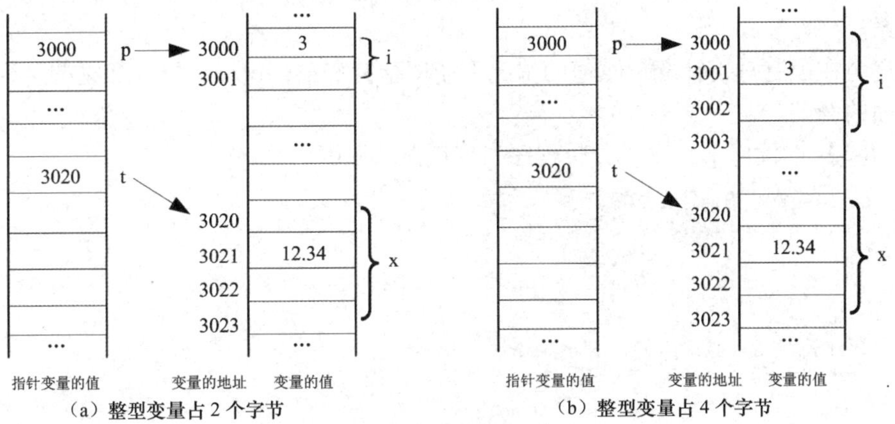

（a）整型变量占 2 个字节　　　　　　　（b）整型变量占 4 个字节

图 8-2　变量与指针的存储关系

在上面的表达式中，p、&i 都表示变量 i 的地址，*p、i 都表示变量 i 的值。

另外，&(*p)也可以表示变量 i 的地址，*(&i)也可以表示变量 i 的值，但一般不这么使用。

8.1.3　指针变量与简单变量的关系

一旦指针变量指向了某个简单变量的地址，改变简单变量的值就有两个途径，但变量的地址值是不允许改变的，请看下面这个程序。

【例 8-1】阅读以下程序，了解简单变量与指针的关系。

```c
/*example8_1.c  了解指针与变量的关系 */
#include <stdio.h>
int main()
{
    int x=10,*p;
    float y=234.5,*pf;
    p=&x;
    pf=&y;
    printf("x=%d\t\ty=%f\n",x,y);           /*输出变量的值*/
    printf("p=%lu\tpf=%lu\n",p,pf);         /*按十进制输出变量的地址*/
    printf("p=%p\tpf=%p\n",p,pf);           /*按十六进制输出变量的地址*/
    /* 改变指针变量所指的值*/
    *p=*p+10;
    *pf=*pf*10;
    printf("-------------------------------------\n");
    printf("x=%d\t\ty=%f\n",x,y);           /* 输出变量的值 */
    printf("p=%lu\tpf=%lu\n",p,pf);         /* 按十进制输出变量的地址 */
    printf("p=%p\tpf=%p\n",p,pf);           /* 按十六进制输出变量的地址 */
    return 0;
}
```

程序运行结果：

```
x=10                y=234.500000
p=1245052           pf=1245044
p=0012FF7C          pf=0012FF74
-------------------------------------
x=20                y=2345.000000
p=1245052           pf=1245044
p=0012FF7C          pf=0012FF74
```

根据程序的运行结果可以看出，指针的值代表的是变量存储的地址值，通常用无符号的长整型输出，也可以用十六进制表示。另外，指针所指变量的值代表的就是变量的值。请读者分析上面程序中指针的值和指针所指变量的值的变化，理解指针的作用和指针与变量的关系。

要避免在没有对指针变量赋值的情况下使用指针变量，这样会导致数据的不确定性，请看下面的例子。

【例 8-2】阅读以下程序，分析程序出现错误的原因。

```
/*example8_2.c 有问题的程序*/
#include <stdio.h>
int main()
{
    int *p,*s,a=10;
    a=*p+*s;
    printf("a=%d\n*p=%lu\n*s=%lu",a,*p,*s);
    return 0;
}
```

上面这个程序编译时是通过的，没有警告和错误提示，但程序是非正常结束的，因为指针 p 和 s 在使用前没有指向变量的地址，亦即指针没有与变量先关联。另外，这个程序在有些实现环境下编译会有警告，提示指针变量 p 和 s 没有被初始化，虽然程序仍能运行，但程序的运行结果是不正确的。程序在几种常用环境中的结果，如表 8-1 所示。

表 8-1 【例 8-2】的程序在不同环境下的运行结果

开发环境	运行结果	
Visual C++ 6.0	无结果（程序不能正常结束）	
Borlnd C++ 5.0		
Dev C++		
Turbo C 2.0	*p=150275190 *s=150276348 a=1142	结果不正确

提示：使用指针操作数据时，将指针与变量相关联后才能正确使用。请修改这个程序，理解指针与变量的关系和作用。

8.2 指针的运算

指针本身也可以参与运算，由于这种运算是地址的运算而不是简单变量的运算，因此有其特殊的含义。指针的运算通常只限于算术运算和关系运算。

8.2.1 指针的算术运算

指针的算术运算仅限于+、−或++、−−。+、++代表指针向前移，−、−−代表指针向后移。

设 p、q 为某种类型的指针变量，n 为整型变量，则 p+n、p++、++p、p−−、−−p、p−n 的运算结果仍为指针。

例如：

```
int a=3, *p=&a;
```

假设 a 的地址为 3000，则 p=3000，变量 a 与指针 p 的存储关系如图 8-3（a）所示。执行语句 p = p+1;后，指针 p 向前移动一个位置。如果整型变量 a 占用 2 个字节，则 p 的值为 3002，而不是 3001，如图 8-3（b）所示；如果整型变量 a 占用 4 个字节，则 p 的值为 3004，如图 8-3（c）所示。

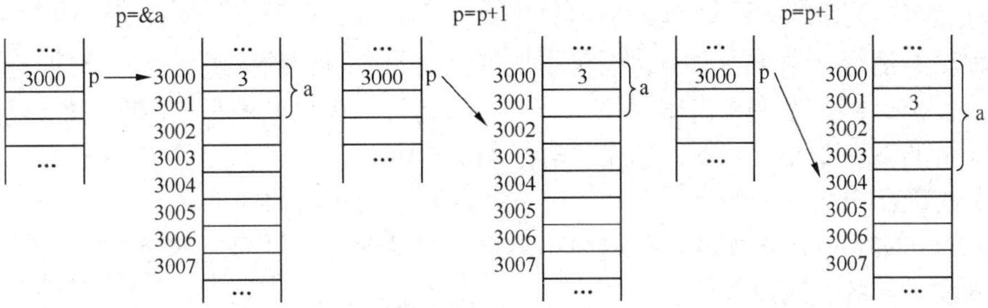

（a）变量 a 和指针 p 的存储关系　　（b）整型变量 a 占 2 个字节　　（c）整型变量 a 占 4 个字节

图 8-3　指针的算术运算示例

从图 8-3 可以看出，p 的值发生了变化，它表示指针 p 向前移到了下一个变量的存储单元，但指针所指的值是无法确定的，因此，如果在程序中再引用*p，则*p 值是未知的。

【例 8-3】阅读以下程序，了解指针的值的变化。

```c
/*example8_3 了解指针的值的变化*/
#include <stdio.h>
int main()
{
    int i=108, *pi=&i;
    double f=12.34, *pf=&f;
    long k=123, *pk=&k;
    printf("1:--------------------------------\n");
    printf("变量 i 的值:\t\t 变量 i 的地址: \n");
    printf("*pi=%d,\t\tpi=%lu\n",*pi,pi);
    printf("变量 i 下一单元的值:\t 下一单元的地址: \n");
    printf("*(pi+1)=%d,\tpi+1=%lu\n",*(pi+1),pi+1);        /* 未知单元的值 */

    printf("2:--------------------------------\n");
    printf("变量 f 的值:\t\t 变量 f 的地址: \n");
    printf("*pf=%f,\t\tpf=%lu\n",*pf,pf);
    printf("变量 f 下一单元的值:\t 下一单元的地址: \n");
    pf++;
    printf("*(pf++)=%lf,\t(pf++)=%lu\n",*pf,pf);           /* 未知单元的值 */

    printf("3:--------------------------------\n");
    printf("变量 k 的值:\t\t 变量 k 的地址: \n");
    printf("*pk=%ld,\t\tpk=%lu\n",*pk,pk);
    printf("变量 k 上一单元的值:\t 上一单元的地址: \n");
    pk--;
    printf("*(pk--)=%ld,\t(pk--)=%lu\n",*pk,pk);           /* 未知单元的值 */
    return 0;
}
```

程序运行结果：

```
1:--------------------------------
变量 i 的值:              变量 i 的地址:
*pi=108,                 pi=1245052
变量 i 下一单元的值:        下一单元的地址:
*(pi+1)=1245120,         pi+1=1245056
2:--------------------------------
变量 f 的值:              变量 f 的地址:
```

```
*pf=12.340000,              pf=1245040
变量 f 下一单元的值:        下一单元的地址:
*(pf++)=0.000000,           (pf++)=1245048
3:------------------------------
变量 k 的值:                变量 k 的地址:
*pk=123,                    pk=1245032
变量 k 上一单元的值:        上一单元的地址:
*(pk--)=1245028,            (pk--)=1245028
```

从程序的运行结果不难看出，变量的地址变化与变量的数据类型是相关的，整型变量占用 4 个字节，浮点型变量占用 8 个字节。如果指针变量指向的是简单变量的地址，当指针移到变量的下一单元时，下一单元的值是无法确定的。

请分析程序中指针与变量的关系，了解指针移动的作用和效果。

请注意：本章程序案例的运行结果中出现的地址值并不是固定不变的值，而会随着机器的不同和时间的不同而变化。

8.2.2　指针的关系运算

两指针之间的关系运算应针对具有相同数据类型的指针，用于比较两个指针所指向的地址关系，假设有：

```
int a, *p1, *p2;
p1=&a;
```

则表达式 p1==p2 的值为 0（假），只有当 p1、p2 指向同一元素时，表达式 p1==p2 的值才为 1（真）。

【例 8-4】阅读以下程序，了解指针的关系运算。

```
/*example8_4.c 了解指针的关系运算 */
#include <stdio.h>
int main()
{
    int a,b,*p1=&a,*p2=&b;
    printf("The result of (p1==p2) is %d\n",p1==p2);
    p2=&a;
    printf("The result of (p1==p2) is %d\n",p1==p2);
    return 0;
}
```

程序运行结果：

```
The result of (p1==p2) is 0
The result of (p1==p2) is 1
```

请注意：

（1）关系运算符用于指针变量时，主要用于判断两个指针是否指向了同一个变量。若两个指针变量的值相等，则表示两个指针指向了同一变量，否则，两个指针指向了不同的变量。

（2）其他的关系运算符（>、>=、<、<=）很少用于指针运算的情况。

8.3　指针与数组的关系

每一个不同类型的变量在内存中都有一个具体的地址，数组也一样，并且数组中的元素在内存中是连续存放的，数组名就代表了数组的首地址。由于指针存放地址的值，因此指针也可以指向数组或数组元素。指向数组的指针被称为数组指针。

8.3.1 指向一维数组的指针

C 语言规定数组名就是数组的首地址。例如：

```
int a[5], *p;
p=a; /*指针 p 指向数组的首地址 */
```

数组 a 有 5 个元素，在内存中是按顺序存放的，a[0]是第 1 个元素，数组名 a 和&a[0]都可以表示数组元素的首地址。此时指针 p 与数组 a 的存储关系如图 8-4 所示。

从图 8-4 可以看出，一维数组 a 的地址用 p、a、&a[0]来表示是等价的，一维数组 a 中下标为 i 的元素分别可以用*(a+i)、*(p+i)、a[i]、p[i]来引用，其中 p[i]是一种借鉴形式，如果不习惯或者不喜欢可以不采用。

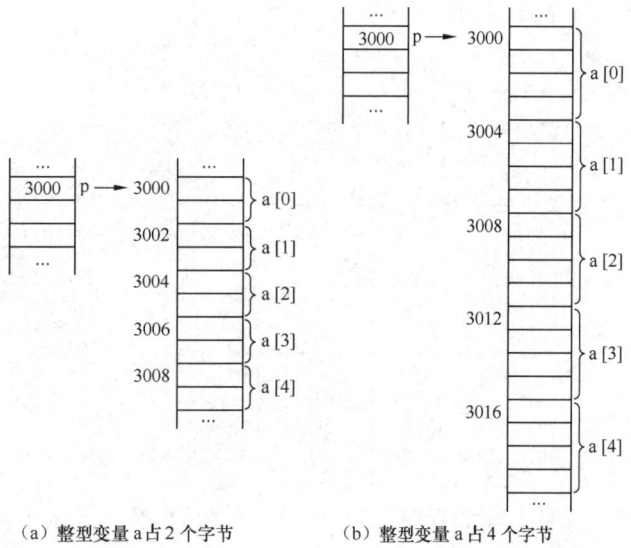

(a) 整型变量 a 占 2 个字节　　　(b) 整型变量 a 占 4 个字节

图 8-4　指针 P 与数组 a 的存储关系

> ❗ **注意**：自增（++）和自减（——）运算符不可以用于数组名，即 a++、a——、++a、——a 都是不允许用于数组名的，因为数组名 a 作为首地址在内存中的位置是不会改变的；但 p++、p——、++p、——p 是可以使用的，因为 p 是指向整型变量的指针。

指针 p 与一维数组 a 的关系如表 8-2 所示。

表 8-2　指针 p 与一维数组 a 的关系

地址描述	意义	数组元素描述	意义
a、&a[0]、p	a 的首地址	*a、a[0]、*p	数组元素 a[0]的值
a+1、p+1、&a[1]	a[1]的地址	*(a+1)、*(p+1)、a[1]、*++p	数组元素 a[1]的值
a+i、p+i、&a[0]+i、&a[i]	a[i]的地址	*(a+i)、*(p+i)、a[i]、p[i]	数组元素 a[i]的值

表 8-2 所示的每一种情况都是假定指针 p 指向数组首地址的情况，实际情况依当时指针 p 的指向而变化。

【例 8-5】阅读以下程序，了解指针与数组的关系，掌握正确使用指针引用数组元素的方法。

```
/*example8_5.c    了解指针与数组的关系*/
#include <stdio.h>
int main()
{
    int a[2]={1,2},i,*pa;
    char ch[2]={'a','b'},*pc;
    pa=a;
    pc=&ch[0];
    printf("1: --------------------------\n");
    for(i=0;i<5;i++)
        printf("a[%d]=%d,ch[%d]=%c\n",i,a[i],i,ch[i]);
    printf("2: --------------------------\n");
    for(i=0;i<5;i++)
        printf("*(pa+%d)=%d,pc[%d]=%c\n",i,*(pa+i),i,pc[i]);
    printf("3: --------------------------\n");
    for(i=0;i<5;i++)
```

```
        printf(".*a[%d]=%ld, *ch[%d]=%ld\n", i, pa+i, i, ch+i);
    return 0;
}
```

程序运行结果：

```
1: ------------------------
a[0]=1,ch[0]=a
a[1]=2,ch[1]=b
a[2]=1245120,ch[2]=?
a[3]=4199225,ch[3]=?
a[4]=1,ch[4]=x
2: ------------------------
*(pa+0)=1,pc[0]=a
*(pa+1)=2,pc[1]=b
*(pa+2)=1245120,pc[2]=?
*(pa+3)=4199225,pc[3]=?
*(pa+4)=1,pc[4]=x
3: ------------------------
*a[0]=1245048, *ch[0]=1245036
*a[1]=1245052, *ch[1]=1245037
*a[2]=1245056, *ch[2]=1245038
*a[3]=1245060, *ch[3]=1245039
*a[4]=1245064, *ch[4]=1245040
```

从上面的程序我们可以看到：超出数组元素下标范围的值是不确定的，另外，作为整型指针和字符指针的"指针+1"表达式结果是不同的，对整型指针，"指针+1"意味着所指的地址值+4（如果整型变量占两个字节，"指针+1"就意味着所指的地址值+2）；对字符型指针，"指针+1"意味着所指的地址值+1。

要注意到另一个问题：指向数组的指针和指向简单变量的指针是不同的，前者可以通过指针引用到数组中的每一个元素，后者却不能通过指针引用到其他变量。

【例 8-6】阅读以下程序，了解指向数组的指针和指向变量的指针的关系。

```
/*example8_6.c 了解指向数组的指针与指向变量的指针的关系*/
#include <stdio.h>
int main()
{
    int a1=123,a2=234,a3=345,i;
    int *p1,*p2,*p3;
    int as[3]={1,2,3},*ps;
    p1=&a1;
    p2=p1+1;
    p3=p2+1;
    printf("p1=%lu\np2=%lu\np3=%lu\n",p1,p2,p3);
    printf("a1=%d\na2=%d\na3=%d\n",a1,a2,a3);
    printf("*p1=%d\n*p2=%d\n*p3=%d\n",*p1,*p2,*p3);
    ps=as;
    for(i=0;i<3;i++)
        printf("ps[%d]=%d\n",i,ps[i]);
    return 0;
}
```

程序运行结果：

```
p1=1245052
p2=1245056
p3=1245060
a1=123
a2=234
a3=345
*p1=123
*p2=1245120
*p3=4199161
ps[0]=1
```

```
ps[1]=2
ps[2]=3
```

分析上面的程序不难发现，在程序中，只有指针 p1 是指向了变量 a1 的地址，指针 p2、p3 并没有指向任何变量的地址，尽管有 p2 = p1+1;和 p3 = p2+1;这样的表达式，但这并不意味着 p2 指向了变量 a2 的地址和 p3 指向了变量 a3 的地址。

请读者画出【例 8-6】程序中指针与数组及指针与变量在内存中的存储关系图，进一步深入了解它们之间的关系。

8.3.2　指向多维数组的指针

对多维数组而言，数组名同样代表着数组的首地址。根据二维数组的特性，int a[3][4] 可以看作由 3 个一维数组 a[0]、a[1]、a[2]所构成。

对于 a[0]，它的元素为：

```
a[0][0]、a[0][1]、a[0][2]、a[0][3]
```

对于 a[1]，它的元素为：

```
a[1][0]、a[1][1]、a[1][2]、a[1][3]
```

对于 a[2]，它的元素为：

```
a[2][0]、a[2][1]、a[2][2]、a[2][3]
```

二维数组 a 在内存中的存储形式如图 8-5 所示。

二维数组与一维数组不同，以 int a[3][4]为例，a、a[0]、&a[0][0]都代表数组的首地址。数组名 a 代表的是"指向具有 4 个元素的指针"；若将数组 a 看成由 12 个元素组成的线性组合，则 a[0]、&a[0][0]代表的都是"第 1 个元素的地址"。

因此，若有 int a[3][4], *p;，则 p=a[0]; 或 p=&a[0][0];是将指针 p 指向数组的首地址。而 p=a; 这个语句在概念上容易混淆，编译时会有警告"Suspicious Pointer Conversion"，应该避免这种情况。

对于二维数组的指针 p，其使用方法同一维数组的指针，开始时指向数组元素的首地址，因此，p++的结果为指向下一个元素的地址，如图 8-6 所示。

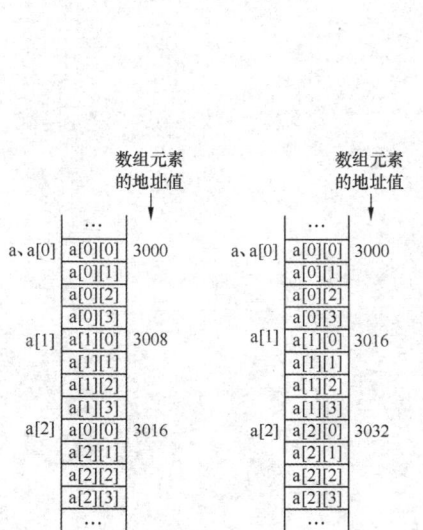

（a）整型变量占 2 个字节　（b）整型变量占 4 个字节
图 8-5　二维数组 a 的存储形式

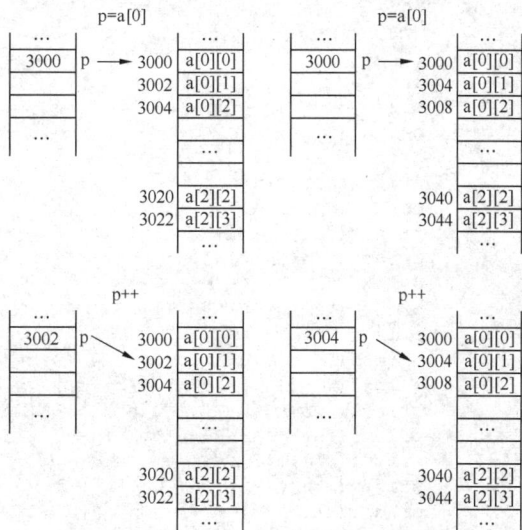

（a）整型变量占 2 个字节　（b）整型变量占 4 个字节
图 8-6　执行 p++前后的情况

注意：二维数组的首地址可以有 3 种表示——a、a[0]、&a[0][0]，但它们之间存在着差异。

若有 int a[3][4],*p=a[0];，假设数组 a 的首地址为 3000，则指针 p 与数组元素地址的关系如表 8-3 所示。

表 8-3 指针与数组元素的地址关系

表达式	表达式的值		物理意义
	整型变量占 2 个字节	整型变量占 4 个字节	
p=a[0]+4	3008	3016	移到下一行的地址
p=a[0]+1	3002	3004	移到下一个元素的地址
p=&a[0][0]+1	3002	3004	
p=p+1	3002	3004	

一般地，对于具有 m 行 n 列的数组而言，元素 a[i][j] 在内存中的存放顺序为第（$i*n+j+1$）个元素。

对于 int a[3][4],*p=a[0];，指针 p 与二维数组 a 的关系如表 8-4 所示。

表 8-4 指针 p 与二维数组 a 的关系

地址描述	意义	数组元素描述	意义
a、*a、a[0]、&a[0][0]、p	a 的首地址	**a、*p、*a[0]、a[0][0]	a[0][0]的值
*a+1、a[0]+1、&a[0][0]+1、p+1	a[0][1]的地址	*(*a+1)、*(p+1)、a[0][1]、*(a[0]+1)、*(&a[0][0]+1)	a[0][1]的值
a+1	a[1][0]的地址	**(a+1)、*a[1]、a[1][0]	a[1][0]的值
a+i	a[i][0]的地址	**(a+i)、*a[i]、a[i][0]	a[i][0]的值
*a+i×4+j、p+i×4+j、a[0]+i×4+j、&a[0][0]+i×4+j、&a[i][j]	a[i][j]的地址	*(*a+i×4+j)、*(p+i×4+j)、*(a[0]+i×4+j)、a[i][j]、*(&a[0][0]+i×4+j)	a[i][j]的值

【例 8-7】 阅读以下程序，了解指针与二维数组地址的关系。

```c
/*example8_7.c   了解指针与二维数组地址的关系*/
#include <stdio.h>
int main()
{
    int a[3][4]={{1,2,3,4},{5,6,7,8},{9,10,11,12}};
    int *p;
    p=a[0];
    printf("1:----------------------\n");
    printf("a=%lu\n",a);
    printf("*a=%lu\n",a);
    printf("p=%lu\n",p);
    printf("a[0]=%lu\n",a[0]);
    printf("&a[0][0]=%lu\n",&a[0][0]);
    printf("2:----------------------\n");
    printf("a+1=%lu\n",a+1);
    printf("*a+1=%lu\n",*a+1);
    printf("p+1=%lu\n",p+1);
    printf("a[0]+1=%lu\n",a[0]+1);
    printf("&a[0][0]+1=%lu\n",&a[0][0]+1);
    printf("3:----------------------\n");
    printf("*a+1*4+2=%lu\n",*a+1*4+2);
    printf("p+1*4+2=%lu\n",p+1*4+2);
    printf("a[0]+1*4+2=%lu\n",a[0]+1*4+2);
    printf("&a[0][0]+1*4+2=%lu\n",&a[0][0]+1*4+2);
    return 0;
}
```

程序运行结果：

```
1:----------------------
a=1245008
*a=1245008
p=1245008
a[0]=1245008
&a[0][0]=1245008
2:----------------------
a+1=1245024
*a+1=1245012
p+1=1245012
a[0]+1=1245012
&a[0][0]+1=1245012
3:----------------------
*a+1*4+2=1245032
p+1*4+2=1245032
a[0]+1*4+2=1245032
&a[0][0]+1*4+2=1245032
```

请分析上面程序中指针变量、数组名之间的地址关系，掌握指针与二维数组的联系。

在上面这个程序中，请思考以下几个问题：

（1）二维数组名 a、*a 分别代表什么含义？

（2）表达式 a+1、*a+1 分别代表什么含义？

（3）指针 p 与二维数组 a 的关联使用了 p=a[0];，是否还有其他的语句能将指针 p 与二维数组 a 相关联？能否使用 p=a;？

【例 8-8】阅读以下程序，了解指针与二维数组元素的关系。

```c
/*example8_8.c  了解指针与二维数组元素的关系*/
#include <stdio.h>
int main()
{
        int a[3][4]={{1,2,3,4},{5,6,7,8},{9,10,11,12}};
        int *p,i,j;
        p=a[0];
        for(i=0;i<3;i++)
        {
                for(j=0;j<4;j++)
                        printf("a[%d][%d]=%d   ",i,j,a[i][j]);
                printf("\n");
        }
        printf("第1行第1列元素的值：\n");
        printf("**a=%d\n",**a);
        printf("*p=%d\n",*p);
        printf("*a[0]=%d\n",*a[0]);
        printf("a[0][0]=%d\n",a[0][0]);
        printf("第1行第2列元素的值：\n");
        printf("*(*a+1)=%d\n",*(*a+1));
        printf("*(p+1)=%d\n",*(p+1));
        printf("*(a[0]+1)=%d\n",*(a[0]+1));
        printf("*(&a[0][0]+1)=%d\n",*(&a[0][0]+1));
        printf("a[0][1]=%d\n",a[0][1]);
        printf("第2行第3列元素的值：\n");
        printf("*(*a+1*4+2)=%d\n",*(*a+1*4+2));
        printf("*(p+1*4+2)=%d\n",*(p+1*4+2));
        printf("*(a[0]+1*4+2)=%d\n",*(a[0]+1*4+2));
        printf("*(&a[0][0]+1*4+2)=%d\n",*(&a[0][0]+1*4+2));
        printf("a[1][2]=%d\n",a[1][2]);
        return 0;
}
```

程序运行结果：

```
a[0][0]-1    a[0][1]=2    a[0][2]=3    a[0][3]-4
a[1][0]=5    a[1][1]=6    a[1][2]=7    a[1][3]=8
a[2][0]=9    a[2][1]=10   a[2][2]=11   a[2][3]=12
第 1 行第 1 列元素的值：
**a=1
*p=1
*a[0]=1
a[0][0]=1
第 1 行第 2 列元素的值：
*(*a+1)=2
*(p+1)=2
*(a[0]+1)=2
*(&a[0][0]+1)=2
a[0][1]=2
第 2 行第 3 列元素的值：
*(*a+1*4+2)=7
*(p+1*4+2)=7
*(a[0]+1*4+2)=7
*(&a[0][0]+1*4+2)=7
a[1][2]=7
```

若分析该程序中用指针引用数组元素的表达式，不难发现，引用同一个数组元素，有多种不同的方法，读者可以在多种方法中选择一种最合适自己的。

为了更方便地用指针来处理二维数组，C 语言还提供了一个指向多个元素的指针，它具有与数组名类似的特征，指向多个元素指针的定义形式为：

```
数据类型(*指针变量名)[N];
```

其中，N 是一个整型常量或者整型常量表达式，且必须满足 N>1。

例如：

```
int (*p)[4];              /*指向具有 4 个整型元素的指针*/
float (*pt)[3];           /*指向具有 3 个浮点型元素的指针*/
```

若有 p = p+1;，则 p 的值增加 16；pt=pt+1;，则 p 的值增加 12。

我们知道二维数组在内存中的存放顺序是按行优先，先行后列，因此，这种指向多个元素的指针就可以较为方便地按行来读取二维数组元素的值。

【例 8-9】阅读以下程序，了解指向简单变量的指针 p 和指向多个元素的指针 t 的特性，掌握它们的使用方法。

```c
/*example8_9.c    了解指向 n 个元素的指针的特性*/
#include <stdio.h>
int main()
{
    int a[3][4]={{1,2,3,4},{5,6,7,8},{9,10,11,12}},i;
    int *p,(*t)[4];
    p=a[0];                     /*指向数组的首地址*/
    t=a;                        /*指向数组的首地址*/
    printf("p=%lu,*p=%d\n",p,*p);
    printf("t=%lu,**t=%d\n",t,**t);
    printf("--------------------\n");
    p=p+1;
    t=t+1;
    printf("p=%lu,*p=%d\n",p,*p);
    printf("t=%lu,**t=%d\n",t,**t);
    printf("--------------------\n");
    p=p-1;                      /*重新指向数组的首地址*/
    t=t-1;                      /*重新指向数组的首地址*/
    printf("用指针 p 输出数组元素:\n");
    for(;p<a[0]+12;p++)
            printf("%d  ",*p);
```

```
            printf("\n 用指针 t 输出数组元素:\n");
            for(;t<a+3;t++)
                    for(i=0;i<4;i++)
                            printf("%d  ",*(*t+i));
            return 0;
}
```

程序运行结果:

```
p=1245008,*p=1
t=1245008,**t=1
-------------------
p=1245012,*p=2
t=1245024,**t=5
-------------------
用指针 p 输出数组元素:
1  2  3  4  5  6  7  8  9  10  11  12
用指针 t 输出数组元素:
1  2  3  4  5  6  7  8  9  10  11  12
```

程序中 p 为指向整型变量的指针，i 为指向具有 4 个整型元素的指针，指针 p 和指针 t 的变化情况如图 8-7 所示。

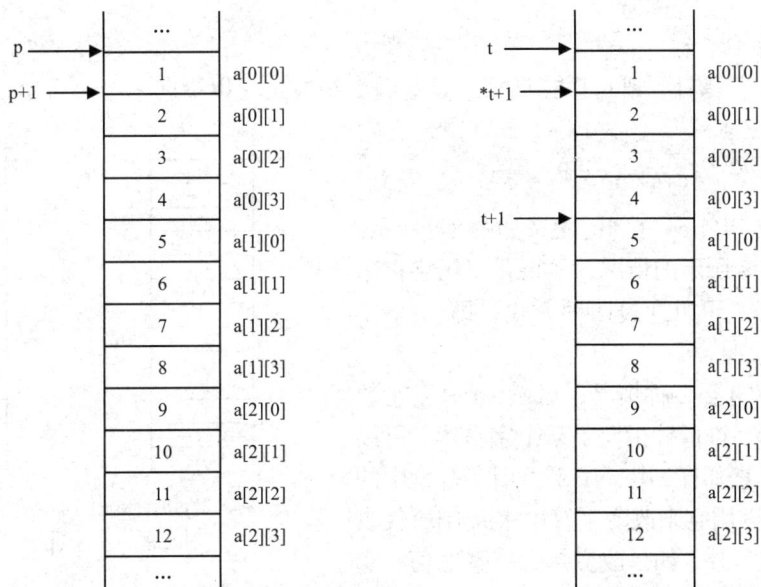

图 8-7 【例 8-9】中指针 p 与指针 t 的特性

图 8-7 中的 p+1 和 t+1 相当于程序中的 p=p+1;和 t=t+1;。对于指向具有多个元素的指针，最好是通过数组名将地址赋给指针，即 t=a;，指针 t 具有与数组名相同的性质。

对于 t 而言，初始时 t 指向数组名，*t 指向数组第 1 行的首地址，**t 为第 1 个数组元素的值。

由于 t 指向的是行地址（t 是指向具有 4 个元素的指针），因此，*(t+i)是第 i 行第 0 列元素的地址，*(t+i)+j 是第 i 行第 j 列元素的地址，*(*(t+i)+j)就是第 i 行第 j 列元素的值。

【例 8-10】阅读以下程序，了解用指针引用数组元素的方法。

```
/*example8_10.c  了解用指针引用数组元素的方法*/
#include <stdio.h>
int main()
{     int a[3][4]={{1,2,3,4},{5,6,7,8},{9,10,11,12}};
      int (*t)[4],i,j;
```

```
            t=a;                          /*指向数组的首地址*/
            for(i=0;i<3;i++)                  /*用指针 t 输出数组元素*/
            {
                    for(j=0;j<4;j++)
                            printf("%d\t",*(*(t+i)+j));
                    printf("\n");
            }
            return 0;
}
```

程序运行结果：

```
1       2       3       4
5       6       7       8
9       10      11      12
```

请读者阅读上面的程序，分析指针(*t)[4]与数组 a[3][4]的关系。

8.3.3 字符指针

在 C 语言中，指向字符型数据的指针除了具有一般的指针所具有的性质，还有不同的特性，例如：

```
char *sp;
```

sp 作为字符指针，既可以指向字符、字符数组，也可以指向一个字符串，例如：

```
char *sp= "How are you"
char *cp;          } 相当于 char *cp=sp;
cp=sp;
```

指针 sp 和指针 cp 之间的关系如图 8-8 所示。

对于图 8-8 所示的情况，如果要引用字符串中的某个字符，可以通过两种方式，即* (sp+i)和 sp[i]。

注意上面的第 2 种情况，虽然 sp 并不是数组，但如果用字符指针指向了某个字符串，可以像引用数组元素那样，用 sp[i]来引用字符串中的字符，却不可以用它来改变字符串中 sp[i]所代表的这个字符。另外，如果改变指针变量的值，实际上是改变了指针的指向。

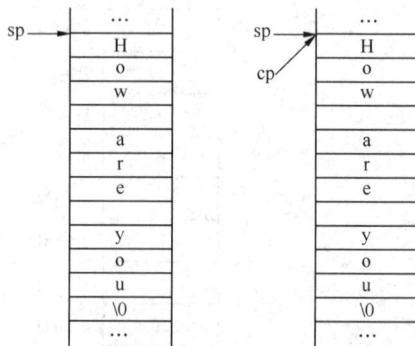

（a）sp 指向字符串的首地址 （b）执行完 cp=sp;后的情况

图 8-8 sp 与 cp 的关系

【例 8-11】以下程序是用指针来输出数组中的字符。阅读程序，了解字符指针的作用。
程序如下：

```
/*example8_11.c   了解字符指针的作用*/
#include <stdio.h>
#include <conio.h>
int main()
{
    char ch[30]="This is a test of point.",*p=ch;
    int i;
    printf("通过指针输出数组元素: \n");
    printf("1.整体输出: \n%s\n",p);
    printf("2.单个元素输出: \n");
    while(*p!='\0')
    {
            putch(*p);
            p++;
```

```
        }
        printf("\n");
        p=ch;
        printf("3.单个元素输出: \n");
        for(i=0;i<30;i++)
                printf("%c",p[i]);
        printf("\n");
        return 0;
}
```

程序运行结果：

```
通过指针输出数组元素:
1.整体输出:
This is a test of point.
2.单个元素输出:
This is a test of point.
3.单个元素输出:
This is a test of point.
```

显然，程序采用了 3 种不同的方式来输出字符数组 ch 的内容，其结果都是一样的。请分析程序中指针 p 引用字符数组元素的方法。利用字符指针，可以很方便地完成许多字符串问题的处理。

请读者改写程序，采用直接输出数组元素的方法，输出字符数组中的内容，并与上面的程序进行比较。

8.3.4　指针数组

如果数组中的每一个元素都是指针，则称为指针数组，指针数组的定义形式为：

[存储类型]　数据类型　*数组名[元素个数]

例如，int *p[5];，p 为指针数组，共有 p[0]、p[1]、p[2]、p[3]和 p[4]这 5 个元素，每一个元素都是指向整型变量的指针。我们通常可用指针数组来处理字符串和二维数组。

【例 8-12】阅读以下程序，了解用指针数组访问二维数组中的每一个元素的方法。

程序如下：

```
/*example8_12.c   了解用指针数组访问二维数组中的每一个元素的方法*/
#include <stdio.h>
int main()
{
    static char ch[3][4]={"ABC","DEF","HKM"};
    char *pc[3]={ch[0],ch[1],ch[2]};
    int i,j;
    static int a[3][4]={{11,22,33,44},{55,66,77,88},{99,110,122,133}};
    int *p[3]={a[0],a[1],a[2]};
    printf("1. 直接输出数组元素（字符）ch[i][j]: \n");
    for(i=0;i<3;i++)
    {
            for(j=0;j<4;j++)
                    printf("ch[%d][%d]=%c\t",i,j,ch[i][j]);
            printf("\n");
    }
    printf("\n2. 用指针数组输出第 2 行的字符串: \n");
    printf("ch[1]=%s\t",pc[1]);
    printf("\n\n3. 用指针数组输出数组元素（字符）pc[i][j]: \n");
    for(i=0;i<3;i++)
    {
            for(j=0;j<4;j++)
                    printf("ch[%d][%d]=%c\t",i,j,pc[i][j]);
            printf("\n");
```

```
        }
        printf("\n4. 用指针数组输出第 2 行的数组元素（整型数）: \n");
        for(i=0;i<4;i++)
                printf("a[1][%d]=%d\t",i,p[1][i]);
        printf("\n\n5. 用指针数组输出数组元素（整型数）p[i][j]: \n");
        for(i=0;i<3;i++)
        {
                for(j=0;j<4;j++)
                        printf("a[%d][%d]=%d\t",i,j,p[i][j]);
                printf("\n");
        }
        return 0;
}
```

程序运行结果：

```
1. 直接输出数组元素（字符）ch[i][j]:
ch[0][0]=A        ch[0][1]=B        ch[0][2]=C        ch[0][3]=
ch[1][0]=D        ch[1][1]=E        ch[1][2]=F        ch[1][3]=
ch[2][0]=H        ch[2][1]=K        ch[2][2]=M        ch[2][3]=
2. 用指针数组输出第 2 行的字符串：
ch[1]=DEF
3. 用指针数组输出数组元素（字符）pc[i][j]:
ch[0][0]=A        ch[0][1]=B        ch[0][2]=C        ch[0][3]=
ch[1][0]=D        ch[1][1]=E        ch[1][2]=F        ch[1][3]=
ch[2][0]=H        ch[2][1]=K        ch[2][2]=M        ch[2][3]=
4. 用指针数组输出第 2 行的数组元素（整型数）:
a[1][0]=55        a[1][1]=66        a[1][2]=77        a[1][3]=88
5. 用指针数组输出数组元素（整型数）p[i][j]:
a[0][0]=11        a[0][1]=22        a[0][2]=33        a[0][3]=44
a[1][0]=55        a[1][1]=66        a[1][2]=77        a[1][3]=88
a[2][0]=99        a[2][1]=110       a[2][2]=122       a[2][3]=133
```

程序中 p 和 pc 均为指针数组，其数组元素均为指针，分别指向二维整型数组 a[3][4] 和二维字符型数组 ch[3][4]，并且初始化其指针元素的值为指向数组每一行的首地址，即：

```
pc[0]=ch[0],pc[1]=ch[1],pc[2]=ch[2];p[0]=a[0],p[1]=a[1],p[2]=a[2]
```

通过 p[i][j] 可访问到数组元素 a[i][j]。

请读者分析程序中字符指针数组和整型指针数组的使用方法，以及它们的区别。

【例 8-13】 编写程序，对一组英文单词字符串按字典排列方式（从小到大）进行排序。

分析：可以用字符指针数组来保存每一个字符串，这样数组中的每一个元素就可以指向一个字符串，通过对数组元素中的字符进行比较，就可以完成字典排序。

设计一个排序函数 void sort(char *words[], int n)，可以对 words 中的 *n* 个字符串进行排序。

程序如下：

```
/*example8_13.c   对一组英文单词按字典排序*/
#include <stdio.h>
#include <string.h>
void sort(char *words[],int n);
int main()
{
  char *wString[]={"implementation","language","design", "fortran","computer "};
    int i, n=5;
    printf("The words are \n");
    for(i=0; i<n; i++)
        printf ("\twString[%d]=%s\n", i, wString[i]);
    printf("After sort,the words are\n");
    sort(wString,n);            /* 调用函数，对指针数组 wString 中的 n 个字符串排序 */
    for(i=0; i<n; i++)
        printf ("\twString[%d]=%s\n", i, wString[i]);
    return 0;
}
```

```
/* 对指针数组 s 中的 n 个字符串按字典排序 */
void sort(char *s[], int n)
{
        char *temp;
        int i,j,k;
        for(i=0; i<n-1; i++)
        {
                k=i;
                for(j=i+1; j<n; j++)
                        if(strcmp(s[k],s[j])>0)
                                k=j;
                        if(k!=i)
                        {
                                temp=s[i];
                                s[i]=s[k];
                                s[k]=temp;
                        }
        }
}
```

程序运行结果:

```
The words are
        wString[0]=implementation
        wString[1]=language
        wString[2]=design
        wString[3]=fortran
        wString[4]=computer
After sort,the words are
        wString[0]=computer
        wString[1]=design
        wString[2]=fortran
        wString[3]=implementation
        wString[4]=language
```

请读者分析程序中排序函数 void sort(char *words[], int n)的实现算法,并尝试用其他的算法实现对字符串的排序。

8.4 指针作为函数的参数

指针作为变量,也可以用来作为函数的参数,如果函数的参数类型为指针型,在调用函数时,就采用"传址"方式,在这种情况下,如果在函数中改变了形参的值,实际上也就是修改了实参的值,因为形参改变的是实参地址所存储数据的值。

【例 8-14】从键盘输入任意两个整数作为两个变量的值,编写程序,将这两个变量的值进行交换。

分析:要让两个变量的值互换,可设计函数 void swap(int *p1,int *p2),通过指针与变量的关系,交换指针 p1 和 p2 所指变量的值。

程序如下:

```
/*example8_14.c 交换两个变量的值*/
#include <stdio.h>
int swap(int *p1,int *p2)
{
        int temp;
        temp=*p1;
        *p1=*p2;
        *p2=temp;
}
void main()
```

```
{
    int a,b,*t1=&a,*t2=&b;
    printf("Please enter the number of a and b:\n");
    scanf("%d%d",&a,&b);
    printf("Before swap:\n a=%d,b=%d\n",a,b);
    swap(t1,t2);    /* 调用函数，交换 a、b 的值*/
    printf("After swap:\n a=%d,b=%d\n",a,b);
    return 0;
}
```

程序运行结果：

```
Please enter the number of a and b:
12 34↵
Before swap:
 a=12,b=34
After swap:
 a=34,b=12
```

程序运行后，在函数 swap 调用前，指针 t1 和 t2 分别指向变量 a 和 b 的地址，调用函数时，t1 和 t2 分别把其地址值传给形参指针变量 p1 和 p2，此时 t1、p1 和 t2、p2 共同指向变量 a 和 b 的地址，在函数中对*p1、*p2 的值进行了交换，函数返回后，a、b 的值就发生了交换。调用过程如图 8-9 所示。

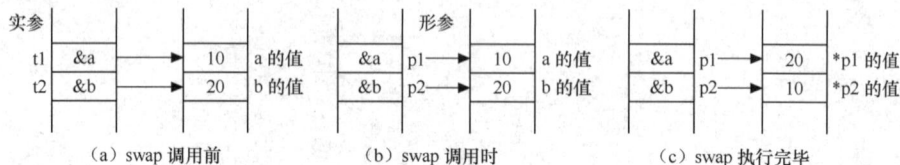

图 8-9   传址调用函数交换两个变量的值

如果将 exam8_14.c 中的 swap 函数改成下面的形式：

```
void swap(int *p1,int *p2)
{
    int *temp;
    temp=p1;
    p1=p2;
    p2=temp;
}
```

则调用函数结束后，两个实参变量的值并没有被交换，只是在函数调用过程中交换了形参指针变量的指向，函数调用结束时，形参指针无效，实参指针 t1、t2 的指向仍没有发生变化，如图 8-10 所示。

【例 8-15】用字符指针指向从键盘输入的字符串，编写程序，计算输入的字符串的长度。输入结束时的换行符不作为字符计入其长度。

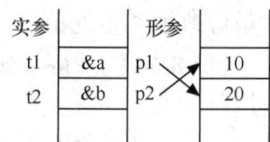

图 8-10   形参指针指向改变

分析：用字符指针来表示字符串时，指针指向的是字符串的首地址，输入结束时，系统会将结束标志'\0'置于字符串的尾部，计算字符串的长度时，结束标志是不计数的。

假如输入的字符串为"abcdefg"，其占用的内存单元为 8 个，但字符串的长度为 7。

可设计函数 int getlength(char *str)来计算由字符指针所指字符串的长度，字符串的结束标志和输入的换行符均不计入字符的长度。

程序如下：

```
/*example8_15.c 求字符串的长度(用指针作为函数的参数)*/
#include <stdio.h>
```

```
#define N 81
/* 统计 str 所指字符串的长度 */
int getlength(char *str)
{
        char *p=str;
        while(*p!='\0')
                if( *p!='\n')
                      p++;
        return p-str;   /* 返回字符串的长度 */
}
int main()
{
        char word[N],*string=word;
        int length;
        printf("Please enter strings:\n");
        gets(string);
        length=getlength(string);
        printf("The length of string is %d\n",length);
        return 0;
}
```

程序运行结果：

```
Please enter strings:
Now we are learning how to use the point of string.
The length of string is 51
```

请读者分析统计字符串长度函数的算法。

因为对字符串的结束标志（'\0'）和输入的换行符（'\n'）均不计入字符的长度，请读者思考，假如用如下的程序语句：

```
while(*p!='\0' || *p!='\n')
        p++;
```

来统计字符串的长度，是否能达到要求？函数 int getlength(char *str)和修改以后的函数算法对比关系如表 8-5 所示。

表 8-5　算法对比关系

修改前的算法程序	修改后的算法程序

int getlength(char *str)
{
　　char *p=str;
　　while(*p!='\0')
　　　　if(*p!='\n')
　　　　　　p++;
　　return p-str;
}
	int getlength(char *str)
	{
	　　char *p=str;
	　　while(*p!='\0' || *p!='\n')
	　　　　p++;
	　　return p-str;
	}

请读者自行验证修改后的函数，通过分析其算法思想，掌握简单程序的算法设计。

8.5　函数的返回值为指针

函数的返回值可以代表函数的计算结果，其类型可以是系统定义的简单数据类型。指针也是系统认可的一种数据类型，因此，指针数据类型可以作为函数的返回值。

如果函数的返回值为指针，该函数通常可被称为指针函数，其定义形式为：

```
[存储类型]　数据类型　*函数名　([形参表]);
```

例如：

```
int *fun1();      /*返回一个指向整型变量的指针*/
char *fun2();     /*返回一个指向字符型变量的指针*/
```

【例 8-16】 编写程序，从键盘输入一个字符 ch，在字符串 string 中查找是否存在该字符。若存在，则给出该字符在字符串中第 1 次出现的位置。

分析：对于指定的字符串 string，内存会分配一段连续的空间存储 string 中每一个字符的值，将输入的字符 ch 与字符串 string 中的每一个字符进行比较，如果相等，就返回字符串中与字符 ch 相等的字符的位置（地址）。

设计函数 char* search(char *str,char c)，在 str 所指的字符串中，查找是否有字符变量 c 的字符，如果有，就返回字符串中那个相同字符的地址。

程序如下：

```
/*example8_16.c 在字符串中查找指定的字符*/
#include <stdio.h>
char* search(char *str,char c)
{
        char *p=str;
        while(*p!='\0')
        {
                if(*p==c)
                {
                        return p;
                }
                p++;
        }
        return NULL;
}
int main()
{
    char ch,*pc=NULL,*string="This is a test of search string.";
    int position;
    printf("Please enter the character:\n");
    scanf("%c",&ch);
    pc=search(string,ch);
    position=(pc-string)+1;
    if(pc)
    {
        printf("Congratulation! The word '%c' is in string.\n",ch);
        printf("And the position is %d\n",position);
    }
    else
        printf("Sorry,The word '%c' is not in string.\n",ch);
    printf("------ The string is: -------\n");
    printf("%s\n",string);
    return 0;
}
```

程序第一次运行结果：

```
Please enter the character:
s↵
Congratulation! The word 's' is in string.
and the position is: 4
------ The string is: -------
This is a test of search string
```

程序第二次运行结果：

```
Please enter the character:
a↵
Congratulation! The word 'a' is in string.
And the position is 9
```

```
------ The string is: -------
This is a test of search string.
```

本例查找函数 char* search(char *str,char c)的返回值为指向字符的指针，请读者分析该函数的算法思想，并尝试采用不同的算法思想来实现。

*8.6 指向函数的指针

我们已经知道，调用函数的方式是通过直接使用函数名来实现的，通常函数名代表了函数执行的入口地址，C 语言还提供了另一种调用函数的方式，这就是函数指针。用函数指针来存放函数的入口地址，如果要用函数指针来调用函数，则必须在调用函数之前将函数指针与函数相关联。

函数指针的定义形式为：

> [存储类型]　数据类型　(*变量名)(<参数列表>);

其中，存储类型为函数指针本身的存储类型，数据类型为指针所指函数的返回值的数据类型。

请注意定义中的两个圆括号，若有：int (*p)(<参数列表>);，则 p 是一个函数指针变量，它可以指向一个函数名，但必须与所指函数的返回值类型一致。其第二个圆括号内的<参数列表>必须与所指函数的参数类型和个数一致，同普通指针一样，若 p 没有指向任何函数，p 的值是不确定的，因此，在使用 p 之前必须给 p 赋值，将函数指针与函数相关联，亦即将函数的入口地址赋给函数指针变量，赋值形式为：

> 函数指针变量 = 函数名;

当函数指针变量已经指向了某个函数的入口地址，就可以通过函数指针来调用该函数，其调用形式为：

> (*函数指针变量名)(实参表);

此时圆括号中<实参表>的数据类型应与形参的数据类型一致。

【例 8-17】 阅读以下程序，了解函数指针的使用。

```
/*exmaple8_17.c 了解函数指针的作用*/
#include <stdio.h>
int max(int a,int b)
{
    return a>b?a:b;
}
int main()
{
    int (*p)(int,int);
    p=max;
    printf("The max of (3,4) is %d\n",(*p)(3,4));
    return 0;
}
```

程序运行结果：

```
The max of (3,4) is 4
```

请注意，如果函数指针仅仅是替代函数名去调用函数，像程序 exam8-17.c 那样，就失去了函数指针本身的意义。实际应用中，可以将函数指针设计成某个函数的形参，这样，在调用函数时，实参会把函数名传给函数指针。

例如：

```
int sub(int (*p1)( ), int (*p2)( ), int a , int b)
{
        int m, n;
        m=(*p1)(a,b) ;
        n=(*p1)(m,a+b);
        return m+n;
}
```

如果有这样两个函数：int fun1()和 int fun2();

另有整型变量：int m,x,y;

则可以通过这种方式来调用函数：m=sub(fun1,fun2,x,y)，通过传递函数名，实现调用其他函数的目的，这种方法会使程序设计的模块化程度更高。

【例 8-18】阅读以下程序，了解函数指针作为函数参数的作用。

```
/*exmaple8_18.c 了解函数指针作为函数参数的作用*/
#include <stdio.h>
int add(int m,int n)
{
        return m+n;
}
int mul(int m,int n)
{
        return m*n;
}
int getvalue(int (*p)(int x,int y),int a,int b)
{
        return (*p)(a,b);
}
int main()
{
        int result,a,b;
        printf("Please enter the value of a and b:\n");
        scanf("%d%d",&a, &b);
        result=getvalue(add,a,b);
        printf("The sum of (a+b)=%d\n",result);
        result=getvalue(mul,a,b);
        printf("The multiply of (a*b)=%d\n",result);
        return 0;
}
```

程序运行结果：

```
Please enter the value of a and b:
4 7↵
The sum of (a+b)=11
The multiply of (a*b)=28
```

上面这个程序的函数指针 p 是函数 getvalue()的形参，通过实参传入不同的函数名，可以完成调用不同函数，完成不同的计算，其目的是提高程序的效率，实际应用中可以灵活使用，没有必要对每一个函数都通过函数指针来调用。

*8.7 main 函数的参数

在 C 语言中，main 函数也可以带参数，参数的个数最多为 3 个，但参数名及参数的顺序和类型是固定的，参数形式为：

```
main(int argc, char *argv[], char *env[])
```

与一般函数不同，main 函数的形参是具有特定意义的。因为每一个 C 语言程序都是从 main 函数开始执行的，现在也许我们会有些疑惑——怎样才能将参数传递给 main 函数。

其实带有 main 函数参数的程序在执行的时候不适合在集成开发环境下运行，而要以输入命令的方式来执行，其参数就来自在命令方式下运行该程序输入的一些信息。

（1）第 1 个参数（int argc）：统计执行该程序时输入的参数个数，每个参数都用字符串来表示，字符串之间由空格分开。

（2）第 2 个参数（char *argv[ ]）：指针数组，每一个元素分别指向执行该程序时输入的每一个参数，元素个数与输入的参数个数相等。

（3）第 3 个参数（char *env[ ]）：指针数组，每一个元素分别指向系统的环境变量字符串，元素个数与系统的环境变量个数相等。

设有一 C 语言程序 exam.c，其中 main 函数带有参数，经过编译、链接后生成可执行文件 exam.exe，执行该程序时，假如输入的命令为：

```
exam <参数1> <参数2>…<参数(n-1)>↵
```

参数 1 至参数（n-1）均为合法的字符串，则 main 函数中的参数值为：

argc=n。

argv[0]="exam"、argv[1]="参数 1"……argv[n-1]="参数(n-1)"。

env[0]～env[m]：系统环境变量，一般而言，不同的机器会有不同的结果。

根据 C 语言的规则，main 函数参数的个数可以允许有不同，但参数的顺序不允许变化，因此，main 函数参数的形式就只有如下 4 种：

main( );

main(int argc);

main(int argc, char *argv[ ]);

main (int argc, char *argv[ ], char *env[ ])。

【例 8-19】 阅读以下程序，了解 main 函数参数的特点，分别在命令方式（如 DOS 模式）和集成开发环境下运行该程序，看看有什么变化。

```
/*example8_19.c  main()函数的参数*/
#include <stdio.h>
int main (int argc, char *argv[],char *env[])
{
     int i;
     printf("argc=%d\n", argc);
     for(i=0;i<argc;i++)
             printf("argv[%d]=%s\n",i,argv[i]);
     for(i=0;env[i]!=NULL;i++)
             printf("env[%d]=%s\n",i,env[i]);
     return 0;
}
```

（1）集成开发环境下程序的运行结果

```
argc=1
argv[0]=D:\C_Source\Debug\example8_19.exe
env[0]=ALLUSERSPROFILE=C:\Documents and Settings\All Users
…
env[M]=…
```

从程序的运行结果可以看出，集成开发环境下运行该程序时输入的参数就只有 1 个，即 argc=1，因此，指针数组也只有第 1 个元素 argv[0]，它指向由该程序所在的路径及程序名组成的字符串；env[0]~env[M]为运行该程序所需的系统环境，共有 M+1 个，M 的值会依据系统的不同而不同。为简化起见，这里没有给出数组 env 的全部结果。

（2）命令模式（DOS 环境）下程序的运行结果

```
D:\C_Source\Debug>example8_19 What is the mean of argc[]?↵
argc=7
argv[0]=example8_19
argv[1]=What
argv[2]=is
argv[3]=the
argv[4]=mean
argv[5]=of
argv[6]=argc[]?
env[0]=ALLUSERSPROFILE=C:\Documents and Settings\All Users
…
env[N]=…
```

与集成开发环境下程序的运行结果不同，在 DOS 环境下，通过输入命令 D:\C_Source\Debug> example8_19 What is the mean of argc[]?开始运行程序，程序检测到输入的参数就有 7 个（argc=7），由指针数组元素 argv[0]~argv[6]分别指向这 7 个字符串；env[0]~env[N]为运行该程序所需的系统环境，共有 N+1 个，N 的值会依据系统的不同而不同。同样，为简化起见，这里没有给出数组 env 的全部结果。

> 🛈 **注意：**（1）此时 argv[0]所指的字符串不包括该程序所在的路径。
> （2）此时表示环境字符串的个数 N 与第 1 种运行环境下的环境字符串个数 M 不一定相等，同时，数组 env[0]~env[M]与 env[0]~env[N]所指的字符串也不一定相同。

在获取了这些参数的值以后，就可以直接在程序中使用这些数据。

大家可以自己动手进行上机实验，在不同环境下验证上面这个程序，观察程序的运行结果，得出自己的结论。

*8.8 指向指针的指针

指针作为一种变量，也是要占用内存空间的。C 语言提供另一种变量来保存指针变量的地址，这就是指向指针变量的指针。它的值为指针变量的地址，其定义形式为：

> [存储类型]　数据类型　**指针变量名;

例如：

```
int a=6, *p, **pp;
p=&a;
pp=&p;
…
```

在上面的定义中，a 是简单变量，p 是指针变量，pp 是指向指针的指针变量，其中 p 的值为变量 a 的地址值，*p 的值为变量 a 的值；而 pp 的值为 p 的地址值，则**pp 的值为*p 的地址值。**pp 的值等于*p（*p 的值也就是变量 a 的值）。

a、p、ps 之间的存储关系如图 8-11 所示。

【例 8-20】 观察下面程序中变量、指针变量、指向指针的指针变量之间的

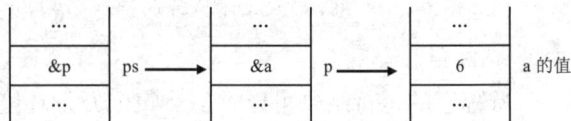

图 8-11　a、p、ps 之间的存储关系

关系，进一步理解指向指针的指针概念。

```
/*example8_20.c  了解变量、指针变量和指向指针的指针变量之间的关系*/
#include<stdio.h>
int main()
{
    int a=234,*p,**ps;
    p=&a;
    ps=&p;
    printf("变量的值: \n");
    printf("a=%d, *p=%d, **ps=%d\n",a,*p,**ps);
    printf("变量地址的值: \n");
    printf("&a=%lu, p=%lu, *ps=%lu",&a,p,*ps);
    return 0;
}
```

程序运行结果：

```
变量的值:
a=234, *p=234, **ps=234
变量地址的值:
&a=6487572, p=6487572, *ps=6487572
```

通过上面这个程序，我们可以很清楚地了解简单变量 a、指针变量 p 和指向指针的指针变量 ps 之间的关系。请思考：上面的程序中 ps 的值代表的是什么呢？请自行上机完成验证。

【例 8-21】 以下程序是利用指向指针的指针变量访问二维字符数组。请阅读程序，了解指向指针的指针变量的作用和使用方法。

```
/*example8_21.c 了解指向指针的指针变量的作用和使用方法 */
#include <stdio.h>
#include <stdlib.h>
int main()
{
    int i,j;
    static char words[][16]={"internet","times","mathematics","geography"};
    static char *pw[]={words[0],words[1],words[2],words[3]};
    static char **ppw;
    printf("1--用数组元素输出字符串:\n");
    for(i=0;i<4;i++)
    {
        j=0;
        do
        {
            printf("%c",words[i][j]);
            j++;
        } while(words[i][j]!='\0');
        printf("\n");
    }
    printf("----------------------------\n");
    printf("2--用数组输出字符串:\n");
    for(i=0;i<4;i++)
        printf("%s\n",words[i]);
    printf("----------------------------\n");
    printf("3--用指针数组输出字符串:\n");
    for(i=0;i<4;i++)
        printf("%s\n",pw[i]);
    printf("----------------------------\n");
    printf("4--用指向指针的指针输出字符串:\n");
    ppw=pw;
    for (i=0;i<4;i++)
```

```
        printf("%s\n",*ppw++);
    printf("---------------------------\n");
    printf("5--用指向指针的指针输出字符串:\n");
    for (i=0;i<4;i++)
    {
        ppw=&pw[i];
        printf("%s\n",*ppw);
    }
    printf("---------------------------\n");
    return 0;
}
```

程序运行结果:

```
1--用数组元素输出字符串:
internet
times
mathematics
geography
---------------------------
2--用数组输出字符串:
internet
times
mathematics
geography
---------------------------
3--用指针数组输出字符串:
internet
times
mathematics
geography
---------------------------
4--用指向指针的指针输出字符串:
internet
times
mathematics
geography
---------------------------
5--用指向指针的指针输出字符串:
internet
times
mathematics
geography
---------------------------
```

请注意，程序中 words 是二维字符数组的数组名，*pw 是指针数组，分别指向二维字符数组 words 每一行的首地址，语句 ppw=pw 的作用是将指针数组 pw 的首地址传递给指向指针的指针变量，亦即 ppw 的值为 pw 的地址值，因此，表示数组 pw 的第 i 行的首地址可以用 pw[i]和*(ppw+i)来表示，而不是 ppw+i，程序设计时要注意区分。

另外，是否允许有这样的语句: ppw=words？答案是否定的，因为 words 并不是指针变量，它是二维字符数组的数组名，代表的是数组在内存中的首地址，且该地址与数组的首行地址（words[0]）和首个元素地址（&words[0][0]）的值是相同的。

这个程序采用了 5 种不同的方式来输出二维字符数组的元素，其结果都是一样的，这也从另一个侧面告诉大家，处理数据可以用不同的方法，实际处理问题的时候，宜采用简单明了的方式，提高程序的可读性，对复杂问题的数据处理，可以考虑指针和指向指针的指针，以提高程序的效率。

8.9 程序范例

【例8-22】以下程序是一种变化的约瑟夫问题，有30个人围坐一圈，从1～M按顺序编号，从第1个人开始循环报数，凡报到7的人就退出圈子，请按照顺序输出退出人的编号。

分析：设置两个整型数组 person[30] 和 pout[30]，person 用来表示 30 个人围成的一个队列圈，person 元素的值只有两种情况——0 和非 0。非 0 表示该元素还在队列内；0 表示该元素已出队列。

从数组 person 的第 1 个元素开始报数，报到第 7 时，将该元素的值改为 0，同时将该元素的下标值按顺序赋给另一个整型数组 pout，当数组 person 中所有元素的值为 0 时，输出顺序就生成了。

设计函数 void goout(int pp[],int po[],int n)，其功能为从数组 pp 中第 1 个元素开始，按 n 循环报数出队，出队顺序保存到数组 po 中，然后将数组 pp 中相应元素的值赋 0。

程序如下：

```
/*example8_22.c  一种变化的约瑟夫问题，输出退出的顺序*/
#include <stdio.h>
#define SIZE 30
void goout(int p[],int po[],int n);
void main()
{
        int preson[SIZE];
        int pout[SIZE];                    /* 出队顺序初值为-1 */
        int i,n;
        printf("请输入循环数 n（大于 0 的正整数）:\n");
        scanf("%d",&n);
        /* 为队列元素赋初值 */;
        for(i=0;i<SIZE;i++)
                preson[i]=i+1;
        printf("队列原始数据编号值：\n");
        for(i=0;i<SIZE;i++)
                printf("preson[%d]=%d\t",i,preson[i]);
        printf("\n");
        goout(preson,pout,n);              /*调用函数，将出队顺序放到数组 pout 中 */
        printf("出队顺序值：\n");
        for(i=1;i<=SIZE;i++)
                printf("pout[%d]=%d\t",i,pout[i-1]);
        printf("\n");
}
/*将数组 p 中的数据从第 1 个按 n 循环输出下标值到数组 po 中 */
void goout(int pp[],int po[],int n)
{
        int i,temp,*p;
        p=pp;    /* 指针 p 指向队列数组的首地址 */
        for(i=0;i<SIZE;i++)
        {
                temp=0;
                while(temp<7)              /* 开始循环报数 */
                {
                        if(*p!=0)
                        {
                                if(p==(pp+SIZE))
                                        p=pp;    /* 如果到达队尾，指针重新回到队头*/
                                else
                                {
```

```
                                p=p+1;
                                temp=temp+1;
                        }
                    else
                    {
                        if(p==(pp+SIZE))        /* 如果到达队尾，指针重新回到队头*/
                            p=pp;
                        p=p+1;
                    }
                }
            p=p-1;
            po[i]=*p;                           /* 生成输出队列顺序 */
            *p=0;                               /* 标记成已经出队 */
        }
}
```

程序运行结果：

```
请输入循环数 n（大于 0 的正整数）：
7↵
队列原始数据编号值：
preson[0]=1       preson[1]=2       preson[2]=3       preson[3]=4       preson[4]=5
preson[5]=6       preson[6]=7       preson[7]=8       preson[8]=9       preson[9]=10
preson[10]=11     preson[11]=12     preson[12]=13     preson[13]=14     preson[14]=15
preson[15]=16     preson[16]=17     preson[17]=18     preson[18]=19     preson[19]=20
preson[20]=21     preson[21]=22     preson[22]=23     preson[23]=24     preson[24]=25
preson[25]=26     preson[26]=27     preson[27]=28     preson[28]=29     preson[29]=30

出队顺序值：
pout[1]=7         pout[2]=14        pout[3]=21        pout[4]=28        pout[5]=5
pout[6]=13        pout[7]=22        pout[8]=30        pout[9]=9         pout[10]=18
pout[11]=27       pout[12]=8        pout[13]=19       pout[14]=1        pout[15]=12
pout[16]=25       pout[17]=10       pout[18]=24       pout[19]=11       pout[20]=29
pout[21]=17       pout[22]=6        pout[23]=3        pout[24]=2        pout[25]=4
pout[26]=16       pout[27]=26       pout[28]=15       pout[29]=20       pout[30]=23
```

该算法有两个地方值得注意：

（1）当队列报数到达最后 1 个元素的时候，要让指针回到数组的起始位置；

（2）要对已经出队的元素赋 0 值。

请读者分析程序的算法思想，尝试其他能解决该问题的算法，并编写程序验证。

【例 8-23】编写程序，采用冒泡法对一组从键盘输入的任意个整数（个数<50）进行升序排序，输出排序后的结果。

分析：冒泡排序就是将最小的数放在最前面。可以将输入的数据保存到数组，再对数组元素进行排序。

程序如下：

```
/*example8_23.c 对输入的数据进行升序排序*/
#include <stdio.h>
void swap(int *a,int *b)
{
    int temp;
    temp=*a;
    *a=*b;
    *b=temp;
}
void main()
{
    int array[50],num,i,j;
```

```
        printf("请输入数据的个数(<50):");
        scanf("%d",&num);
        printf("请输入%d个元素的值:\n");
        for(i=0;i<num;i++)
               scanf("%d",&array[i]);
        for(i=0;i<num;i++)
               for(j=i+1;j<num;j++)
                       if(array[j]<array[i])
                               swap(&array[j],&array[i]);
        printf("升序排序的结果:\n");
        for(i=0;i<num;i++)
               printf("%d, ",array[i]);
        printf("\n");
}
```

程序运行结果：

```
请输入数据的个数(<50): 10↵
请输入10个元素的值:
79 45 67 12 34 95 112 340 49 28↵
升序排序的结果:
12, 28, 34, 45, 49, 67, 79, 95, 112, 340,
```

请读者思考升序排序的算法。

【例 8-24】一副扑克牌除去大王和小王还有 4 种花色，每种花色 13 张牌，共有 52 张。请设计两个函数，分别完成洗牌和发牌功能，并编写程序进行测试。

分析：用一个 4×13 的整型二维数组 int deck[4][13]表示扑克牌的面值和花色。数组的每一行代表同一种花色的不同面值，如图 8-12 所示。第 1 行代表红桃（Hearts）；第 2 行代表方块（Diamonds）；第 3 行代表梅花（Clubs）；第 4 行代表黑桃（Spades）。数组的列数与面值对应：第 1 列到第 10 列对应于“A”到 10，第 11 列到第 13 列分别对应于“J”“Q”和“K”。

	A	2	3	4	5	6	7	8	9	10	J	Q	K
红桃 0													
方块 1													
梅花 2													
黑桃 3													

图 8-12　用二维数组表示的扑克牌

另外，用字符指针数组 char *suit[4]代表 4 种花色，每一个元素指向一种花色的字符串。用字符指针数组 char *face[13]代表 13 张牌的面值，每一个元素指向扑克牌的面值。

设计以下两个函数。

（1）洗牌函数 void shuffle(int wDeck[4][13])：该函数随机地从纸牌数组 int deck[row][column] 中选择一张牌（行 row 的取值为 0～3，列 column 的取值为 0～12），并将第一次选出的 deck[row][column]的值赋为 1。重复这个选牌过程，将第 i 次选出的 deck[row][column]的值赋为 i（1<i≤52），以达到洗牌的目的。

（2）发牌函数 void deal(int wDeck[4][13],char *pf[],char *pw[])：对洗牌后的数组按花色、面值、每行输出 4 张牌的形式输出洗好的牌，完成发牌。

程序流程图如图 8-13 所示。

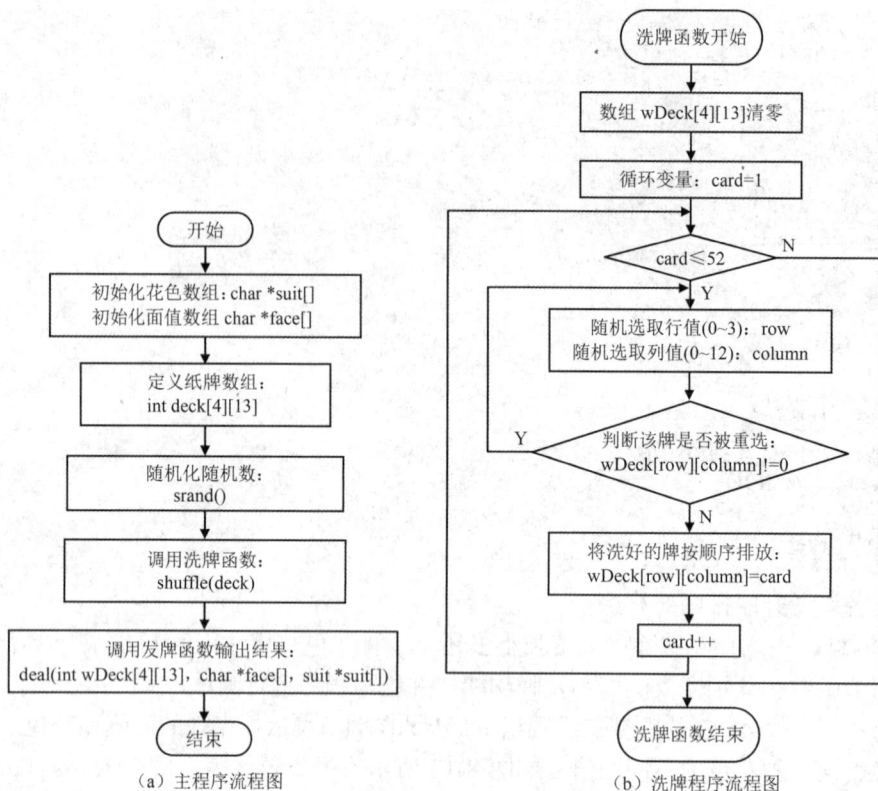

图 8-13　程序流程图

根据图 8-13 所示的算法，编写如下程序。

```c
/* example8_24.c 扑克牌游戏，模拟洗牌和发牌*/
#include <stdio.h>
#include <stdlib.h>
#include <time.h>
void shuffle(int wDeck[4][13]);
void deal(int wDeck[4][13],char *pf[],char *pw[]);
void main()
{
    char *suit[4]={"Hearts","Diamonds","Clubs","Spades"};
    char *face[13]={"A","2","3","4","5","6","7","8","9","10","J","Q","K"};
    int deck[4][13];
    srand(time(NULL));              /*取真随机数*/
    shuffle(deck);                  /* 第 1 次调用函数完成洗牌 */
    printf("第1次洗牌结果：\n");
    deal(deck,face,suit);           /* 第 1 次调用函数完成发牌 */
    printf("\n");
    shuffle(deck);                  /* 第 2 次调用函数完成洗牌 */
    printf("第2次洗牌结果：\n");
    deal(deck,face,suit);           /* 第 2 次调用函数完成发牌 */
}
/*洗牌函数*/
void shuffle(int wDeck[4][13])
{
    int card,row,column;
    int i,j;
    for(i=0;i<=3;i++)
            for(j=0;j<=12;j++)
            wDeck[i][j]=0;          /*初始化扑克牌数组的值为 0*/
    for(card=1;card<=52;card++)
    {
```

```
        do
            {   row=rand()%4;
                column=rand()%13;
            }while(wDeck[row][column]!=0);
            wDeck[row][column]=card;     /*确定扑克牌的顺序*/
    }
}

/*发牌函数*/
void deal(int a[4][13],char *pf[],char *pw[])
{
    int card,row,column;
    for(card=1;card<=52;card++)
        for(row=0;row<=3;row++)
            for(column=0;column<=12;column++)
                if(a[row][column]==card)
                {   printf("%10s:%3s",pw[row],pf[column]);
                    if(card%4==0)
                        printf("\n");
                    else
                        printf("\t");
                }
}
```

程序运行结果如下。

第 1 次洗牌结果：

```
    Clubs:  9    Diamonds:  4      Hearts:  8      Hearts:  J
    Clubs: 10    Diamonds:  3    Diamonds:  9      Hearts:  Q
    Clubs:  7       Clubs:  Q      Hearts:  5      Spades:  J
 Diamonds:  K    Diamonds:  7    Diamonds:  6      Spades:  2
   Spades:  3      Hearts:  9    Diamonds:  5      Hearts:  2
   Spades:  K       Clubs:  5    Diamonds:  2      Spades:  9
   Spades: 10      Hearts:  A      Spades:  4       Clubs:  3
    Clubs:  6       Clubs:  4    Diamonds:  A      Spades:  8
   Hearts:  6      Spades:  A       Clubs:  J       Clubs:  8
 Diamonds: 10       Clubs:  A      Hearts:  7    Diamonds:  8
   Hearts:  3       Clubs:  K      Spades:  6      Hearts:  4
    Clubs:  2      Hearts: 10    Diamonds:  Q      Spades:  Q
 Diamonds:  J      Hearts:  K      Spades:  7      Spades:  5
 Diamonds:  4      Hearts:  5       Clubs:  A    Diamonds:  A
   Spades:  K      Spades:  A      Spades:  9      Spades:  8
 Diamonds:  7      Hearts:  9      Spades:  3      Spades:  Q
    Clubs:  Q      Hearts:  A       Clubs:  J      Hearts:  2
   Hearts:  K       Clubs:  6    Diamonds:  J       Clubs:  K
 Diamonds:  9       Clubs:  2      Hearts:  6      Spades:  6
 Diamonds:  Q      Spades:  5       Clubs: 10    Diamonds:  6
 Diamonds:  K      Hearts:  J    Diamonds:  2       Clubs:  7
   Spades:  7      Spades: 10       Clubs:  9      Hearts:  3
   Hearts:  7      Spades:  4      Hearts:  4       Clubs:  5
 Diamonds: 10       Clubs:  8      Hearts: 10    Diamonds:  5
    Clubs:  3      Spades:  3      Hearts:  Q    Diamonds:  8
 Diamonds:  3       Clubs:  8      Hearts:  8      Spades:  2
```

程序中使用时间作为真随机数的种子，因此，程序每次运行的结果将会不一样，这一点请读者上机进行验证。上面的程序关键是洗牌的实现，请读者思考是否还有其他洗牌、发牌的算法，并修改程序上机验证。

【例 8-25】对【例 8-23】进行改进。由计算机生成 10 个 100 以内的整型随机数，放入数组。通过函数指针完成对数组的升序排序或者降序排序。

分析：将随机生成的数据放入整型数组 a 中，升序排序采用冒泡法，每一趟排序找出最小的数；降序排序则相反，每一趟排序找出其中的最大数。

使用函数 void sort(int work[],int size,int (*compare) (int,int))完成对整型数组元素 work[0]~work [SIZE-1]的排序，通过函数指针来确定是升序排序，还是降序排序。sort 函数算法的流程图如图 8-14 所示。

根据图 8-14 所示的算法，编写如下程序：

```c
/* example8_25.c 使用函数指针进行多用途排序 */
#include <stdio.h>
#include <stdlib.h>
#include <time.h>
#define SIZE 10
void sort(int[],const int,int (*) (int,int));
int ascending(int,int);
int descending(int,int);
main()
{
    int order,counter,(*p)(int,int);
    int a[SIZE];
    srand(time(NULL));
    printf("计算机生成的随机数：\n" );
    for(counter=0;counter<SIZE;counter++)
    {
        a[counter]=rand()%100;
        printf("%5d",a[counter]);
    }
    printf("\n请输入你的选择:\n");
    printf("\t1: 升序排序\n");
    printf("\t2: 降序排序\n");
    scanf("%d",&order );
    if(order==1)
    {
        p=ascending;
        printf( "升序排序结果：\n" );
    }
    else if(order==2)
    {
        p=descending;
        printf( "降序排序结果：\n" );
    }
    else
    {
        printf( "\n选择错误，程序将结束\n" );
        exit(0);
    }
    sort(a,SIZE,p);
    for(counter=0;counter<SIZE;counter++)
        printf("%5d",a[counter]);
    printf( "\n" );
}
void sort(int m[],int size,int(*compare)(int,int))
{
    int i,j;
    void swap(int *,int *);
    for(i=1;i<size;i++ )
        for(j=0;j<size-1;j++ )
            if((*compare)(m[j],m[j+1]))
                swap(&m[j],&m[j+1]);
}
void swap(int *e1Ptr, int *e2Ptr )
{
    int temp;
    temp = *e1Ptr;
    *e1Ptr = *e2Ptr;
    *e2Ptr = temp;
```

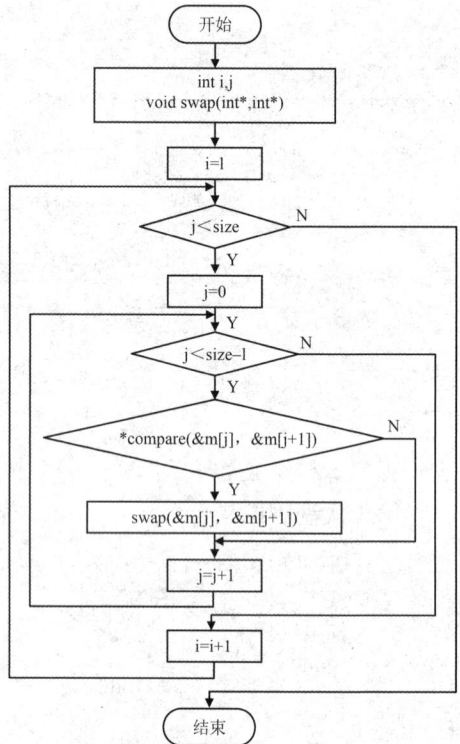

图 8-14　sort 函数算法的流程图

```
}
int ascending(int a, int b)
{
    return b < a;
}
int descending(int a, int b)
{
    return b > a;
}
```

程序第一次运行结果：

```
计算机生成的随机数：
    39   37   46   86   93   64   45    7   88   27
请输入你的选择：
        1: 升序排序
        2: 降序排序
2↵
降序排序结果：
    93   88   86   64   46   45   39   37   27    7
```

程序第二次运行结果：

```
计算机生成的随机数：
    79   72   48    3   34   39   61   17   28   22
请输入你的选择：
        1: 升序排序
        2: 降序排序
1↵
升序排序结果：
     3   17   22   28   34   39   48   61   72   79
```

程序第三次运行结果：

```
计算机生成的随机数：
    65   39   98   56   41   87   63    2   16   62
请输入你的选择：
        1: 升序排序
        2: 降序排序
3↵
选择错误，程序将结束
```

从程序运行结果可以看到，计算机生成的随机数每次都是不相同的，请读者分析程序的算法。

8.10 本章小结

本章介绍了指针的概念及不同类型指针变量的特点和使用方法，为处理数据的方式提供了更多的选择，同时也可以更高效地完成各种复杂任务，学习的时候要循序渐进。

要注意到指针变量也是一种变量，在未被赋值以前不会有任何确定的值，也就是说，指针变量所指的值不确定，同时，指针变量同普通变量一样，也要占用内存，这个内存地址可用指向指针的指针变量来保存。

要掌握一些常用的指针变量的作用，如指向不同类型变量的指针、指向具有 N 个元素的指针、指向数组的指针、指针数组、指向字符的指针、指向函数的指针及函数的返回值为指针。要注意每一种指针的区别，不要混淆各指针变量的含义。多动手编写程序进行验证，这样才能真正理解和掌握指针的用法。

以下是一些常用指针的定义形式及含义。

```
int i;                     i 是整型。
int *i;                    i 是整型指针。
int **i;                   i 是整型指针的指针。
int *i[5];                 i 是含有 5 个元素的整型指针数组。
int (*i)[5];               i 是指向 5 个整型元素的指针。
int *i( );                 i 是返回整型指针的函数。
int *(*i)( );              i 是函数指针，函数返回整型指针。
int *(*i[ ])( );           i 是函数指针数组，函数返回整型指针。
int (*i)( );               i 是返回整型的函数指针。
int *((*i)())[5];          i 是函数指针，函数返回指向 5 个整型指针元素的指针。
```

以上这些不要死记硬背，暂时用不到的可以先不去理会，掌握基本的指针概念和使用方法即可，以后有需要可以再来回顾这些知识。

在使用指针时，常常容易犯以下常识性的小错误。

（1）用指针引用数组元素（包括一维数组和二维数组）时，错误地认为对任何数组而言，数组名、第 1 行的首地址、数组第 1 个元素的首地址都具有相同的含义和功能。它们的相同之处是这 3 个地址值是相同的，但使用时根据不同的数组会有不同的特性。

（2）在输出地址值时常常出现负值，这是由于在 printf 中使用了%d 来输出地址，正确的做法应该是采用%lu（无符号长整型）、%x（十六进制）或%o（八进制）等格式输出字符串。

（3）对地址运算符&和指针运算符*的概念不清。实际上，如果有：

```
int a=10,*p=&a;
```

则 p、&a、&(*p)的值都为变量的地址值，而 a、*p、*&a 的值都为 10。在实际应用中，为提高程序的可读性，建议使用简洁明了的表达方式，如 p、&a 和 a、*p，少用或不用如&(*p)和*&a 这种有些难于理解的表达。

习题

一、单选题。在以下每一题的四个选项中，请选择一个正确的答案。

【题 8.1】数组名和指针变量均表示地址，以下不正确的说法是_____。

　A. 数组名代表的地址值不变，指针变量存放的地址可变

　B. 数组名代表的存储空间长度不变，但指针变量指向的存储空间长度可变

　C. A 和 B 的说法均正确

　D. 没有差别

【题 8.2】变量的指针的含义是指该变量的_____。

　A. 值　　　　　　　B. 地址　　　　　　C. 名　　　　　　D. 一个标志

【题 8.3】已有定义 int a=5; int *p1，*p2;，且 p1 和 p2 均已指向变量 a，以下不能正确执行的赋值语句是_____。

　A. a=*p1+*p2;　　　B. p2=a;　　　C. p1=p2;　　　D. a=*p1*(*p2);

【题 8.4】若 int (*p)[5];，则 p 是_____。

　A. 5 个指向整型变量的指针

　B. 指向 5 个整型变量的函数指针

C. 一个指向具有 5 个整型元素的一维数组的指针

D. 具有 5 个指针元素的一维指针数组，每个元素都只能指向整型量

【题 8.5】 设有定义 int a=3,b,*p=&a;，则以下语句中使 b 不为 3 的语句是_____。

    A. b=*&a;   B. b=*p;   C. b=a;   D. b=*a;

【题 8.6】 若有以下定义，则不能表示 a 数组元素的表达式是_____。

```
int a[10]={1,2,3,4,5,6,7,8,9,10}, *p=a;
```

    A. *p   B. a[10]   C. *a   D. a[p-a]

【题 8.7】 设 char **s;，以下正确的表达式是_____。

    A. s="computer";   B. *s="computer";

    C. **s="computer";   D. *s='c';

【题 8.8】 设 char s[10],*p=s;，以下不正确的表达式是_____。

    A. p=s+5;   B. s=p+s;   C. s[2]=p[4];   D. *p=s[0];

【题 8.9】 执行以下程序后，*p 等于_____。

```
int a[5]={1,3,5,7,9}, *p=a;
    p++;
```

    A. 1   B. 3   C. 5   D. 7

【题 8.10】 下列关于指针的运算中，_____是非法的。

    A. 两个指针在一定条件下可以进行相等或不等的运算

    B. 可以用一个空指针赋值给某个指针

    C. 一个指针可以是两个整数之差

    D. 两个指针在一定的条件下可以相加

二、判断题。判断下列各叙述的正确性，若正确，则在（ ）内标记"√"；若错误，则在（ ）内标记"×"。

【题 8.11】（   ）&b 指的是变量 b 的地址处所存放的值。

【题 8.12】（   ）通过变量名或地址访问一个变量的方式称为"直接访问"方式。

【题 8.13】（   ）存放地址的变量同其他变量一样，可以存放任何类型的数据。

【题 8.14】（   ）指向同一数组的两个指针 p1、p2 相减的结果与所指元素的下标相减的结果是相同的。

【题 8.15】（   ）如果两个指针的类型相同，且均指向同一数组的元素，那么它们之间就可以进行加法运算。

【题 8.16】（   ）char *name[5]定义了一个一维指针数组，它有 5 个元素，每个元素都是指向字符数据的指针型数据。

【题 8.17】（   ）语句 y=*p++;和 y=(*p)++;是等价的。

【题 8.18】（   ）函数指针所指向的是程序代码区。

【题 8.19】（   ）int *p;定义了一个指针变量 p，其值是整型的。

【题 8.20】（   ）用指针作为函数参数时，采用的是"地址传送"方式。

三、填空题。请在以下各叙述的空白处填入合适的内容。

【题 8.21】 "*"称为_____运算符，"&"称为_____运算符。

【题 8.22】 在 int a=3;, p=&a;中，*p 的值是_____。

【题 8.23】 在 int *pa[5];中，pa 是一个具有 5 个元素的指针数组，每个元素是一个_____指针。

【题 8.24】 若两个指针变量指向同一个数组的不同元素，则可以进行减法运算和_____运算。

【题 8.25】 存放某个指针的地址值的变量被称为指向指针的指针，即_____。

【题 8.26】 在 C 语言中，数组元素的下标从_____开始，数组元素连续存储在内存单元中。

【题 8.27】 设 int a[10], *p=a;，则对 a[3]的引用可以是 p[3]（下标法）和_____（地址法）。

【题 8.28】 &后跟变量名，表示该变量的_____，&后跟指针名，表示该指针变量的_____。

【题 8.29】 若 a 是已定义的整型数组，再定义一个指向 a 的存储首地址的指针 p 的语句是_____。

【题 8.30】 设有 char a[]="ABCD"，则 printf("%c",*a)的输出是_____。

【题 8.31】 在图 8-15 所示的内存图中，每一刻度小格代表内存中一个字节空间，变量说明如下：

```
int a, *p, *p1,*p2, *pd;
```

图 8-15（a）中第 2 列数字表示地址编号，每个框内数字表示内存初始状态，经过以下运算后，请将运算结果填入到图 8-15（b）中的相应位置。

```
*pd+=(double)*p1;
p1=&a;
*p1=*p;
p2=p1;
*p2/=3;
++p2;
++*p2;
```

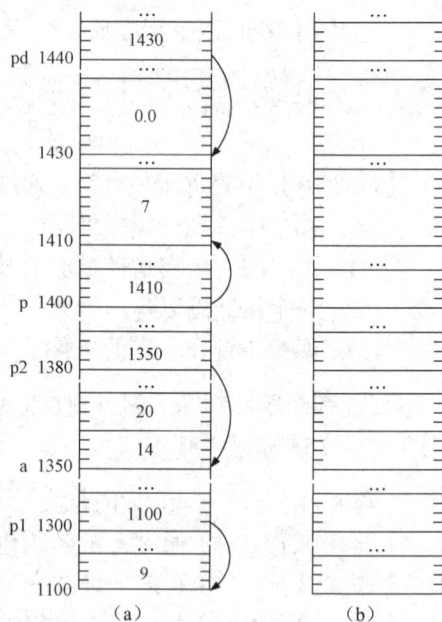

图 8-15　题 8.31 图

四、阅读以下程序，写出程序运行结果。

【题 8.32】 #include "stdio.h"

```
int main( )
{   int a, b;
    int *p, *q, *r;
    p=&a;  q=&b;  a=9;
    b=5*(*p%5);
    r=p;  p=q;  q=r;
    printf("\n%d, %d, %d\n", *p, *q, *r);
    return 0;
}
```

【题 8.33】 #include "stdio.h"

```
#include "string.h"
void fun(char *s)
{   char a[7];
    s=a;
    strcpy(a, "book");
    printf("%s\n",s);
}
```

```
        int main( )
      {   char *p;
          fun(p);
          return 0;
      }
```

【题 8.34】#include "stdio.h"

```
        #include "string.h"
        int main( )
      {  char *p,str[20]="abc";
         p="abc";
         strcpy(str+1,p);
         printf("%s\n",str);
         return 0;
      }
```

【题 8.35】#include "stdio.h"

```
        iint main( )
      {   int a,b,*p,*q;
          p=q=&a;
          *p=10;
          q=&b;
          *q=10;
          if(p==q)
              puts("p==q");
          else
              puts("p!=q");
          if(*p==*q)
              puts("*p==*q");
          else
              puts("*p!=*q");
          return 0;
      }
```

五、程序填空题。请在以下程序空白处填入合适的语句。

【题 8.36】以下程序中有一函数求两个整数之和，并通过形参传回结果。

```
#include "stdio.h"
void add(int x,int y,_____z)
{  _____=x+y; }
int main( )
{   int i,j,k;
    printf("Input two integers:");
    scanf("%d %d",&i,&j);
    add(i,j,&k);
    printf("The sum of two integers is: %d\n",k);
    return 0;
}
```

【题 8.37】以下程序实现从 10 个整数中找出最大值和最小值。

```
#include "stdio.h"
int max,min;
void find(int *p,int n)
{   int *q;
    max=min=*p;
    for(q=p;_____;q++)
        if(*q>max)
            max=*q;
        else if(_____)
            min=*q;
}
int main( )
{   int i,num[10];
```

```
        printf("Input 10 numbers:\n");
        for(i=0;i<10;i++)
                scanf("%d",&num[i]);
        find(num,10);
        printf("max=%d,min=%d\n",max,min);
        return 0;
}
```

六、编程题。对以下问题编写程序并上机验证（要求用指针方法实现）。

【题8.38】输入 3 个整数，按从大到小的次序输出。

【题8.39】编写将 n 阶正方矩阵进行转置的函数。在主函数中调用此函数对一个 4 行 4 列的矩阵进行转置。

【题8.40】有 3 个整型变量 i、j、k，请编写程序，设置 3 个指针变量 p1、p2、p3，分别指向 i、j、k。然后通过指针变量使 i、j、k 的值顺序交换，即把 i 的原值赋给 j，把 j 的原值赋给 k，把 k 的原值赋给 i。要求输出 i、j、k 的原值和新值。

【题8.41】设有 n 个整数，现在要使前面各数顺序向后移 m 个位置，最后 m 个数变成最前面 m 个数。编写程序实现以上功能，在主函数中输入 n 个整数并输出调整后的 n 个数（n>m）。

【题8.42】给定 5 个字符串，输出其中最大的字符串。

【题8.43】编写程序，将所给的 5 个字符串进行排序。

【题8.44】输入 10 个整数，将其中最大数与第一个数交换，最小数与最后一个数交换。

【题8.45】编写函数，比较两个字符串是否相等（用指针完成）。

【题8.46】编写程序，输入 15 个整数存入一维数组，再按逆序重新存放后输出（用指针完成）。

【题8.47】编写程序，在一个整型数组（其元素全大于 0）中查找输入的一个整数，找到后，求它前面的所有整数之和。

【题8.48】编写程序，用函数指针的方法，求任意给定的两个整数 x、y 的和与差。

【题8.49】编写程序，统计从键盘输入的命令行中第 2 个参数所包含的英文字符个数。

第**9**章 构造数据类型

C 语言允许用户自己定义构造数据类型，为处理复杂数据提供更多的便利。构造数据类型是一种可以包含多个不同数据类型的数据组合，用来描述一个对象的属性。C 语言的构造数据类型有结构体、联合体和枚举类型。

在本章之前所使用的变量都只属于某一种数据，如整型、浮点型、字符型等，即使是有多个元素的数组，也只能存储同一种数据类型的数据。但在实际问题中，常常要求把一些属于不同数据类型的数据作为一个整体来处理，如一个职员的编号、姓名、年龄、性别、身份证号码、民族、文化程度、职务、住址、联系电话等，这些数据用来处理一个对象——职员，代表着该职员的属性。但每个数据又不属于同一种数据类型，如图 9-1 所示。这种由一些不同数据类型的数据组合而成的数据整体，C 语言称其为结构体数据类型，结构体中所包含的数据元素称为成员。

编　号	姓　名	年　龄	性　别	身份证号	文化程度	住　址	联系电话
（长整型）	（字符数组）	（整　型）	（字　符）	（长整型）	（字符数组）	（字符数组）	（长整型）

图 9-1　结构体数据类型示例

9.1 结构体数据类型

9.1.1　结构体的定义

在程序中要使用结构体，必须对结构体的组成进行描述。这个描述过程就是结构类型定义，其定义形式为：

```
struct    结构体名
{
    成员项表列;
};
```

其中，成员项表列的形式与简单变量的定义形式相同。

对于图 9-1 所列出的职员的属性，我们可以定义成下面的结构型。

```
struct person
{
    long no;
    char name[12];
    int age;
    char sex;
    long indentityNo;
```

```
        char education[12];
        char addr[40];
        long telno;
};
```

在上面的例子中，struct 为关键字，person 为结构体名，no、name、age、sex、indentityNo、education、addr、telno 为成员。

结构数据类型具有如下不同于基本数据类型的特点。

（1）结构体名为任何合法的标识符，建议使用具有一定意义的单词或组合作为结构体名；

（2）虽然成员的类型定义形式同简单变量，但不能单独直接使用；

（3）不能将结构体名当成变量单独使用；

（4）与其他变量不同，定义一个结构体类型，并不意味着系统将分配一段内存单元来存放各个数据项成员。这只是定义类型而不是定义变量。它告诉系统该结构由哪些类型的成员构成，并把它们当作一个整体来处理。

9.1.2　结构型变量的定义

一旦定义了结构体，就可以定义结构型变量了。我们可以采用不同的形式来定义结构型变量。

（1）先定义结构体类型，再定义该类型的变量。

定义格式为：

```
类型标识符    <变量名列表>;
```

例如：　struct person　　　stu, worker;

┗━━━━▶类型标识符　　┗━━━━━▶结构型变量名

上面定义了两个变量 stu 和 worker，它们都是结构体 struct person 的变量。请注意，"struct person" 代表类型名（类型标识符），如同用 int 定义变量（如 int a, b;）时，int 是类型名一样。此处的 struct person 相当于 int 的作用。不要错写为：

```
struct stu, worker;（没有声明是哪一种结构体类型）
```

或

```
person stu, worker;（没有关键字 struct，不认为是结构体类型）
```

定义了一个结构体类型后，可以用它来定义不同的变量，例如：

```
struct person teacher,doctor;
struct person *student;
```

（2）在定义一个结构体类型的同时定义一个或若干个结构型变量。

定义格式为：

```
struct <结构体名>
{
    成员项列表;
}<变量名列表>;
```

例如：

```
struct person
{
        long no;
        char name[12];
```

```
        int age;
        char sex;
        long indentityNo;
        char education[12];
        char addr[40];
        long telno;
    }teacher,doctor,*student;
```

这是第（1）种形式的紧凑形式，既定义了结构类型，又定义了变量。如有必要，还可采用第（1）种方式再定义另外的结构型变量，如 struct person stu。

（3）直接定义结构型变量。

定义格式为：

```
struct
{
    成员项列表;
}<变量名列表>;
```

例如：

```
struct
{
        long no;
        char name[12];
        int age;
        char sex;
        long indentityNo;
        char education[12];
        char addr[40];
        long telno;
}teacher,doctor;
```

这里只定义了 teacher 和 doctor 两个变量为结构体类型，但没有定义该结构体类型的名字，因此，不能再用来定义其他变量。例如，struct stu;是不合法的。

请注意，结构型变量占用内存单元的大小并不是一致的，这一点与简单的数据类型（int、float 或 char）不同，结构型变量占用的内存单元为结构体内各成员所需内存单元的总和。

例如，有下面的结构定义：

```
struct temp
{
    int number;
    char name[6];
    float price;
};
```

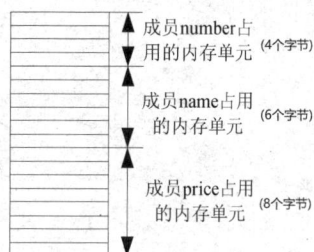

图 9-2　结构型变量 goods 占用的内存单元

结构型变量定义为 struct temp goods;，结构型变量 goods 占用的内存单元如图 9-2 所示。

显然，结构型变量 goods 占用的内存单元为 18 个字节，通常采用 sizeof(goods)运算符来计算结构型变量所占用的空间。

9.1.3　结构型变量的初始化

和其他简单变量及数组型变量一样，结构型变量也可在变量定义时进行初始化，即在定义变量的同时给变量的成员赋值。

例如：

```
struct smail
{
        char name[12];
```

```
        char addr[40];
        long zip;
        long tel;
};
```

若 struct smail teacher={"Li Ming", "Blue Road 18",430000, 88753540};，则 teacher 为结构型
变量，定义时依次对它的各个成员赋予了初值。上面的结构体定义和变量定义可以合二为一。

例如：

```
struct smail
{
        char name[12];
        char addr[40];
        long zip;
        long tel;
}teacher={"Li Ming", "Blue Road 18", 430000, 88753540};
```

注意，不能写成以下形式：

```
struct smail
{
    char name[12]= "Li MIng";
    chair addr[40]= "Blue Road 18";
    long zip=430000;
    long tel=88753540;
}teacher;
```

也不允许直接对结构型变量赋一组常量 teacher={"Li ming", "Blue Road 18", 430000,
88753540};。若结构体的成员中另有一个结构型变量，则初始化时仍然要对各个基本成员
赋予初值。

例如：

```
struct date
{
        int day;
        int month;
        int year;
};
struct person
{
    char name[12];
    struct date birthday;
    char sex;
    long telno;
};
struct person doctor={"Li Ming", 24, 3, 1970, 'M', 88753540};
```

9.1.4 结构型变量成员的引用

在定义了一个结构型变量后，可以引用该变量的一个成员，也可以将结构型变量作为
一个整体来使用。

1．引用结构型变量中的成员

结构成员不允许直接引用，因为成员名并不是一个独立的变量。结构成员的引用格式为：

```
<结构型变量名>.<成员名>
```

或

```
<(*结构指针变量名)>.<成员名>
<结构指针变量名>-><成员名>
```

其中，圆点运算符（.）为成员运算符，- >为指针运算符。

例如，若有下面的定义：

```
struct smail
{
    char name[12];
    char addr[40];
    long zip;
    long tel;
};
struct smail Zheng,*Wang;
```

则 Zheng.zip、Zheng.addr[0]、(*Wang).zip、(*Wang).addr[0]、Wang->zip、Wang->addr[0]均为对成员的正确引用。

若一个结构体类型中含有另一个结构体类型的成员，则在访问该成员时，应采取逐级访问的方法。例如，对于上面的定义：

```
struct date
{
    int day;
    int month;
    int year;
};
struct person
{
    char name[12];
    struct date birthday;
    char sex;
    long telno;
};
struct person doctor={"Li Ming", 24, 3, 1970, 'M',88753540};
```

若要访问结构型变量 doctor 的出生日期，必须这样表示：

```
doctor.birthday.day          ——出生日
doctor.birthday.month        ——出生月份
doctor.birthday.year         ——出生年份
```

而不能表示成：

```
doctor.day
doctor.month
doctor.year
```

也不能表示成：

```
doctor.birthday
```

另有一点必须注意：只要结构型变量的成员是简单的基本数据类型，则对结构型变量的成员所允许的运算与该成员所属类型的运算是相同的。

2．将结构类型变量作为一个整体来使用

可以将一个结构型变量作为一个整体赋给另一个结构型变量，条件是这两个变量必须具有相同的结构体类型。

例如：

```
struct person doctor={"Li Ming",24, 3, 1970, 'M', 88753540};
struct person teacher;
teacher=doctor;   /*将结构体变量 doctor 的值赋给 teacher */
```

这样，变量 teacher 中各成员的值均与 doctor 的成员的值相同。

【例 9-1】以下程序定义了两个结构——课程成绩和学生基本信息。阅读程序，了解结构体成员的使用方法。

```
/*example9_1.c   了解结构成员的使用方法*/
#include <stdio.h>
#include <conio.h>
/* 定义学生成绩结构*/
struct score
{
        int math;      /* 数学成绩 */
        int eng;       /* 英语成绩 */
        int comp;      /* 计算机成绩 */
};
/* 定义学生基本信息结构*/
struct stu
{
        char name[12];           /* 姓名 */
        char sex;                /* 性别 */
        long StuClass;           /* 学号 */
        struct score sub;        /* 成绩 */
};
int main()
{
        struct stu student1={"Na Ming",'M',990324,88,80,90};
        struct stu student2;
        student2=student1;
        student2.name[0]='H';
        student2.name[1]='u';
        student2.StuClass=990325;
        student2.sub.math=83;
        printf("姓名\t 性别\t 学号\t\t 数学成绩\t 英语成绩\t 计算机成绩\n");
        printf("%s\t%c\t%ld\t\t%d\t\t%d\t\t%d\n",student1.name,
        student1.sex,student1.StuClass,student1.sub.math,
        student1.sub.eng,student1.sub.comp);
        printf("%s\t%c\t%ld\t\t%d\t\t%d\t\t%d\n",student2.name,
        student2.sex,student2.StuClass,student2.sub.math,
        student2.sub.eng,student2.sub.comp);
        return 0;
}
```

程序运行结果:

姓名	性别	学号	数学成绩	英语成绩	计算机成绩
Na Ming	M	990324	88	80	90
Hu Ming	M	990325	83	80	90

请分析程序中结构成员的使用方法，灵活应用到程序设计中去。

9.1.5　结构型变量成员的输入/输出

上面说到 C 语言允许将结构型变量作为一个整体来使用，但 C 语言不允许把一个结构型变量作为一个整体进行输入/输出操作，因此，下面的这些语句是错误的:

```
scanf("%s\n", student1);
printf("%s\n", student1);
```

因为在使用 printf 和 scanf 函数时，必须指出输出格式（用格式转换符）。而结构型变量包括若干个不同类型的数据项，像上面那样用一个%s 格式来输出 student1 的各个数据项显然是不行的。但是用下面的语句来完成对结构型变量的输入/输出是否可以呢?

```
printf("%s, %c, %ld, %d, %d, %d\n", student1);
scanf("%s %c %ld %d %d %d", student1);
```

答案仍然是否定的。因为在用 printf 函数输出时，一个格式符对应着一个变量，有明确的起止范围，而结构型变量的成员具有不同的数据类型，无法整体确定结构型变量的成员类型。因此，只能对结构型变量的成员进行输入/输出，例如，若有定义：

```
struct
{
    char name[14];
    char addr[20];
    long zip;
}student={"Li Ming", "321 Nanjing Road", 430000};
```

则正确的输入/输出形式如下：

```
scanf("%s%s%ld", stud.name, stud.addr, &stud.zip);
printf("%s, %s, %ld\n", stud.name, stud.addr, stud.zip);
```

当然也可以用 gets 函数和 puts 函数输入/输出一个结构变量中的字符数组成员，例如：

```
gets(student.name);              /* 输入一个字符串给 student.name */
puts(student.name);              /*将 student.name 数组中的字符串输出到显示器*/
```

9.2　结构型数组

一个结构型变量只能存放一个对象的数据。在【例 9-1】中，我们定义了两个结构型变量 student1 和 student2 来分别代表两个学生，但如果学生人数不止两个，而是 50 个、100 个或者更多，难道要定义 50 个、100 个或者更多的结构变量来代表这些学生吗？理论上当然是可以的，但这显然不是一个好办法，使用起来也会感到很不方便。若使用数组，则会简便得多。C 语言允许使用结构型数组，即数组中的每一个元素都是一个结构型变量。

9.2.1　结构型数组的定义

结构型数组的定义方法与结构型变量的定义方法相同，可采用下列 3 种方法中的一种。

1．先定义结构体，再定义结构型数组

```
struct <结构体名>
{
        <成员项表列>
};
struct <结构体名> <数组名> [<数组大小>];
```

2．在定义结构体的同时定义结构型数组

```
struct <结构体名>
{
        <成员项表列>
}<数组名>[<数组大小>];
```

3．直接定义结构型变量而不定义结构体名

```
struct
{
      <成员项表列>
}<数组名>[<数组大小>];
```

9.2.2　结构型数组成员的初始化和引用

结构型数组成员的值也可以初始化，初始化的形式与多维数组的初始化形式类似，例如：

```
struct student stu[30]={{"Li Fei", "Dong Feng Road 14", 430038},
                        {"Li Ming", "Zhong Shan Road 378", 430082},
                        {"Li Yong", "Xiao Shan Road 25", 430001}};
```

这只是对元素 stu[0]、stu[1]和 stu[2]的成员赋予初值，stu[3]~stu[29]的值仍是不确定的。

关于对结构型数组初始化的其他规则与一般数组相同，在此不再赘述。

结构型数组的引用类似于结构型变量的引用，只是用结构型数组元素来代替结构型变量，其他规则不变，例如：

```
stu[0].name  }
stu[0].age   }     /*引用某一元素的成员 */
stu[0]=stu[2];     /*将结构体数组元素作为一个整体来使用 */
```

必须注意，同结构型变量一样，结构型数组元素不能作为一个整体来输入或输出，只能以单个成员为对象进行输入和输出，因为每一个结构体数组元素都是一个结构型变量。

9.3 结构型变量与函数

9.3.1 函数的形参与实参为结构体

【例 9-2】设某团体要购进一批书籍，共 4 种。编写程序，从键盘输入书名、购买数量、书的单价，计算每种书的总金额和所有要购书籍的总金额，输出购书清单，清单格式如下。

```
购书清单：
书名     数量     单价     合计
...      ...      ...      ...
购书金额总计：...
```

分析：购书信息可以用结构体来表示。

```
struct BookLib
{
        char name[12];
        int num;
        float price;
        float SumMoney;
};
```

设计函数 void list（struct BookLib StuBook），用于输出购书信息。

程序如下：

```
/*exam9_2.c  输出购书清单（函数的参数为结构类型）*/
#include <stdio.h>
#include <conio.h>
#include <stdlib.h>
struct BookLib
{
        char name[12];
        int num;
        float price;
        float SumMoney;
};
void list(struct BookLib StuBook);
int main()
{
        struct BookLib Book[4];
        int i;
        float Total=0;
        printf("请输入 4 本要购进的书籍信息：书名   数量   单价\n");
```

```
         for(i=0;i<4;i++)
         {
                 scanf("%s",Book[i].name);   /* 输入书名 */
                 scanf("%d%f",&Book[i].num,&Book[i].price);    /* 输入数量和单价 */
                 Total=Total+Book[i].num*Book[i].price;
         }
         printf("\n-------------------------------------------------\n");
         printf("购书清单：\n");
         printf("书名\t\t\t数量\t单价\t 合计\n");
         for(i=0;i<4;i++)
                 list(Book[i]);        /* 输出购书清单 */
         printf("购书金额总计: %.2f\n",Total);
         return 0;
}
void list(struct BookLib StuBook)
{
         StuBook.SumMoney=StuBook.num*StuBook.price;
         printf("%-24s%d\t%.2f\t%.2f\n",StuBook.name,
                 StuBook.num,StuBook.price,StuBook.SumMoney);
}
```

程序运行结果：

```
请输入 4 本要购进的书籍信息：书名    数量    单价
Computer 10 18.5↵
Mathematics 10 15↵
Chemistry 15 16↵
English 20 17↵


-------------------------------------------------
购书清单：
书名                     数量      单价       合计
Computer                 10       18.50      185.00
Mathematics              10       15.00      150.00
Chemistry                15       16.00      240.00
English                  20       17.00      340.00
购书金额总计: 915.00
```

程序用结构体类型 BookLib 来描述购书的信息，输出函数 list(struct BookLib StuBook)的参数为结构型变量，函数的作用是计算购书的总费用并输出所有信息。

请读者分析程序的功能，思考能否将"输入购书信息"功能设计成独立的模块，使程序的模块化程度更高。

9.3.2　函数的返回值类型为结构体

我们已经知道，函数的返回值可以为整型、实型、字符型和指向这些数据类型的指针，还有无返回值类型等。新的 C 标准还允许函数的返回值为结构体类型的值。

【例 9-3】修改【例 9-2】的程序，将"输入购书信息"功能设计成独立的模块。

分析：因为每次输入数据都在为结构类型变量的成员赋值，因此，可设计函数如下：

```
struct BookLib InputInfo();
```

将购书信息输入结构数组 Book 中，输出清单的函数与【例 9-2】中的程序相同。

修改后的程序如下：

```
/*example9_3.c   输出购书清单（函数的参数为结构类型）*/
#include <stdio.h>
#include <conio.h>
#include <stdlib.h>
struct BookLib
{
```

```
    char name[12];
    int num;
    float price;
    float SumMoney;
};
struct BookLib InputInfo();
void list(struct BookLib StuBook);
float Total=0;
int main()
{
    struct BookLib Book[4];
    int i;
    printf("请输入 4 本要购进的书籍信息：书名   数量   单价\n");
    for(i=0;i<4;i++)
        Book[i]=InputInfo(); /* 调用函数输入购书信息 */
    printf("\n-----------------------------------------------\n");
    printf("购书清单：\n");
    printf("书名\t\t\t 数量\t 单价\t 合计\n");
    for(i=0;i<4;i++)
        list(Book[i]);      /* 输出购书清单 */
    printf("购书金额总计：%.2f\n",Total);
    return 0;
}
/* 将输入的购书信息保存到结构数组 StuBook 中 */
struct BookLib InputInfo()
{
    struct BookLib StuBook;
    scanf("%s",StuBook.name);                      /* 输入书名 */
    scanf("%d%f",&StuBook.num,&StuBook.price);     /* 输入数量和单价 */
    Total=Total+StuBook.num*StuBook.price;
    return StuBook;
}
/* 输出数组 StuBook 中的购书信息清单 */
void list(struct BookLib StuBook)
{
    StuBook.SumMoney=StuBook.num*StuBook.price;
    printf("%-24s%d\t%.2f\t%.2f\n",StuBook.name,
           StuBook.num,StuBook.price,StuBook.SumMoney);
}
```

显然，主程序的功能主要通过调用函数来完成，程序的模块化程度提高了。程序运行时的输入和输出完全与【例 9-2】程序的结果相同。

请读者思考用其他算法来解决问题，使程序更加完善。

9.4　共用型数据

共用体又被称为联合体，它是把不同类型的数据项组成一个整体，这些不同类型的数据项在内存中所占用的起始单元是相同的。

共用体类型的定义形式与结构体类型的定义形式相同，只是其关键字不同，共用体的关键字为 union，共用体的定义方式有 3 种。

（1）先定义共用体类型，再定义共用型变量。

```
union <共用体名>
{
    成员列表
};
union <共用体名>  <变量名>;
```

例如：

```
union memb
{
     float v;
     int n;
     char c;
};
union memb tag1, tag2;
```

（2）在定义共用体类型的同时定义共用型变量。

```
union <共用体名>
{
     成员列表
}<变量名列表>;
```

例如：

```
union memb
{
     float v;
     int n;
     char c;
 }tag1,tag2;
```

（3）定义共用体类型时，省去共用体名，同时定义共用型变量。

```
union
{
     成员列表
}<变量名列表>;
```

例如：

```
union
{
    float v;
    int n;
    char c;
}tag1, tag2;
```

⚠ **注意**：使用第（3）种方法定义的共用体类型，不能再用它来定义另外的共用型变量。

共用型变量与结构型变量在内存中所占用的单元是不同的，例如，设内存起始地址为 1100，则：

```
struct memb
{
     float v;
     int n;
     char c;
}stag;
```

结构型变量 stag 所占用的内存单元如图 9-3 所示。

```
union memb
{
    float v;
    int n;
    char c;
}utag;
```

共用型变量 utag 每次只能存放一个成员的值，它所占用的内存单元如图 9-4 所示。

如果使用 sizeof() 来计算数据类型长度，则会有：

```
sizeof(struct memb) 的值为 7;
sizeof(union memb) 的值为 4。
```

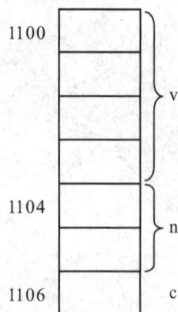

图 9-3 stag 所占用的内存单元

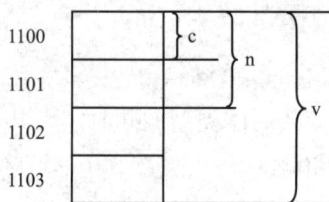

图 9-4 utag 所占用的内存单元

共用型变量的引用方式与结构型变量的引用方式类似：

<共用型变量名>.<成员名>

由于共用型变量不同时具有每个成员的值，因此，最后一个赋予它的值就是共用型变量的值。

【例 9-4】 阅读以下程序，了解共用型变量成员的取值情况。

```c
/*example9_4.c   了解共用型变量成员的取值情况*/
#include <stdio.h>
union memb
{
        double v;
        int n;
        char c;
};
int main()
{
        union memb tag;
        tag.n=18;
        tag.c='T';
        tag.v=36.7;
        printf("共用型变量 tag 成员的值：\n");
        printf("tag.v=%6.2lf\ntag.n=%4d\ntag.c=%c\n",tag.v,tag.n,tag.c);
        return 0;
}
```

程序运行结果：

```
共用型变量 tag 成员的值：
tag.v= 36.70
tag.n=-1717986918
tag.c=?
```

从程序运行结果可以看到，尽管对共用型变量的成员赋予了不同的值，但它只接受最后一个赋值。也就是说，只有成员 v 具有确定的值，而成员 n 和 c 的值是不可预料的。因此，在使用共用型变量成员的时候，要注意它的特点，以免造成数据的混乱。

同结构型变量一样，不能直接输入和输出共用型变量。例如：

```c
scanf("%f", &tag);
printf("%f", tag);
```

这样的语句是错误的。

C 语言允许同类型的共用体变量之间赋值，请看以下程序。

【例 9-5】 阅读以下程序，了解共用型变量的赋值情况。

```c
/*example9_5.c 了解共用型变量的赋值情况*/
#include <stdio.h>
```

```
union memb
{
    float v;
    int n;
    char c;
};
int main()
{
    union memb tag,Sval;
    tag.n=37;
    Sval=tag;
    printf("The value of Sval:\n");
    printf("Sval is%d\n",Sval.n);
    return 0;
}
```

程序运行结果：

```
The value of Sval:
Sval is37
```

9.5 枚举型数据

枚举型数据是用标识符表示的整数常量的集合，从其作用上看，枚举型常量是自动设置值的符号常量。枚举类型定义的一般形式为：

```
enum <枚举类型名>{标识符1,标识符2,…,标识符n};
```

枚举型常量的起始值为 0，例如：

```
enum months{JAN, FEB, MAR, APR, MAY, JUN, JUL, AUG, SEP, OCT, NOV, DEC};
```

其中，标识符的值被依次自动设置为整数 0～11。可以在定义时指定标识符的初值来改变标识符的取值，例如：

```
enum months{JAN=1, FEB, MAR, APR, MAY, JUN, JUL, AUG, SEP, OCT, NOV, DEC};
```

这样，枚举型常量的值被依次自动设置为整数 1～12。

枚举类型定义中的标识符必须是唯一的。可以在枚举类型定义时为每一个枚举型常量指定不同的值，也可以对中间的某个枚举型常量指定不同的值，例如：

```
enum clolor{red, blue, green, yellow=5, black, white};
```

由于只指定了 yellow 的值，枚举型常量的取值情况为 red=0，blue=1，green=2，yellow=5，black=6，while=7。

定义了枚举类型后，其枚举型常量的值就不可更改，但可以作为整型数使用。只有在定义了枚举类型后，才可以定义枚举型变量。枚举型变量定义的一般形式为：

```
enum <枚举类型名>  变量名1,变量名2,…,变量名n;
```

例如：

```
enum month work_day, rest_day;
```

也可以在定义枚举类型的同时定义枚举型变量：

```
enum color {red, yellow, green}light;
```

枚举型常量标识符是不能直接输入/输出的，只能通过其他方式来输入/输出枚举型常量标识符。

【例 9-6】 阅读以下程序，了解枚举类型的作用。

```
/* example9_6.c 了解枚举类型的作用*/
#include <stdio.h>
enum months{JAN=1,FEB,MAR,APR,MAY,JUN,JUL,AUG,SEP,OCT,NOV,DEC};
int main()
{
    enum months month;
    const char *monthName[]={"","January","February","March","April",
                             "May","June","July","August","September",
                             "October","November","December"};
    for(month=JAN;month<=DEC;month++)
        printf("%2d -- %-10s\n",month,monthName[month]);
    return 0;
}
```

程序运行结果：

```
 1 -- January
 2 -- February
 3 -- March
 4 -- April
 5 -- May
 6 -- June
 7 -- July
 8 -- August
 9 -- September
10 -- October
11 -- November
12 -- December
```

请注意上面这个程序中 for 循环里的初始表达式、关系表达式和循环变量表达式用的是枚举变量和枚举类型的成员，枚举类型在程序中的主要作用是通过定义一组常量集合来增强代码的可读性，以及限制枚举变量的取值范围和进行条件判断，在实际应用中，大家可根据实际情况取舍。

9.6 链表

在构造数据类型中，数组作为同类型数据的集合，给程序设计带来很多方便，但同时也存在一些问题。因为数组的大小必须事先定义好，并且在程序中不能对数组的大小进行调整，这样一来，使用的数组元素有可能超出数组定义的大小，导致数据不正确而使程序发生错误，严重时会引起系统发生错误。另有一种情况是实际所需的数组元素的个数远远小于数组定义时的大小，造成了存储空间的浪费。

链表为解决这类问题提供了一个有效的途径。

链表指的是将若干个数据项按一定的规则连接起来的表。链表中的数据项被称为结点。链表中每一个结点的数据类型都有一个自引用结构。自引用结构指结构成员中包含一个指针成员，该指针指向与自身同一个类型的结构，例如：

```
struct node
{   int  data;
    struct node *nextPtr;
};
```

定义了一个自引用结构型 struct node。它有两个成员，一个是整数型的成员 data，另一个是指针型的成员 nextPtr，且该指针成员指向 struct node 型的结构。成员 nextPtr 被称为"链节"，也就是说，nextPtr 可用来把一个 struct node 型的结构与另一个同类型的结构连在一起。这样，我们就可以给链表一个更准确的定义。

链表是用链节指针连接在一起的结点的线性集合。其结构如图 9-5 所示。

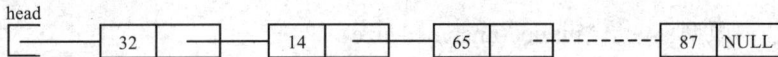
图 9-5　链表的结构

自引用结构成员的变量通常是指针型的，其结构成员的引用与成员的类型相关，例如，可以定义这样的结构型变量：

```
struct node *pt;
```

则结构成员的引用形式为：

```
pt->data;
pt->nextptr;
```

结点中的成员可包含任何类型的数据，包括其他结构型。例如：

```
struct birthday
{      int year;
       int month;
       int day;
};
struct person
{      char name[10];
       int work_age;
       struct birthday birth;
       sturct person  *nextPs;
};
```

struct person 是一个正确的自引用结构，它共有 4 个成员：name 是具有 10 个元素的字符数组，可用来指向一个字符串的首地址；work_age 是整数型的成员；birth 是 struct birthday 结构型的成员，该成员又含有另外 3 个 struct birthday 型的成员，且 struct birthday 结构型的定义是在 struct person 结构型的定义之前；nextPs 是指向自身结构型的指针。

必须注意的是，结点中的成员不能是自身类型的非指针成员，例如：

```
struct Enode
{    int num;
     char name[20];
     struct Enode nextPe;        /* nextPe 是错误的结构成员 */
};
```

是一个错误的结构型，其成员 nextPe 是一个自身类型的非指针成员，这在 C 语言中是不允许的。

链表是一种较为复杂的数据结构。根据数据之间的相互关系，链表又可分为单链表、循环链表、双向链表等。使用链表的最大优势是可以建立动态的数据结构，即它可以将不连续的内存数据连接起来。

本节主要介绍单链表，其他链表可参见"数据结构"等相关教程。

9.6.1　动态分配内存

建立和维护动态数据结构需要实现动态内存分配。这个过程是在程序运行时执行的，它可以链接新的结点以获得更多的内存空间，也可以删除结点以释放不再需要的内存空间。

C 语言利用 malloc 和 free 这两个函数及 sizeof 运算符动态分配、释放内存空间。malloc 函数和 free 函数所需的信息在头文件 stdlib.h 或 alloc.h 中，其函数原型及功能如下。

1．函数 malloc

函数的基本原型：void *malloc(unsigned size)。

功能：从内存分配一块大小为 size 个字节的内存空间。若成功，则返回新分配内存的首地址；若没有足够的内存分配，则返回 NULL。（注：该函数原型随着系统的变化后续又有一些改进，具体可参见不同版本的《C 语言库函数手册》）

为确保内存分配准确，函数 malloc 通常和运算符 sizeof 一起使用，例如：

```
int   *p;
p=(int*)malloc(20*sizeof(int)); /*分配 20 个整型数所需的内存空间*/
```

通过 malloc 函数分配能存放 20 个整型数的连续内存空间，并将该存储空间的首地址赋予指针变量 p。

又如：

```
struct student
{    int no;
     int score;
     struct student *next;
};
struct student *stu;
stu=(struct student*)malloc(sizeof(struct student));
```

程序会通过 sizeof 计算 struct student 的内存空间，然后分配 sizeof(struct student)个字节的内存空间，并将所分配的内存地址存储在指针变量 stu 中。

另外，函数 calloc 和 realloc 也是用来动态分配内存空间和重新分配内存空间的函数，具体使用方法可参阅《C 语言库函数手册》。

2．函数 free

函数原型：void free(void*p)。

功能：释放由参数 p 指向的内存块，无返回值。

例如，free(stu);作用是将 stu 所指的内存空间释放。

动态分配内存时，需要注意以下 4 个方面。

（1）结构类型占用的内存空间不一定是连续的，因此，应该用 sizeof 运算符来确定结构类型占用内存空间的大小。

（2）使用 malloc 函数时，应对其返回值进行检测，检测其是否为 NULL，以确保程序正确。

（3）要及时使用 free 函数释放不再需要的内存空间，避免系统资源被过早地用光。

（4）不要引用已经释放的内存空间。

> **注意**：（1）函数 free 也可以释放由函数 calloc 和 realloc 所分配的内存空间。
> （2）从 C 语言的发展来看，版本有 C77、C89、C99、C11、C17 等，其库函数在不同版本会有一些更新和变化。

9.6.2　单链表的建立

链表是通过指向链表第一个结点的指针访问的，通常称这个指针为头指针或头结点。它指向链表在内存中的首地址，其后的结点是通过结点中的链节指针成员访问的。链表的最后一个结点中的链节指针通常被设置成 NULL 来表示链尾。

链表中的每一个结点都是在需要的时候建立的，各结点在内存中的存储地址不一定是连续的，它是根据系统内存的使用情况自动分配的，即有可能是连续的内存空间，也有可能是跳跃式的、不连续的内存空间。

1. 建立一个单链表的主要步骤

（1）定义单链表的数据结构（定义一个自引用结构）。

（2）建立表头（建立一个空表）。

（3）利用 malloc 函数向系统申请分配一个结点空间。

（4）将新结点的指针成员的值赋为空（NULL），若是空表，将新结点连接到表头；若是非空表，则将新结点连接到表尾。

（5）若有后续结点要接入链表，则转到步骤（3），否则结束。

2. 输出一个单链表的主要步骤

（1）将结点指针 P 指向头结点。

（2）若 P 为非空，则循环执行下列操作，否则结束。

```
{
    输出结点值;
    P 指向下一结点;
}
```

【例 9-7】编写程序，创建一个链表，该链表可以存放从键盘输入的任意长度的字符串，以按回车键作为输入的结束。统计输入的字符个数并将字符串输出。

程序如下：

```
/* example9_7.c   创建字符串链表并将其输出 */
#include <stdlib.h>
#include <stdio.h>
struct string
{
    char ch;
    struct string *nextPtr;
};
struct string *creat(struct string *h);
void print_string(struct string *h);
int num=0;
int main()
{
    struct string *head;                          /*定义表头指针*/
    head=NULL;                                    /*创建一个空表*/
    printf("请输入一行字符（按回车键时程序结束）:\n");
    head=creat(head);                             /*调用函数创建链表*/
    print_string(head);                           /*调用函数输出链表内容*/
    printf("\n 输入的字符个数为%d\n",num);
    return 0;
}
struct string *creat(struct string *h)
{
    struct string *p1, *p2;
    p1=p2=(struct string*)malloc(sizeof(struct string));     /*申请新结点*/
    if(p2!=NULL)
    {
        scanf("%c",&p2->ch);           /*输入结点的值*/
        p2->nextPtr=NULL;              /*新结点指针成员的值赋为空*/
    }
```

构造数据类型 | 第9章

```
        while(p2->ch!='\n')
        {
            num++;                          /*字符个数加 1 */
            if(h==NULL)
                h=p2;                       /*若为空表，接入表头*/
            else
                p1->nextPtr=p2;             /*若为非空表，接入表尾*/
            p1=p2;
            p2=(struct string*)malloc(sizeof(struct string));    /*申请下一个新结点*/
            if(p2!=NULL)
            {
                scanf("%c",&p2->ch);        /*输入结点的值*/
                p2->nextPtr=NULL;
            }
        }
        return h;
}
void print_string(struct string *h)
{
    struct string *temp;
    temp=h;                                 /*获取链表的头指针*/
    while(temp!=NULL)
    {
            printf("%-2c",temp->ch);        /*输出链表结点的值*/
            temp=temp->nextPtr;             /*移到下一个结点*/
    }
}
```

程序运行结果：

```
请输入一行字符（按回车键时程序结束）：
abcd efgh ijkl mnop↵
a b c d  e f g h  i j k l  m n o p
输入的字符个数为 19
```

程序中定义了 creat() 和 print_string() 两个函数，还定义了一个全局变量 num。creat() 函数用于创建字符链表，print_string() 函数用于将链表的内容输出，全局变量 num 用于记录输入的字符个数。

程序中有一条关键语句 p1=p2，它所起的重要作用就是将前一个结点与下一个新结点连接起来。请读者思考一下，若程序中没有 p1=p2 这条语句，其结果会是怎样的？为什么？

另外，必须说明的是，也可以用其他方法来处理这个问题，如采用字符数组或字符指针等。

【例 9-8】编写程序，用链表的结构建立一条公交线路的站点信息，从键盘依次输入从起点到终点的各站站名，以单个"#"字符作为输入结束，统计站点总的数量并输出这些站点。

分析：各站点信息可以采用结构类型的数据。

```
struct station
{
    char name[8];
    struct station *nextSta;
};
```

设计函数 struct station *creat_sta(struct station *h)，将键盘输入的站点名依次插入链表 h 中。

程序如下：

```
/* example9_8.c    创建公交线路站名链表并将其输出 */
#include <stdlib.h>
#include <stdio.h>
#include <conio.h>
```

```
struct station
{
    char name[8];
    struct station *nextSta;
};
struct station *creat_sta(struct station *h);
void print_sta(struct station *h);
int num=0;
int main()
{
    struct station *head;
    head=NULL;
    printf("请输入站名:\n");
    head=creat_sta(head);
    printf("--------------------------\n");
    printf("共有%d 个站点:\n",num);
    print_sta(head);
    return 0;
}
struct station *creat_sta(struct station *h)
{
    struct station *p1, *p2;
    p1=p2=(struct station*)malloc(sizeof(struct station));
    if(p2!=NULL)
    {
        scanf("%s",&p2->name);
        p2->nextSta=NULL;
    }
    while(p2->name[0]!='#')
    {
        num++;
        if(h==NULL)
            h=p2;
        else
            p1->nextSta=p2;
        p1=p2;
        p2=(struct station*)malloc(sizeof(struct station));
        if(p2!=NULL)
        {
        scanf("%s",&p2->name);
            p2->nextSta=NULL;
        }
    }
    return h;
}
void print_sta(struct station *h)
{
    struct station *temp;
    temp=h;
    while(temp!=NULL)
    {
        printf("%-8s",temp->name);
        temp=temp->nextSta;
    }
}
```

程序运行结果:

请输入站名:
CheZhan↵
ZhongShan↵
MeiYuan↵
ShanJiu↵
YaoLing↵
ChengNan↵
QiaoTou↵

```
MaiChang↵
#↵
--------------------------
共有 8 个站点:
CheZhan  ZhongShan  MeiYuan  ShanJiu  YaoLing  ChengNan  QiaoTou  MaiChang
```

程序结构与【例 9-7】的程序类似,两个函数 creat_sta() 和 print_sta() 分别用于创建站名链表和将链表的内容输出,全局变量 num 用于记录站名的个数。

请读者分析链表建立函数 creat_sta() 的算法,思考其中有可能存在的问题,修改并完善程序。

9.6.3 从单链表中删除结点

可以在已建好的单链表中删去一个结点而不破坏原链表的结构。例如,这样的自引用结构:

```
struct node
{   int n;
    struct node *next;
};
```

假设已建好了图 9-6 所示的链表。

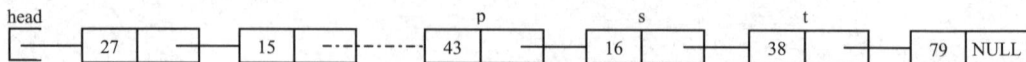

图 9-6　一个整数链表

现在要删除图 9-6 中的 s 结点,使链表成为图 9-7 所示的形式。

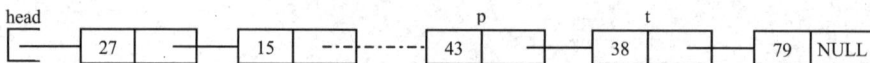

图 9-7　删除结点后的链表

在链表中删除结点,主要工作是修改结点指针域的值,如图 9-8 所示。

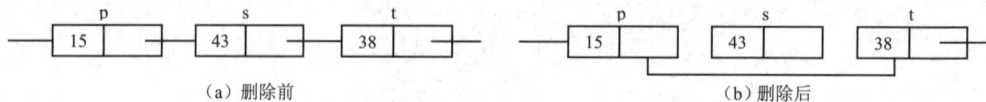

（a）删除前　　　　　　　　　　（b）删除后

图 9-8　删除结点

图 9-8（a）所示为结点 s 被删除前的情况,图 9-8（b）所示为结点 s 被删除后的情况,这是通过修改链表指针完成的。对于被删除的结点 s,在表中的位置只有 3 种情况,因此修改结点指针的方法也相应有 3 种。

（1）s 结点在表的中间（既不在表头,也不在表尾）:

```
p->next=s->next;
```

（2）s 结点位于表头:

```
head=s->next;
```

（3）s 结点位于表尾:

```
p->next=NULL;
```

表中的结点一旦被删除,就应该用 free() 函数释放被删除结点所占用的内存空间,对于图 9-6 中的 s 结点而言,可用 free(s) 语句来释放其所占用的空间,将空间交还给系统。

【例 9-9】 修改【例 9-8】的程序，再从键盘输入一个要删除的站点名，并将删除后的站点依次输出。

分析：可以在【例 9-8】程序的基础上增加一个删除结点的函数。

```
struct station *del_sta(struct station *h,char *str)
```

在 h 所指的链表中，删除结点值为 str 所指字符串的结点。

程序如下：

```
/* example9_9.c    删除链表中的一个结点并将结果输出 */
#include <stdlib.h>
#include <stdio.h>
#include <conio.h>
#include <string.h>
struct station
{
    char name[8];
    struct station *nextSta;
};
struct station *creat_sta(struct station *h);
void print_sta(struct station *h);
struct station *del_sta(struct station *h,char *str);
int num=0;
int main()
{
    struct station *head;
    char name[50],*del_stas=name;
    head=NULL;
    printf("请输入站名:\n");
    head=creat_sta(head);   /* 建立链表 */
    printf("--------------------------\n");
    printf("站点数为%d\n",num);
    print_sta(head);        /* 输出链表中的站点信息 */
    printf("\n请输入要删除的站名:\n");
    scanf("%s",name);
    head=del_sta(head,del_stas);   /* 删除链表中的一个站点 */
    printf("--------------------------\n");
    printf("新的站点为\n");;
    print_sta(head);   /* 输出删除站点后链表中的站点信息 */
    printf("\n");
    return 0;
}
/* 建立由各站点组成的链表 */
struct station *creat_sta(struct station *h)
{
    struct station *p1,*p2;
    p1=p2=(struct station*)malloc(sizeof(struct station));
    if(p2!=NULL)
    {
        scanf("%s",&p2->name);
        p2->nextSta=NULL;
    }
    while(p2->name[0]!='#')
    {
        num++;
        if(h==NULL)
            h=p2;
        else
            p1->nextSta=p2;
        p1=p2;
        p2=(struct station*)malloc(sizeof(struct station));
        if(p2!=NULL)
        {
            scanf("%s",&p2->name);
```

```
                p2->nextSta=NULL;
            }
    }
    return h;
}
/* 输出链表中的信息 */
void print_sta(struct station *h)
{
    struct station *temp;
    temp=h;                        /*获取链表的头指针*/
    while(temp!=NULL)
    {
        printf("%-8s",temp->name);            /*输出链表结点的值*/
        temp=temp->nextSta;                   /*移到下一个结点*/
    }
}
/* 修改链表中指针的指向，删除的站点名为 str 所指的字符串*/
struct station *del_sta(struct station *h,char *str)
{
    struct station *p1,*p2;
    p1=h;
    if(p1==NULL)
    {
        printf("The list is null\n");
        return h;
    }
    p2=p1->nextSta;
    if(!strcmp(p1->name,str))
    {
        h=p2;
        return h;
    }
    while(p2!=NULL)
    {
        if(!strcmp(p2->name,str))
        {
            p1->nextSta=p2->nextSta;
            return h;
        }
        else
        {
            p1=p2;
            p2=p2->nextSta;
        }
    }
    return h;
}
```

程序运行结果：

```
请输入站名：
AAA BBB CCC DDD EEE FFF GGG HHH KKK MMM↵
#↵
----------------------------
站点数为 9
AAA      BBB      CCC      DDD      EEE      FFF      GGG      HHH      MMM

请输入要删除的站名：
EEE↵
----------------------------
新的站点为
AAA      BBB      CCC      DDD      FFF      GGG      HHH      MMM
```

请读者分析函数 struct station *del_sta(struct station *h,char *str)的算法，注意删除结点的核心是修改链表中的指针。该函数对于要删除的站名（str 所指的字符串）进行判断，看是否在链表中。若 str 所指的字符串在链表中，则修改链表结点的指针域的值（删除结点），然后可释放该结点所占用的内存，返回一个新的链表。若不在链表中，则不删除任何结点，返回原来的站点线路。

请思考程序中还存在哪些不足，怎样使程序更加完善。

9.6.4　向链表中插入结点

同删除结点一样，也可以向链表中插入结点，而不破坏原链的结构。例如，在图 9-9（a）所示的链表中，在结点 p 和结点 t 之间插入一个结点 s，使其成为图 9-9（b）所示的链表。

向链表中插入一个结点，也是通过修改结点指针的值来完成的，如图 9-9 所示。

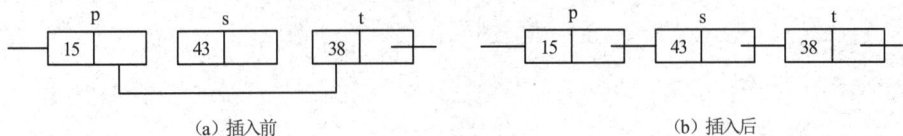

图 9-9　插入结点

对于被插入的结点 s，插入后在链表中的位置只有 3 种情况，修改结点指针的方法也相应有 3 种。

（1）将 s 结点插入表中（既不在表头，也不在表尾），如图 9-9 所示。图 9-9（a）所示为结点 s 插入前的链表，图 9-9（b）所示为结点 s 插入后的链表，通过修改链表指针完成。

```
s->next=t;
p->next=s;
```

（2）将 s 结点插入表头，如图 9-10 所示。图 9-10（a）所示为插入前的链表，图 9-10（b）所示为插入后的链表，通过修改链表指针完成。

```
s->next=t;
head=s;
```

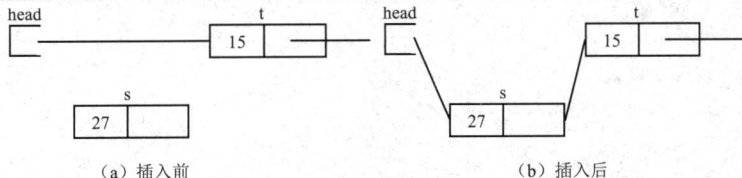

图 9-10　将 s 结点插入表头

（3）将 s 结点插入表尾，如图 9-11 所示。在 s 结点插入前，p->next 的值为 NULL。图 9-11（a）所示为插入前的链表，图 9-11（b）所示为插入后的链表，通过修改链表指针完成。

```
p->next=s;
s->next=NULL;
```

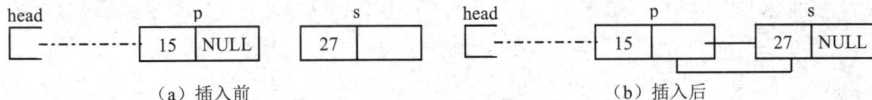

图 9-11　将结点插入表尾

【例 9-10】修改【例 9-8】的程序，从键盘输入一个要加入的站点名，并将加入后的站点依次输出。

分析：可以在【例 9-8】程序的基础上添加一个增加结点的函数。

```
                  struct station *add_sta(struct station *h,char *stradd,char *strafter)
```
将 stradd 所指的站点插入 h 链表中原有的站点 strafter 的后面。

程序如下：

```c
/*example9_10.c    在链表中增加一个结点并将结果输出 */
#include <stdlib.h>
#include <stdio.h>
#include <conio.h>
#include <string.h>
struct station
{
    char name[8];
    struct station *nextSta;
};
struct station *creat_sta(struct station *h);
void print_sta(struct station *h);
struct station *add_sta(struct station *h,char *stradd, char *strafter);
int num=0;
int main()
{
    struct station *head;
    char add_stas[30],after_stas[30];
    head=NULL;
    printf("请输入线路的站点名:\n");
    head=creat_sta(head);    /* 建立站点线路的链表 */
    printf("--------------------------\n");
    printf("站点数为%d\n",num);
    print_sta(head);          /* 输出站点信息 */
    printf("\n请输入要增加的站点名: \n");
    scanf("%s",add_stas);
    printf("请输入要插在哪个站点的后面: ");
    scanf("%s",after_stas);
    head=add_sta(head,add_stas,after_stas);
    printf("--------------------------\n");
    printf("增加站点后的站名: \n");
    print_sta(head);        /* 将新增加的站点插入链表中 */
    printf("\n");
    return 0;
}
/* 建立站点线路的链表 */
struct station *creat_sta(struct station *h)
{
    struct station *p1,*p2;
    p1=p2=(struct station*)malloc(sizeof(struct station));
    if(p2!=NULL)
    {
        scanf("%s",&p2->name);
        p2->nextSta=NULL;
    }
    while(p2->name[0]!='#')
    {
        num++;
        if(h==NULL)
            h=p2;
        else
            p1->nextSta=p2;
        p1=p2;
        p2=(struct station*)malloc(sizeof(struct station));
        if(p2!=NULL)
        {
            scanf("%s",&p2->name);
            p2->nextSta=NULL;
        }
    }
```

```
        return h;
}
/* 输出站点信息 */
void print_sta(struct station *h)
{
    struct station *temp;
    temp=h;                          /*获取链表的头指针*/
    while(temp!=NULL)
    {
        printf("%-8s",temp->name);    /*输出链表结点的值*/
        temp=temp->nextSta;          /*移到下一个结点*/
    }
}
/* 将 stradd 所指的站点插入链表 h 中的 strafter 站点的后面 */
struct station *add_sta(struct station *h,char *stradd, char *strafter)
{
    struct station *p1,*p2;
    p1=h;
    p2=(struct station*)malloc(sizeof(struct station));
    strcpy(p2->name,stradd);
    while(p1!=NULL)
    {
        if(!strcmp(p1->name,strafter))
        {
            p2->nextSta=p1->nextSta;
            p1->nextSta=p2;
            return h;
        }
        else
            p1=p1->nextSta;
    }
    return h;
}
```

程序运行结果：

```
请输入线路的站点名：
aaa bbb ccc ddd fff ggg hhh  kkk mmm↵
#↵
----------------------------
站点数为 9
aaa      bbb      ccc      ddd      fff      ggg      hhh      kkk      mmm
请输入要增加的站点名：
WWW↵
请输入要插在哪个站点的后面：fff↵
----------------------------
增加站点后的站名：
aaa      bbb      ccc      ddd      fff      WWW      ggg      hhh      kkk      mmm
```

请读者分析函数 struct station *add_sta(struct station *h,char *stradd, char *strafter)的算法，注意增加结点的核心是修改链表中的指针，将 stradd 所指的字符串插入链表中 strafter 所指字符串的后面，返回一个新的链表。如果链表中没有 strafter 所指字符串，则不完成插入工作，返回原来的站点线路。

思考：程序中还存在哪些不足？怎样使程序更加完善？

9.7 程序范例

【例 9-11】 编写程序，从键盘输入一个矩形的左下角和右上角的坐标，输出该矩形的中心点坐标值，再输入任意一个点的坐标，判断该点是否在矩形内。

分析：用 xd、yd 代表矩形的左下角坐标；用 xu、yu 代表矩形右上角的横、纵坐标；

用 xm、ym 代表矩形的中点坐标；设计函数 int ptin(struct point p,struct rect r)，用于判断输入的点 p 是否在矩形 r 的内部。

程序如下：

```
/*example9_11.c    计算点与矩形的关系*/
#include <stdio.h>
struct point
{
        int x;
        int y;
};
struct rect
{
        struct point pt1;
        struct point pt2;
};
struct point makepoint(int x,int y);
int ptin(struct point p,struct rect r);
int main()
{
        int xd,yd,xu,yu,xm,ym,in;
        struct point middle,other;
        struct rect screen;
        printf("请输入左下角的坐标(xd,yd):\n");
        scanf("%d%d",&xd,&yd);
        printf("请输入右上角的坐标(xu,yu):\n");
        scanf("%d%d",&xu,&yu);
        screen.pt1=makepoint(xd,yd);
        screen.pt2=makepoint(xu,yu);
        xm=(screen.pt1.x+screen.pt2.x)/2;
        ym=(screen.pt1.y+screen.pt2.y)/2;
        middle=makepoint(xm,ym);
        printf("\n 矩形的中心点坐标: (%d,%d)\n",middle.x,middle.y);
        printf("请输入任一点的坐标(x,y):\n");
        scanf("%d%d",&other.x,&other.y);
        in=ptin(other,screen);
        if(in==1)
                printf("恭喜你! 你输入的点在矩形内! \n");
        else
                printf("对不起! 你输入的点不在矩形内! \n");
        return 0;
}
struct point makepoint(int x,int y)
{
        struct point temp;
        temp.x=x;
        temp.y=y;
        return temp;
}
int ptin(struct point p,struct rect r)
{
        if((p.x>r.pt1.x) && (p.x<r.pt2.x) && (p.y>r.pt1.y) &&(p.y<r.pt2.y))
                return 1;
        else
                return 0;
}
```

程序运行结果：

```
请输入左下角的坐标(xd,yd):
50 50↵
请输入右上角的坐标(xu,yu):
200 200↵

矩形的中心点坐标: (125,125)
```

```
请输入任一点的坐标(x,y)：
60 120↵
恭喜你！你输入的点在矩形内！
```

【例 9-12】改进【例 8-24】的程序。采用结构类型设计一个洗牌和发牌的程序，用 H 代表红桃，D 代表方片，C 代表梅花，S 代表黑桃，用 1~13 代表每一种花色的面值。

分析：可用结构类型来表示扑克牌的花色和面值。

```
struct card {
        char *face;
        char *suit;
};
```

结构成员 face 代表扑克牌的面值；suit 代表扑克牌的花色。

函数 void shuffle(Card *)用于对扑克牌完成洗牌。

程序如下：

```
/*example9_12.c 改进例8-24的洗牌算法*/
#include <stdio.h>
#include <stdlib.h>
#include <time.h>
struct card {
        char *face;
        char *suit;
};
typedef struct card Card;
void fillDeck(Card *, char *[], char *[]);
void shuffle(Card *);
void deal(Card *);
int main()
{
        Card deck[52];
        char *face[]={"1","2","3","4","5","6","7","8","9","10","11", "12", "13"};
        char *suit[]={"H","D","C","S"};
        srand(time(NULL));
        fillDeck(deck, face, suit);
        shuffle(deck);
        deal(deck);
        return 0;
}

void fillDeck(Card *wDeck, char *wFace[], char *wSuit[])
{
        int i;

        for(i=0; i<=51; i++)
        {
                wDeck[i].face=wFace[i % 13];
                wDeck[i].suit=wSuit[i / 13];
        }
}

void shuffle(Card *wDeck)
{
        int i, j;
        Card temp;
        for(i=0; i<=51; i++)
        {
                j=rand() % 52;
                temp=wDeck[i];
                wDeck[i]=wDeck[j];
                wDeck[j]=temp;
        }
}
```

```
void deal(Card *wdeck)
{
    int i;
    for(i=0; i<=51; i++)
        printf("%2s--%2s%c", wdeck[i].suit, wdeck[i].face,(i+1)%4?'\t':'\n');
}
```

程序运行结果：

```
D--11        D--8         S--13        D--12
D--1         S--12        H--10        S--4
C--9         C--1         S--9         S--6
D--7         C--12        D--3         C--3
C--7         H--12        C--8         S--1
H--2         C--2         D--10        H--9
H--5         S--10        H--3         C--10
D--6         C--13        S--8         H--4
H--6         C--6         D--9         C--4
D--13        S--11        H--8         S--7
S--2         C--11        D--4         H--11
D--2         H--7         H--13        S--3
S--5         D--5         H--1         C--5
```

请读者分析程序的算法，思考如何用位段结构成员来表示一副扑克牌，发牌时如何显示每张牌的颜色。请见下面的程序。

【例 9-13】请修改【例 9-12】，用位段结构成员表示一副牌，发牌时显示每张牌的颜色。

分析：因为牌的面值只有 13 种，牌的花色只有 4 种，牌的颜色只有 2 种，因此，可用一个位段结构来表示一副牌。

```
struct bitCard{
    unsigned face: 4;
    unsigned suit: 2;
    unsigned color: 1;
};
```

face 表示面值，suit 表示花色，color 表示颜色。

程序如下：

```
/*example9_13.c   另一种高效的洗牌方法*/
#include <stdio.h>
#include <stdlib.h>
#include <time.h>

struct bitCard{
    unsigned face: 4;
    unsigned suit: 2;
    unsigned color: 1;
};
typedef struct bitCard Card;

void fillDeck(Card *);
void shuffle(Card *);
void deal(Card *);
char *suit[4]={"Diamonds","Hearts","Clubs","Spades"};
char *face[13]={"A","2","3","4","5","6","7","8","9","10","J","Q","K"};
char *color[13]={"Red","Black"};
int main()
{
    Card deck[52];
    srand(time(NULL));
    fillDeck(deck);
    shuffle(deck);
    deal(deck);
```

```c
        return 0;
}
void fillDeck(Card *wDeck)    /*初始化每一张牌*/
{
        int i;
        for(i=0;i<=51;i++){
                wDeck[i].face=i%13;
                wDeck[i].suit=i/13;
                wDeck[i].color=i/26;
        }
}
void shuffle(Card *wDeck)    /*用随机数洗牌*/
{
        int i,j;
        Card temp;
        for(i=0;i<52;i++){
        j=rand()%52;
        temp=wDeck[i];
        wDeck[i]=wDeck[j];
        wDeck[j]=temp;
        }
}
void deal(Card *wDeck)    /*发牌*/
{
        int k1,k2;
        for(k1=0,k2=k1+26;k1<=25;k1++,k2++)
        {
                printf("%-5s%-8s%s\t",
                        color[wDeck[k1].color],suit[wDeck[k1].suit],face[wDeck[k1].face]);
                printf("%-5s%-8s%s\n",
                        color[wDeck[k2].color],suit[wDeck[k2].suit],face[wDeck[k2].face]);
        }
}
```

程序运行结果：

Black	Clubs	4	Red	Hearts	J
Red	Hearts	6	Black	Clubs	2
Red	Diamonds	7	Red	Hearts	A
Red	Hearts	7	Red	Diamonds	2
Black	Clubs	6	Red	Diamonds	K
Red	Diamonds	5	Black	Spades	6
Black	Clubs	5	Red	Diamonds	A
Black	Clubs	9	Black	Spades	A
Black	Spades	8	Red	Diamonds	8
Black	Clubs	K	Red	Diamonds	J
Red	Hearts	K	Red	Diamonds	3
Red	Hearts	9	Black	Spades	5
Red	Diamonds	10	Red	Hearts	5
Red	Hearts	Q	Red	Diamonds	9
Red	Hearts	4	Red	Diamonds	4
Black	Clubs	J	Red	Diamonds	Q
Black	Clubs	A	Black	Spades	J
Black	Clubs	8	Black	Spades	9
Red	Hearts	3	Black	Spades	4
Black	Spades	3	Black	Clubs	3
Black	Spades	7	Black	Spades	10
Black	Clubs	Q	Red	Hearts	8
Red	Hearts	10	Black	Spades	K
Black	Clubs	7	Black	Clubs	10
Black	Spades	Q	Black	Spades	2
Red	Hearts	2	Red	Diamonds	6

    请读者分析程序的算法，比较【例 8-24】【例 9-12】【例 9-13】中 3 个不同的程序，理解结构化程序的设计思想和算法设计的基本方法。

【例 9-14】 编写程序，求解一种变化的约瑟夫问题：由 n 个人围成一圈，对他们从 1 开始依次编号，现指定从第 m 个人开始报数，报到第 s 个数时，该人员出列，然后从下一个人再开始从 1 报数，仍是报到第 s 个数时，人员出列，如此重复，直到所有人都出列，输出人员的出列顺序。

分析：可采用结构成员记录每个人的序号和邻近的下一个人的序号。

```
struct child{
    int num;
    int next;
};
```

求解出队序列，可通过函数 void OutQueue(int m,int n,int s,struct child ring[]) 来实现。函数 OutQueue() 的算法如下。

（1）用 i、j 表示结构数组 ring 的下标值，count 作为循环变量。

（2）如果 m=1（从第一个人开始报数），则队尾的下标值 j=n；否则队尾的下标值 j=m-1。

（3）用二层循环输出出列的人。

第一层用循环变量 count 控制总的出列人数；第二层用循环变量 i 寻找下一个出列的间隔数；若第 j 个人出列，则置 ring[j].num=0;。

函数 OutQueue() 的程序流程图如图 9-12 所示。

根据图 9-12 所示的流程图，写出如下程序：

```
/*example9_14    用结构成员求解变化的约瑟夫问题*/
#include <stdio.h>
struct child
{
    int num;
    int next;
};
void OutQueue(int m,int n,int s,struct child ring[]);
int main()
{
    struct child ring[100];
    int i,n,m,s;
    printf("请输入人数 n(1~99): ");
    scanf("%d",&n);
    for(i=1;i<=n;i++)    /* 对人员编号*/
    {
        ring[i].num=i;
        if(i==n)
            ring[i].next=1;
        else
            ring[i].next=i+1;
    }
    printf("人员编号: \n");/*输出人员编号*/
    for(i=1;i<=n;i++)
    {
        printf("%6d",ring[i].num);
        if(i%10==0)
            printf("\n");
    }
    printf("\n 请输入开始报数的编号 m(1~100): ");
    scanf("%d",&m);
    printf("报到第几个数出列 s(1~100): ");
    scanf("%d",&s);
    printf("出列顺序: \n");
    OutQueue(m,n,s,ring);
    return 0;
}
```

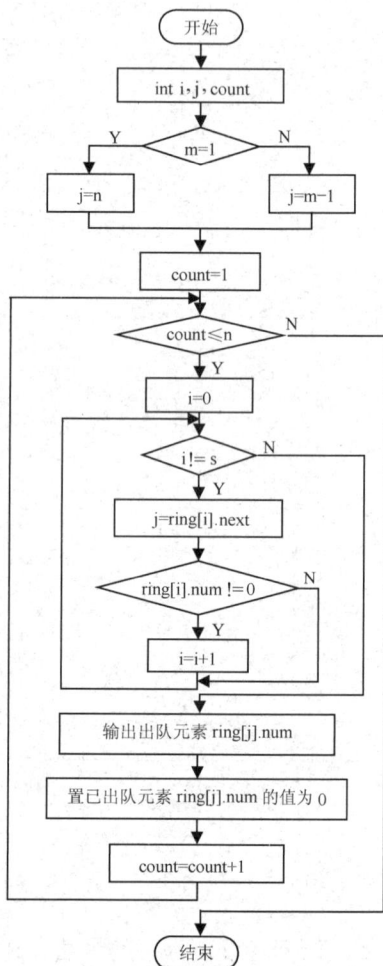

图 9-12　函数 OutQueue() 的程序流程图

```
void OutQueue(int m,int n,int s,struct child ring[])
{
    int i,j,count;
    if(m==1)
        j=n;
    else
        j=m-1;
    for(count=1;count<=n;count++)
    {
        i=0;
        while(i!=s)
        {
        j=ring[j].next;
        if(ring[j].num!=0)
        i++;
        }
        printf("%6d",ring[j].num);
        ring[j].num=0;
        if(count%10==0)
            printf("\n");
    }
}
```

第 1 次程序运行结果：

```
请输入人数 n(1~99)：30
人员编号：
        1       2       3       4       5       6       7       8       9      10
       11      12      13      14      15      16      17      18      19      20
       21      22      23      24      25      26      27      28      29      30

请输入开始报数的编号 m(1~100)：1
报到第几个数出列 s(1~100)：7
出列顺序：
        7      14      21      28       5      13      22      30       9      18
       27       8      19       1      12      25      10      24      11      29
       17       6       3       2       4      16      26      15      20      23
```

读者可以将这个结果与【例 8-22】中的程序做比较，分析它们算法的不同。

第 2 次程序运行结果：

```
请输入人数 n(1~99)：40
人员编号：
        1       2       3       4       5       6       7       8       9      10
       11      12      13      14      15      16      17      18      19      20
       21      22      23      24      25      26      27      28      29      30
       31      32      33      34      35      36      37      38      39      40

请输入开始报数的编号 m(1~100)：9
报到第几个数出列 s(1~100)：5
出列顺序：
       13      18      23      28      33      38       3       8      14      20
       26      32      39       5      11      19      27      35       2      10
       21      30      40       9      22      34       6      17      36      12
       29       7      31      16       4       1      15      25      37      24
```

9.8 本章小结

本章介绍了三种用户自定义的构造数据类型——结构型、共用型和枚举型，要注意类型定义与变量定义的区别。若将结构型变量作为函数的参数，它只是起传值作用。只有当函数的参数为指向结构型变量的指针时，才可以起到传址作用。

结构类型的定义可以嵌套，结构型与共用型的定义也可以互相嵌套，只是要注意被嵌套的类型必须要先定义。

结构数据类型是 C 语言为我们提供的另一种处理数据的方法和途径，通过结构数组、结构指针等可以很方便地描述一些复杂的数据，设计出更高效的程序。

习题

一、单选题。在以下每一题的四个选项中，请选择一个正确的答案。

【题 9.1】 当说明一个结构型变量时，系统分配给它的内存是_____。
  A. 各成员所需内存量的总和   B. 结构体中第一个成员所需内存量
  C. 成员中占内存量最大者所需的容量   D. 结构体中最后一个成员所需内存量

【题 9.2】 把一些属于不同类型的数据作为一个整体来处理时，常用_____。
  A. 简单变量   B. 数组型数据
  C. 指针型数据   D. 结构型数据

【题 9.3】 在说明一个共用型变量时，系统分配给它的存储空间是_____。
  A. 该共用体中第一个成员所需存储空间
  B. 该共用体中占用最大存储空间的成员所需存储空间
  C. 该共用体中最后一个成员所需存储空间
  D. 该共用体中所有成员所需存储空间的总和

【题 9.4】 以下关于枚举的叙述不正确的是_____。
  A. 枚举型变量只能取对应枚举类型的枚举元素表中的元素
  B. 可以在定义枚举型时对枚举元素进行初始化
  C. 枚举元素表中的元素有先后次序，可以进行比较
  D. 枚举元素的值可以是整数或字符串

【题 9.5】 设有以下说明语句：

```
struct  lie
{    int  a;
     float b;
}st;
```

则下面叙述中错误的是_____。
  A. struct 是结构型的关键字   B. struct lie 是用户定义的结构型
  C. st 是用户定义的结构类型名   D. a 和 b 都是结构成员名

【题 9.6】 若有以下语句：

```
struct worker
{    int no;
     char *name;
}work, *p=&work;
```

则以下引用方式不正确的是_____。
  A. work.no   B. (*p).no   C. p->no   D. work->no

【题 9.7】 若有以下语句，正确的 k 值是_____。

```
enum  {a, b=5, c, d=4, e} k;
k=a;
```

  A. 0   B. 1   C. 4   D. 6

【题9.8】在16位的计算机上使用C语言，若有如下定义：

```
struct  data
{    int  i;
     char  ch;
     double  f;
}da;
```

则结构变量 da 占用内存为_____字节。

    A. 1   B. 4   C. 8   D. 11

【题9.9】C语言结构类型变量在程序执行期间_____。

    A. 所有成员一直驻留在内存中   B. 只有一个成员驻留在内存中

    C. 部分成员驻留在内存   D. 没有成员驻留在内存中

【题9.10】在16位的计算机上使用C语言，若有如下定义：

```
union
{    int  i;
     char  ch;
     double  f;
}da;
```

则共用型变量 da 占用内存为_____字节。

    A. 1   B. 4   C. 8   D. 11

二、判断题。**判断下列各叙述的正确性，若正确，则在（　）内标记"√"；若错误，则在（　）内标记"×"。**

【题9.11】（　）结构体的成员可以作为变量使用。

【题9.12】（　）在一个函数中，允许定义与结构体类型的成员相同名的变量，它们代表不同的对象。

【题9.13】（　）在 C 语言中，可以把一个结构体变量作为一个整体赋值给另一个具有相同类型的结构体变量。

【题9.14】（　）使用共用体 union 的目的是，将一组具有相同数据类型的数据作为一个整体，以便于其中的成员共享同一存储空间。

【题9.15】（　）使用结构体 struct 的目的是，将一组数据作为一个整体，以便于其中的成员共享同一空间。

【题9.16】（　）在 C 语言中，如果它们的元素相同，即使不同类型的结构也可以相互赋值。

【题9.17】（　）在 C 语言中，枚举元素表中的元素有先后次序，可以进行比较。

【题9.18】（　）用 typedef 可以定义各种类型名，但不能用来定义变量。

【题9.19】（　）语句 printf("%d\n",sizeof(struct person)) 将输出结构型 person 的长度。

【题9.20】（　）结构型变量的指针是这个结构体变量所占内存单元段的起始地址。

三、填空题。**请在以下各叙述的空白处填入合适的内容。**

【题9.21】"•"称为_____运算符，"->"称为_____运算符。

【题9.22】设有定义语句"struct {int a; float b; char c;}s, *p=&s;"，则对结构体成员 a 的引用方法可以是 s.a 和_____。

【题9.23】把一些属于不同类型的数据作为一个整体来处理时，常用_____。

【题 9.24】嵌套结构体是指结构体的成员也是一个_____。

【题 9.25】在说明一个共用型变量时，系统分配给它的存储空间是该共用体中_____。

【题 9.26】共用型变量在程序执行期间，有_____成员驻留在内存中。

【题 9.27】用 typedef 可以定义_____，但不能用来定义变量。

【题 9.28】若有以下语句，则变量 w 所占内存为_____字节。

```
union   aa{float x; float y; char c[6];};
struct  st{union aa v; float w[5]; double ave;}w;
```

【题 9.29】枚举型变量只能取对应枚举型的_____。

【题 9.30】共用型变量的地址和它的各成员的地址是_____。

四、阅读以下程序，写出程序运行结果。

【题 9.31】#include "stdio.h"

```
struct node
{  char data;
   struct node *next;
};
struct node a[]={{'A',a+1},{'B',a+2},{'C',a+3},
              {'D',a+4},{'E',a+5},{' ',a}};
int main( )
{  struct node *p=a;
   int i, j;
   for(i=0; i<6; i++)
   {  printf("\n");
      for(j=0; j<6; j++)
       {  printf("%c", p->data);
          p=p->next;
       }
       p=p->next;
   }
   return 0;
}
```

【题 9.32】#include "stdio.h"

```
int main( )
{
    union
    {  int ig[4];
       char a[8];
    }t;
    t.ig[0]=0x4241;
    t.ig[1]=0x4443;
    t.ig[2]=0x4645;
    t.ig[3]=0x0000;
    printf("\n%s\n",t.a);
    return 0;
}
```

【题 9.33】#include "stdio.h"

```
int main( )
{  enum color {red=3, yellow=6, blue=9};
   enum color a=red;
   printf("\nred=%d", red);
   printf("\nyellow=%d", yellow);
   printf("\nblue=%d", blue);
   printf("\na=%d", a);
   a=yellow;
   printf("\na=%d\n", a);
```

```
                    return 0;
                }
```

【题 9.34】#include "stdio.h"

```
            struct  n_c
            {  int x;
               char c;
            };
            void func(struct n_c b)
            {  b.x=15;
               b.c='A';
            }
            int main( )
            {  struct n_c a={20,'x'};
               func(a);
               printf("%d %c\n",a.x,a.c);
               return 0;
            }
```

五、程序填空题。请在以下程序空白处填入合适的语句。

【题 9.35】以下程序完成的功能：输入学生的姓名和成绩，然后输出，请填空。

```
#include "stdio.h"
struct student
{   char name[20];
    float score;
}stu,*p;
void main( )
{   p=&stu;
    printf("Enter name:");
    gets(_____①_____);
    printf("Enter score:");
    scanf("%f",_____②_____);
    printf("Output:%s,  %f\n",p->name,p->score);
}
```

【题 9.36】以下程序完成的功能：用户从键盘输入一行字符，程序调用函数建立反序的链表，然后输出整个链表，请填空。

```
#include "stdio.h"
#include "stdlib.h"
struct node
{   char data;
    struct node *link;
}*head;
void ins(struct node *q)
{   if(head= =NULL)
    {   q->link=NULL;
        head=q;
    }
    else
    {   q->link=head;
        head=_____①_____;
    }
}
int main( )
{   char ch;
    struct node *p;
    head=NULL;
    while((ch=getchar())!='\n')
    {   p=(struct node*)malloc(sizeof(_____②_____));
        p->data=ch;
        _____③_____;
```

```
    }
    p=head;
    while(p!=NULL)
    {  printf("%c  ",p->data);
       p=p->link;
    }
    printf("\n");
    return 0;
}
```

六、编程题。对以下问题编写程序并上机验证。

【题 9.37】用结构体类型编写程序，输入一个学生的数学期中和期末成绩，然后计算并输出其平均成绩。

【题 9.38】有 10 个学生，每个学生的数据包括学号（num）、姓名（name[9]）、性别（sex）、年龄（age）、3 门课成绩（score[3]），要求在 main() 函数中输入这 10 个学生的数据，并对每个学生调用函数 count() 计算总分和平均分，然后在 main() 函数中输出所有各项数据（包括原有的和新求出的），试编写程序。

【题 9.39】将【题 9.38】改用指针方法处理，即用指针变量逐次指向数组中的各元素，输入每个学生的数据，然后用指针变量作为函数参数将地址值传给 count() 函数，在 count() 中做统计，最后将数据返回 main() 函数中并输出，试编写程序。

【题 9.40】建立职工情况链表，每个结点包含的成员为职工号（id）、姓名（name）、工资（salary）。用 malloc() 函数开辟新结点，从键盘输入结点中的所有数据，然后依次把这些结点的数据显示在屏幕上，试编写程序。

【题 9.41】将一个链表反转排列，即将链头当链尾、链尾当链头，试编写程序。

【题 9.42】有 10 人参加百米赛跑，成绩如下：

```
207 号     14.5"        077 号     15.1"
166 号     14.2"        231 号     14.7"
153 号     15.1"        276 号     13.9"
096 号     15.7"        122 号     13.7"
339 号     14.9"        302 号     14.5"
```

编写程序求前 3 名运动员的号码及相应的成绩。

【题 9.43】设单链表结点类型 node 定义如下：

```
struct node
{  int data;
   struct node *next;
};
```

编写程序，将单链表 A 分解为两个单链表 A 和 B，其头指针分别为 head 和 head1，使新的 A 链表含原链表 A 中序号为奇数的元素，而 B 链表含原链表 A 中序号为偶数的元素，且保持原来的相对顺序。

第10章 文件操作

文件作为存储数据的载体可以长期保存，计算机可以处理任何保存在磁盘中的文件，如源程序文件、图形文件、音频文件、数据文件、可执行文件等。我们可以按不同的方式对计算机的文件进行分类，例如，可按数据的组织形式，将文件分成文本文件和二进制文件。

10.1 文件的概念

文件实际上是记载在外部存储器上的数据的集合。在 C 语言中，数据的集合被看成字符或字节序列，即由一个一个的字符或字节的数据顺序组成。换句话说，C 语言把每一个文件都看作一个有序的字节流，如图 10-1 所示。

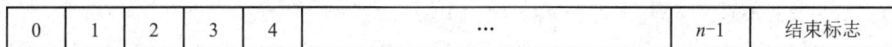

0	1	2	3	4	...	$n-1$	结束标志

图 10-1　内存中的字节流

流是文件和程序之间通信的通道。一个 C 语言程序可以创建文件和对文件内容进行更新、修改，在程序中所需的数据也可以从一个文件中获得。

对文件的操作一般通过 3 个步骤来完成——打开文件、读/写文件、关闭文件。C 语言提供的文件管理函数可用来完成对不同类型文件的操作。

10.2 文件的操作

我们可以采用缓冲文件系统和非缓冲文件系统对文件进行操作。其中，缓冲文件系统又称为标准 I/O，用这种系统对文件进行操作时，系统会在内存中为每一个被打开的文件开辟一个缓冲区。而非缓冲文件系统又称为系统 I/O，用这种系统对文件进行操作时，系统不设置缓冲区，由程序设置缓冲区的大小。

标准 I/O 与系统 I/O 分别采用不同的输入/输出函数对文件进行操作。本节主要介绍标准 I/O 系统，它的输入/输出函数在 stdio.h 中。

10.2.1 文件的打开与关闭

要对文件进行操作，就必须先将文件打开，操作完毕后，再将文件关闭。打开文件后，常常需要用到相应的文件信息，如文件缓冲区的地址、文件当前的读写位置、文件缓冲区的状态等，这些信息被保存在一个结构类型 FILE 中。该结构类型由系统定义在 stdio.h 中，定义形式为：

```
typedef struct {
        short               level;          /* fill empty level of buffer */
        unsigned            flags;          /* File status flags */
        char                fd              /* File descriptor  */
        unsigned char       hold;           /* ungetc char if no buffer */
        short               bsize;          /* Buffer size */
        unsigned char       *buffer;        /* Data transfer buffer */
        unsigned char       *curp;          /* Current active pointer */
        unsigned            istemp;         /* Temporary file indicator */
        short               token;          /* Used for validity checking */
}FILE;                                      /* This is the FILE object */
```

可以用 FILE 定义文件变量或文件指针变量，分别用于保存文件信息或指向不同的文件信息区。

💡 **注意**：操作文件时，并不会用到文件结构中的所有信息。

在打开文件之前，要先定义文件指针变量，定义形式为：

```
FILE    *<变量标识符>;
```

例如：

```
FILE    *fp1, *fp2;
```

接下来就可以通过文件指针变量，利用系统提供的文件打开函数 fopen()打开一个将要进行操作的文件，fopen()函数的原型为：

```
FILE *fopen (char *filename, char *type)
```

其中，参数 filename 代表的是一个文件名，它是用双引号括起来的字符串，这个字符串可以是一个合法的带有路径的文件名，type 代表的是对文件的操作模式，type 的取值与其所代表的含义如表 10-1 所示。

表 10-1　type 的取值与其所代表的含义

type	含义	文件不存在时	文件存在时
r	以只读方式打开一个文本文件	返回错误标志	打开文件
w	以只写方式打开一个文本文件	建立新文件	打开文件，原文件内容清空
a	以追加方式打开一个文本文件	建立新文件	打开文件，只能从文件尾向文件追加数据
r+	以读/写方式打开一个文本文件	返回错误标志	打开文件
w+	以读/写方式建立一个新的文本文件	建立新文件	打开文件，原文件内容清空
a+	以读/写方式打开一个文本文件	建立新文件	打开文件，可从文件中读取或往文件中写入数据
rb	以只读方式打开一个二进制文件	返回错误标志	打开文件
wb	以只写方式打开一个二进制文件	建立新文件	打开文件，原文件内容清空
ab	以追加方式打开一个二进制文件	建立新文件	打开文件，从文件尾向文件追加数据
rb+	以读/写方式打开一个二进制文件	返回错误标志	打开文件
wb+	以读/写方式打开一个新的二进制文件	建立新文件	打开文件，原文件内容清空
ab+	以读/写方式打开一个二进制文件	建立新文件	打开文件，可从文件中读取或往文件中写入数据

在正常情况下，fopen()函数返回指向文件流的指针，若有错误发生，则返回值为 NULL。

为了防止错误发生，一般都要对 fopen()函数的返回值进行判断。

> **注意：** 不论采取什么方式打开文件，当文件被正确打开时，文件指针总是指向文件字节流的开始处。以"a"方式打开文件时，只能在原文件的尾部追加数据；以"a+"方式打开文件时，若第 1 次对文件流的操作是"读取"，第 2 次对文件流的操作是"写入"，则在"写入"操作前必须将文件指针定位到文件尾，这样才能把数据正确写入文件中，接下来若要对文件"写入"数据，可直接使用"写"操作函数，若要改变上一次对文件的操作，则需要对文件指针重新定位。若第 1 次对文件流的操作是"写入"，第 2 次对文件流的操作是"读取"，则在"读取"操作前要将文件指针定位到要读取的开始位置。

【例 10-1】阅读程序，了解正确的文件打开方式。

```
/*example10_1.c  文件打开方式 1 */
#include <stdio.h>
int main()
{   FILE *fp;
    fp=fopen("mydata.txt","w");
    if(fp==NULL)
            printf("file open error!\n");
    else
            printf("file open OK!\n");
    return 0;
}
```

对于 exame10_1.c 这个程序，也可以使用下面的形式，将文件打开与判断作为一个条件表达式。

```
/*example10_1a.c  文件打开方式 2 */
#include <stdio.h>
int main()
{   FILE *fp;
    if((fp=fopen("text.txt","w"))==NULL)
            {
                printf("file open error!\n");
                exit(0);
            }
    else
            printf("file open OK!\n");
    return 0;
}
```

在程序中，文件"text.txt"是以只写方式打开的。对上面的程序，我们可能会有几个疑问：

（1）文件"test.txt"在磁盘所处的位置如何？

（2）文件"test.txt"的内容是什么？

（3）在程序结束之前没有关闭文件，是否会对文件造成破坏？

根据 fopen 函数对参数的要求，可以看出：文件 test.txt 和该程序文件被放在同一目录中。文件"test.txt"的内容无法从这个程序中获知。

为了防止文件操作完成后发生意外，应该在完成操作后关闭文件。文件关闭的函数原型为：

```
int fclose(FILE *stream)
```

函数的返回值只有两种情况——0 和非零值。0 代表关闭文件正确，非零值代表关闭文件失败。

于是，正确的操作文件的方式可采用以下形式：

```
/*example10_1b.c   文件打开方式3 */
#include <stdio.h>
#include <stdlib.h>
int main()
{   FILE *fp;
    if((fp=fopen("mydata.txt","w"))==NULL)
        {
                printf("file open error!\n");
                exit(0);
        }
    else
    {
        printf("File open is OK!\n");
        …              /* 此处为读取文件的操作代码 */
    }
    fclose(fp);
    return 0;
}
```

💡 **注意**：程序中"读取文件的操作代码"一般是由一对花括号括起来的、多条语句组成的语句段。

10.2.2 文件操作的错误检测

在对文件进行操作时，除了应对文件的打开状态进行正确性判断，对文件进行读/写操作时，还常常需要进行操作的正确性判断。C语言提供了两个文件检测函数。

（1）判断文件流上是否有错的函数

```
int ferror(FILE *stream)
```

若正确，则返回值为0；若错误，则返回值为非零值。

（2）判断是否到达文件尾的函数

```
int feof(FIEL *stream)
```

若stream所指向的文件到达文件尾，则返回值为非零值；否则，返回值为0。

10.2.3 文件的顺序读/写

文件的顺序读/写是指文件被打开后，按照数据流的先后顺序对文件进行读/写操作，每读/写一次后，文件指针自动指向下一个读/写位置。在C语言中，对文件的读/写操作是通过函数调用实现的，这些函数的声明都包含在头文件stdio.h中。

下面是3组常用的文件顺序读/写函数的原型。

1．字符读/写函数

（1）从文件读一个字符的函数原型为int fgetc(FILE *stream);。

该函数的调用形式为ch=fgetc(fp);。

作用：从fp所指的文件中读取一个字符，赋予变量ch，当读到文件尾或读出错误时，返回-1（EOF）。

（2）向文件写一个字符的函数原型为char fputc(char ch，FILE *stream);。

该函数的调用形式为fputc(ch, fp);。

作用：把字符变量ch的值写到文件指针fp所指的文件中去（不包括"\0"）。若写入成功，则返回值为输出的字符；若出错，则返回值为 EOF。

【例 10-2】 编写程序，将当前目录下的某个文本文件的内容输出到屏幕上（文本文件名请通过键盘输入）。

```
/*example10_2.c  读取文件方法  */
#include <stdio.h>
int main()
{
    FILE *fp;
    char ch,name[30], *filename=name;
    printf("请输入要打开的文本文件名: ");
    gets(name);
    fp=fopen(filename,"r");
    if(fp==NULL)
            printf("该文件不存在! \n");
    else
            while((ch=fgetc(fp))!=EOF)
                    putchar(ch);
            fclose(fp);
    return 0;
}
```

程序运行结果：

```
please imput filename: exam10_2.c↵
```

这时屏幕上会显示 exam10_2.c 这个程序文件的源代码。

请读者将这个程序输入到计算机并运行，程序运行时可以输入其他的文本文件名。

【例 10-3】 编写程序，将键盘输入的内容保存到指定的文本文件中去。

```
/*example10_3.c  从键盘输入到文件 */
#include <stdio.h>
int main()
{
    FILE *fp;
    char ch,name[30], *filename=name;
    printf("请给出要生成的文件名: ");
    gets(name);
    fp=fopen(filename,"w");
    if(fp==NULL)
            printf("该文件不存在! \n");
    else
            while ((ch=getchar())!=EOF)
            fputc(ch,fp);
    fclose(fp);
    return 0;
}
```

程序运行结果：

```
请给出要生成的文件名: mydata.txt↵
```

接着可从键盘输入任何内容，以回车进行换行，输入^z（按 Ctrl+Z 组合键）表示输入结束。完成后，可查看文本文件 mydata.txt 的内容。

2．字符串读/写函数

（1）从文件中读取字符串的函数原型为 char *fgets(char *string, int n, FILE *stream);。该函数的调用形式为 fgets(str, n, fp);。

作用：从 fp 所指的文件中读取 $n-1$ 个字符，放到以 str 为起始地址的存储空间（str 可以是一个字符数组名），若在 $n-1$ 个字符前遇到回车换行符或文件结束符，则读操作结束，并在读入的字符串后面加一个 "\0" 字符。若读操作成功，则返回值为 str 的地址；若出错，则返回值为 NULL。

（2）向文件写入字符串的函数原型为 int fputs(char *str，FILE *stream);。

该函数的调用形式为 fputs(str, fp);。

作用：将 str 所表示的字符串内容（不包含字符串最后的 "\0"）输出到 fp 所指的文件中。若写入成功，则返回一个非负数；若出错，则返回 EOF。

【例 10-4】 编写程序，用字符串读取方式将某个文本的内容输出到屏幕上，并计算该文本有多少行，最后输出其行数。

程序如下：

```c
/*example10_4.c  从文件按行读取字符串*/
#include <stdio.h>
int main()
{
    FILE *fp;
    char w[81],name[30], *filename=name;
    int lines=0;
    printf("请输入要读取的文件名:");
    gets(name);
    fp=fopen(filename,"r");
    if(fp==NULL)
        printf("该文件不存在! \n");
    else
     {
            while(fgets(w,80,fp)!=NULL)
            {
                    lines=lines+1;
                    printf("%s",w);
            }
            printf("文件的总行数=%d\n",lines);
            fclose(fp);
     }
    return 0;
}
```

程序运行结果：

```
please input filename: example10_4.c↵
```

这时屏幕上会显示文本文件 example10_4.c 的内容和该文件的总行数 lines。

请读者将这个程序输入计算机并运行，程序运行时可以输入其他的文本文件名。

【例 10-5】 编写程序，用字符串输入方式将键盘上输入的一行字符保存到指定的文件中去。

程序如下：

```c
/*example10_5.c  将键盘输入的字符输出到文件 */
#include <stdio.h>
#include <string.h>
int main()
{
    FILE *fp;
    char w[20],name[30], *filename=name;
    printf("请给出要生成的文件: ");
    gets(name);
    fp=fopen(filename,"w");
    if(fp==NULL)
            printf("该文件不存在! \n");
    else
```

```
        {
            while(strlen(gets(w))>0)
            {
                fputs(w,fp);
                fputs("\n",fp);
            }
            fclose(fp);
        }
        return 0;
}
```

程序运行结果：

请给出要生成的文件：mydata.txt↵

接着可从键盘输入任何内容，以回车进行换行，以不输入任何字符直接按回车键表示程序结束。

完成后，可查看文本文件 mydata.txt 的内容。该程序和 example10_3.c 具有相同的功能，可以把从键盘输入的内容写到文件中去。

3．格式化读/写函数

（1）按格式化读取的函数原型为 int fscanf(FILE *stream, char *format , &arg1, &arg2, …, &argn);。

该函数的调用形式为：fscanf（fp, format, &arg1, &arg2, …, &argn）;。

作用：按照 format 所给出的输入控制符，把从 fp 中读取的内容分别赋给变元 arg1,arg2,…,argn。

（2）按格式化写入的函数原型为 int fprinft(FILE *stream, char *format, arg1,arg2,…, argn);。

该函数的调用形式为：fprintf(fp, format, arg1, arg2,…, argn);。

作用：按 format 所给出的输出格式，将变元 arg1,arg2,…,argn 的值写入 fp 所指的文件中去。

【例 10-6】有一顺序文件 vehicle.txt 记录了同一时间段、不同交叉路口的车流量。编写程序，统计两路口车流量的差值。文件 vehicle.dat 的格式及内容如表 10-2 所示。

表 10-2　文件 vehicle.dat 的格式及内容

车型	路口 1	路口 2
bus	128	73
jeep	64	53
autobike	570	340
truck	253	168

文件中每一行第 1 段的数据表示车型，第 2 段的数据表示路段 1 的车流量，第 3 段的数据表示路段 2 的车流量，每个数据段由空格分开。

程序如下：

```
/*example10_6.c  格式化读取文件 */
#include <stdio.h>
#include <string.h>
#include <stdlib.h>
int main()
{   FILE *fp;
    char w[10];
    int road1,road2;
```

```
        fp=fopen("vehicle.txt","r");
        if(fp==NULL)
                {  printf("文件不存在! \n");
                    exit(0);
                }
            else
            {  printf("车型\t路口1\t路口2\t流量差\n");
                while(!feof(fp))
                    {
                            fscanf(fp,"%s %d %d",w,&road1,&road2);
                            printf("%-16s%d\t%d\t%7d\n",w,road1,road2,road1-road2);
                    }
            }
        fclose(fp);
        return 0;
}
```

程序运行结果:

车型	路口1	路口2	流量差
bus	128	73	55
jeep	64	53	11
autobike	570	340	230
truck	253	168	85

【例 10-7】 为了优化交通秩序,要在某一时间段对两个重要交通路段的车流量进行统计,要求分车型统计,并将统计结果保存到数据文件 vehicle2.txt 中去,文件格式如下:

车型	路段1的车流量	路段2的车流量
...		

当要求输入车型时,以不输入任何内容,直接按回车键表示结束,请编写程序,完成车流量的统计。

分析:可以用追加记录的方式向文件写入信息,这样可以保存每一次统计的结果。

程序如下:

```
/*example10_7.c   了解用追加记录的方式向文件写入信息的应用 */
#include <stdio.h>
#include <string.h>
#include <stdlib.h>
int main()
{
    FILE *fp;
    char w[10];
    int road1,road2;
    fp=fopen("vehicle2.txt","a");
    if(fp==NULL)
     {
            printf("文件不存在! \n");
            exit(0);
     }
     else
     {
            fprintf(fp,"-------------------------------------------------\n");
            fprintf(fp,"车型\t\t路段1的车流量\t路段2的车流量\n");
            printf("请输入车型: ");
            gets(w);
            while(strlen(w)>0)
            {
                printf("该车型在路段1的车流量:");
                scanf("%d",&road1);
                printf("该车型在路段2的车流量:");
                scanf("%d",&road2);
                fprintf(fp,"%-16s%d\t\t%d\t\t\n",w,road1,road2);
```

```
                    getchar();
                    printf("请输入车型：");
                    gets(w);
              }
              fclose(fp);
        }
    return 0;
}
```

程序运行结果：

```
请输入车型：bus↵
该车型在路段 1 的车流量:347↵
该车型在路段 2 的车流量:126↵
请输入车型：car↵
该车型在路段 1 的车流量:576↵
该车型在路段 2 的车流量:432↵
请输入车型：bicycle↵
该车型在路段 1 的车流量:78↵
该车型在路段 2 的车流量:331↵
请输入车型：autobike↵
该车型在路段 1 的车流量:287↵
该车型在路段 2 的车流量:466↵
请输入车型：↵
```

程序执行完毕后，文本文件 vehicle2.txt 的内容：

```
------------------------------------------------------------
车型           路段 1 的车流量        路段 2 的车流量
bus            347                 126
car            576                 432
bicycle        78                  331
autobike       278                 466
```

读者可以多次运行这个程序，输入相应的信息，再查看文件 vehicle2.txt 的内容，看看发生了什么变化。

思考：请读者修改程序，将写入文件的功能设计成函数，通过主程序调用函数将数据写入文件，实现程序的模块化。

10.2.4　文件的随机读/写

文件的随机读/写是指在对文件进行读/写操作时，可以对文件中指定位置的信息进行读/写操作。这需要对文件进行准确定位，只有定位准确，才有可能对文件进行随机读/写。

一般来说，文件的随机读/写适用于具有固定长度记录的文件。

C 语言提供了一组用于文件随机读/写的定位函数，其函数原型在 stdio.h 中。采用随机读/写文件的方法可以在不破坏其他数据的情况下把数据插入文件，也可以在不重写整个文件的情况下更新和删除以前存储的数据。

1．文件定位函数

文件定位函数的原型为 int fseek(FILE *stream，long offset, int position);。

函数的调用形式为：fseek(fp, d, pos);。

作用：把文件指针 fp 移动到距 pos 为 d 个字节的地方。

若定位成功，则返回值为 0；若定位失败，则返回非零值。其中，位移量为 d，其取值有以下两种情况。

（1）d>0，表示 fp 向前（向文件尾）移动。

（2）d<0，表示 fp 向后（向文件头）移动。

移动时的起始位置为 pos，它的取值有以下 3 种可能的情况。

（1）pos=0 或 pos=SEEK_SET，表示文件指针在文件的开始处。

（2）pos=1 或 pos=SEEK_CUR，表示文件指针在当前文件指针位置。

（3）pos=2 或 pos=SEEK_END，表示文件指针在文件尾。

位移量与文件指针的关系如图 10-2 所示。

例如，fseek(fp, 20, 0);将文件指针从文件头向前移动 20 个字节，fseek(fp, -10, 1);将文件指针从当前位置向后移动 10 个字节，fseek(fp, -30, 2);将文件指针从文件尾向后移动 30 个字节。

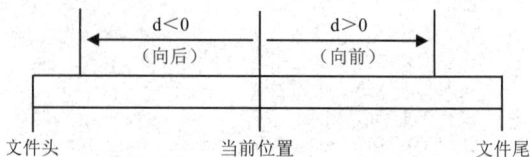

图 10-2　位移量与文件指针的关系

2．位置函数

位置函数的原型为 long int ftell(FILE *stream);。

函数的调用形式为：loc=ftell(fp);。

作用：将 fp 所指位置距文件头的偏移量的值赋予长整型变量 loc。若正确，则 $loc \geq 0$；若出错，则 loc=-1L。

3．重定位函数

重定位函数的原型为 void rewind(FILE *stream);。

函数的调用形式为：rewind(fp);。

作用：将文件指针 fp 重新指向文件的开始处。

对文件的随机读/写操作可以采用下面的文件随机读/写函数实现：

```
int fread(void *buf, int size, int count, FILE *stream);
int fwrite(void *buf, int size, int count, FILE *stream);
```

fread 函数的作用：从 stream 所指向的文件中读取 count 个数据项，每一个数据项的长度均为 size 个字节，放到由 buf 所指的块中（buf 通常为字符数组）。读取的字节总数为 size×count。

若函数调用成功，则返回值为数据项数（count 的值）；若调用出错或到达文件尾，则返回值小于 count。

fwrite 函数的作用：将 count 个长度为 size 的数据项写到 stream 所指的文件流中去。若函数调用成功，则返回值为数据项数（count 的值）；若出错，则返回值小于 count。

【例 10-8】编写程序，建立一个可记录 100 个客户的银行账户，记录的信息包含账号、姓名和金额。

分析：为便于数据的提取，采用随机读/写文件的方式，生成一个具有 100 条记录的文件 credit.dat。

程序如下：

```
/*example10_8.c   了解随机文件的建立 */
#include <stdio.h>
struct BankClient
{
        int count;
        char name[10];
        float money;
};
```

```
int main()
{
        int i,record_len;
        struct BankClient client={0,"",0.0};
        FILE *fp;
        record_len=sizeof(struct BankClient);
        if((fp=fopen("credit.dat","w"))==NULL)
                printf("文件打开错误!\n");
        else
        {
                /*建立具有100条记录的随机文件*/
                for(i=1;i<=100;i++)
                fwrite(&client,record_len,1,fp);
                fclose(fp);
                printf("文件credit.dat建立完毕。\n");
        }
        return0;
}
```

程序执行完后, 会建立一个 credit.dat 的文件, 内有 100 条记录, 每一条的记录都相同, 采用的是初始化 client 的值。

> ⊘ **注意**: 该文件并不是顺序文本文件, 不能通过文本编辑器或用 type 命令查看文件的内容。

【例 10-9】 利用【例 10-8】程序生成的数据文件, 向文件中输入账户信息, 输入的顺序为账号、姓名和账户资金, 输入完后, 显示文件中所有账号不为 0 的内容。

程序如下:

```
/*example10_9.c    了解随机文件的读写操作 */
#include <stdio.h>
struct BankClient
{
        int count;
        char name[10];
        float money;
};
int main()
{
        int record_len;
        struct BankClient client;
        FILE *fp;
        record_len=sizeof(struct BankClient);
        /*随机写文件*/
        if((fp=fopen("credit.dat","r+"))==NULL)
                printf("账户文件credit.dat不存在, 请先建立该文件!\n");
        else
        {
                printf("请按顺序输入账号、姓名和账户资金\n");
                printf("当输入的账号为0时, 输入结束\n");
                printf("--------------------------------\n");
                printf("请输入账号: ");
                scanf("%d",&client.count);
                getchar();
                while(client.count!=0)  /* 当输入的账号为0时, 程序结束 */
                {
                        printf("请输入姓名: ");
                        gets(client.name);
                        printf("请输入账户资金: ");
                        scanf("%f",&client.money);
                        getchar();
                        fseek(fp,(client.count-1) *record_len,0);
```

```
                        fwrite(&client,record_len,1,fp);  /*将内容写到文件的指定位置*/
                        printf("请输入账号: ");
                        scanf("%d",&client.count);
                        getchar();
                }
                rewind(fp);
                printf("账户信息如下: \n");
                printf("----------------------------------------\n");
                printf("%5s%8s%10s\n","账号","姓名","账户资金");
                /* 显示文件中所有的记录 */
                while(!feof(fp))
                {
                        fread(&client,record_len,1,fp);
                        if(client.count!=0)
                                printf("%5d%10s%8.2f\n",client.count,client.name,client
.money);
                }
                fclose(fp);
        }
        return 0;
}
```

第 1 次程序运行结果:

```
请按顺序输入账号、姓名和账户资金
当输入的账号为 0 时，输入结束
----------------------------------
请输入账号: 28001↵
请输入姓名: DaShan↵
请输入账户资金: 300.2↵
请输入账号: 28117↵
请输入姓名: BaiLu↵
请输入账户资金: 400↵
请输入账号: 28052↵
请输入姓名: HuKe↵
请输入账户资金: 500↵
请输入账号: 0↵
账户信息如下:
----------------------------------
账号        姓名        账户资金
28001     DaShan      300.20
28052     HuKe        500.00
28117     BaiLu       400.00
```

第 2 次程序运行结果:

```
请输入账号: 28034↵
请输入姓名: KaiYuan↵
请输入账户资金: 830.5↵
请输入账号: 28002↵
请输入姓名: SaiTian↵
请输入账户资金: 600↵
请输入姓名: 0↵
账户信息如下:
----------------------------------
账号        姓名        账户资金
28001     DaShan      300.20
28002     SaiTian     600.00
28034     KaiYuan     830.50
28052     HuKe        500.00
28117     BaiLu       400.00
```

从程序运行的结果得知，可以随时向文件中输入新的记录，当然，也可以修改文件中某个记录的内容。

请读者分析程序的功能并修改程序，使其具有模块化的功能并更加完善。

10.3 程序范例

【例 10-10】现有两个文件 file1.txt 和 file2.txt，文件 file1.txt 中记录的数据为人的姓名、住址，文件 file2.txt 中记录的数据为人的姓名、联系电话。现要求将这两个文件中同一姓名的数据合并放到另一个文件 file3.txt 中。

file1.txt 的内容：

```
LuoKai        Zhongshan_road_13
HuaYong       Daqing_road_189
WuMing        Beizheng_road_203
YueShan       Kaifu_road_54
ZhaoLai       Dongfeng_road_78
```

file2.txt 的内容：

```
YueShan       7374146
LuoKai        2325123
HuaYong       3344567
ZhaoLai       6589080
DingLi        5566739
```

程序如下：

```c
/*example10_10.c   将两个文件的信息合并*/
#include <stdio.h>
#include <string.h>
#include <stdlib.h>
int main()
{
    FILE *fp1, *fp2, *fp3;
    char temp1_1[10],temp1_2[20],temp2_1[10],temp2_2[10];
    if((fp1=fopen("file1.txt","r"))==NULL)    /* 打开第 1 个文件 */
    {
        printf("文件 file1.txt 不存在!\n");
        exit(0);
    }
    if((fp2=fopen("file2.txt","r"))==NULL)    /* 打开第 2 个文件 */
    {
        printf("文件 file2.txt 不存在!\n");
        exit(0);
    }
    if((fp3=fopen("file3.txt","w"))==NULL)    /* 打开第 3 个文件 */
    {
        printf("无法建立文件 file3.txt!\n");
        exit(0);
    }
    while(!feof(fp1))
    {
        fscanf(fp1,"%s %s",temp1_1,temp1_2);    /* 从第 1 个文件中读取数据 */
        do
        {
            fscanf(fp2,"%s %s",temp2_1,temp2_2);    /* 从第 2 个文件中读取数据 */
            if(strcmp(temp1_1,temp2_1)==0)
                fprintf(fp3,"%s, %s, %s\n",temp1_1,temp1_2,temp2_2);
                                            /* 将数据写入第 3 个文件中 */
        }while(!feof(fp2));
        rewind(fp2);
    }
    fclose(fp1);
    fclose(fp2);
    fclose(fp3);
    return 0;
}
```

程序运行结束后，在当前路径下生成了一个文本文件 file3.txt，可以看到其内容如下：

```
LuoKai, ZhongShan_road_13, 2325123
HuaYong, Daqing_road_189, 3344567
YueShan, Kaifu_road_54, 7374146
ZhaoLai, Dongfeng_road_78, 6589080
```

请注意程序中 3 个文件（file1.txt、file2.txt、file3.txt）所在的路径均为当前路径，如果这些文件不在当前路径，就要给出其路径，如 fopen("d:\\data\\file1.txt","r")，表示文件 file1.txt 在 d 盘的 data 目录下。

请读者按模块化设计要求修改程序，完善其功能。

【例 10-11】编写程序，将从键盘输入的字符加密后保存到文件 encrypt.txt 中，加密采用字符加 4 的方法，以 26 个英文字符为一个循环，大小写保持不变。例如，若输入的字符为 a，则保存到文件的字符为 e，依此类推；若输入的字符为 w，则保存到文件的字符为 a。输入的其他非字母字符保持不变。

分析：将输入的字符加密后保存到当前目录下的文本文件 encrypt.txt 中，为了能将空格作为字符处理，可采用系统函数 getc(stdin)。其程序流程图如图 10-3 所示。

根据图 10-3 所示的程序流程图，写出如下程序。

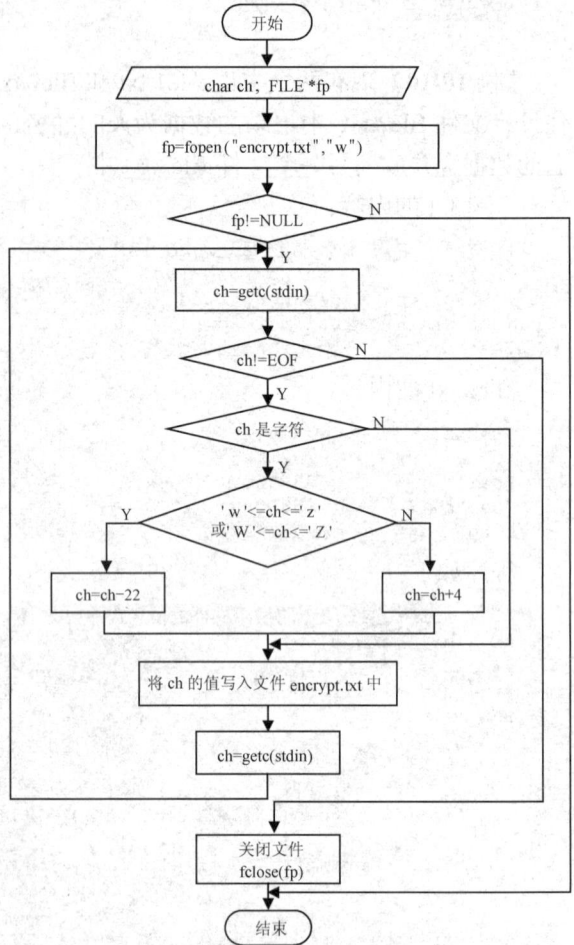

图 10-3　程序流程图

```c
/*example10_11.c 将输入的字符加密后写入文件*/
#include <stdio.h>
#include <ctype.h>
int main()
{
    char ch;
    FILE *fp;
    fp=fopen("encrypt.txt","w");
    if(fp==NULL)
        printf("无法建立文件 encrypt.txt\n");
    else
        printf("请输入字符：\n");
    ch=getc(stdin);
    while(ch!=EOF)
    {
        if(isalpha(ch))
        {
            if((ch>='w'&&ch<='z')||(ch>='W'&&ch<='Z'))

                ch=ch-22;
            else
                ch=ch+4;
```

```
            }
            fputc(ch,fp);
            ch=getc(stdin);
        }
    fclose(fp);
    return 0;
}
```

程序运行结果：

```
请输入字符：
This is a test of encrypt.↵
We are learn the file operation.↵
^Z↵
```

打开当前目录 encrypt.txt 文件，加密后的文字如下：

```
Xlmw mw e xiwx sj irgvctx.
Ai evi pievr xli jmpi stivexmsr.
```

从结果不难看出，保存到文件 encrypt.txt 中的字符是经过加密后的字符。当然，这种加密的方法是比较简单的。

请读者思考更加有效的算法对输入的字符进行加密，并思考解密的算法。请读者设计解密算法，对上面程序生成的文件进行解密，并验证算法的正确性。

10.4 本章小结

本章处理的数据不再是简单地从键盘输入和在屏幕上输出，而是将要处理的数据从文件中读取，或是将数据保存到文件中去。文件操作是程序设计中的一个重要内容，C 语言是把文件看作"字节流"，通过文件指针指向这个"字节流"，采用系统提供的函数对文件进行读、写、定位等操作。

对文件操作有三大步骤——打开文件、读/写文件和关闭文件。文件一旦被打开，就自动在内存中建立一个该文件的 FILE 结构，且可同时打开多个文件。对文件读/写的操作都是通过库函数实现的，这些库函数最好配对使用，避免引起读/写混乱。这些配对使用的库函数如下：

```
fgetc( ) 和 fputc( )；
fgets( ) 和 fputs( )；
fscanf( ) 和 fprintf( )；
fread( ) 和 fwrite( )。
```

通过文件指针定位函数 fseek()，可以随机读/写文件。

对文件读/写操作完毕，可调用 fclose() 函数关闭文件。

程序通过对文件的操作，可以完成更多更复杂的数据处理，如数据保存、数据交换、数据备份、文档处理、数字图像处理、数字音频处理等等。

习题

一、单选题。在以下每一题的四个选项中，请选择一个正确的答案。

【题 10.1】C 语言可以处理的文件类型是_____。

  A．文本文件和数据文件   B．文本文件和二进制文件

C．数据文件和二进制文件　　　　　　　D．数据文件和非数据文件

【题 10.2】下列语句中，将 c 定义为文件类型指针的是_____。

　　A．FILE c;　　　　B．FILE *c;　　　C．file c;　　　D．file *c;

【题 10.3】在 C 语言程序中，可把整型数据以二进制形式存放到文件中的函数是_____。

　　A．fprintf 函数　　　B．fread 函数　　　C．fwrite 函数　　　D．fputc 函数

【题 10.4】若 fp 是指向某文件的指针，且已读到此文件末尾，则函数 feof(fp)的返回值是_____。

　　A．EOF　　　　　　B．0　　　　　　C．非零值　　　　D．NULL

【题 10.5】若要打开 A 盘 user 子目录下名为 abc.txt 的文本文件进行读/写操作，下面符合此要求的函数调用是_____。

　　A．fopen("A:\user\abc.txt","r")　　　　　B．fopen("A:\user\abc.txt","r+")

　　C．fopen("A:\user\abc.txt","rb")　　　　　D．fopen("A:\user\abc.txt","w")

【题 10.6】使用 fseek 函数可以实现的操作是_____。

　　A．改变文件的位置指针的当前位置　　　B．实现文件的顺序读/写

　　C．实现文件的随机读/写　　　　　　　D．以上都不对

【题 10.7】在 C 语言中，从计算机内存中将数据写入文件，被称为_____。

　　A．输入　　　　　　B．输出　　　　　C．修改　　　　　D．删除

【题 10.8】已知函数的调用形式为 fread(buffer，size，count，fp);，其中 buffer 代表的是_____。

　　A．一个整型变量，代表要读入的数据项总数

　　B．一个文件指针，指向要读入的文件

　　C．一个指针，指向要存放读入数据的地址

　　D．一个存储区，存放要读入的数据项

【题 10.9】若用 fopen()函数打开一个已存在的文本文件，保留该文件原有数据且可以读也可以写，则文件的打开模式是_____。

　　A．"r+"　　　　　　B．"w+"　　　　　C．"a+"　　　　　D．"a"

【题 10.10】C 语言中，标准输入文件 stdin 是指_____。

　　A．键盘　　　　　　B．显示器　　　　C．鼠标　　　　　D．硬盘

二、判断题。判断下列各叙述的正确性，若正确，则在（　）内标记"√"；若错误，则在（　）内标记"×"。

【题 10.11】（　）对于终端设备，从来就不存在"打开文件"的操作。

【题 10.12】（　）调用 fopen()函数后，如果操作失败，函数返回值为 EOF。

【题 10.13】（　）如果不关闭文件而直接使程序停止运行，将把当前缓冲区的内容写入文件。

【题 10.14】（　）关闭文件将释放文件信息区。

【题 10.15】（　）按记录方式输入/输出文件，采用的是二进制文件。

【题 10.16】（　）缓冲文件系统通常会自动为文件设置所需的缓冲区，缓冲区的大小随机器而异。

【题 10.17】（　　）非缓冲文件系统的特点不是由系统自动设置缓冲区，而是用户自己根据需要设置。

【题 10.18】（　　）所有的实数，在内存中都以二进制文件形式存在。

【题 10.19】（　　）顺序读/写就是从文件的开头逐个读或写数据。

【题 10.20】（　　）打开文件时，系统会自动使相应文件的 ferror()函数的初值为零。

三、填空题。请在以下各叙述的空白处填入合适的内容。

【题 10.21】系统的标准输入文件是指_____。

【题 10.22】当顺利执行了文件关闭操作时，fclose()的返回值是_____。

【题 10.23】rewind()函数的作用是_____。

【题 10.24】C 语言中标准函数 fgets(str,n,p)的功能是_____。

【题 10.25】fgetc(stdin)函数的功能是_____。

【题 10.26】一般把缓冲文件系统的输入/输出称为_____，而把非缓冲文件系统的输入/输出称为系统输入/输出。

【题 10.27】如果 ferror (fp)的返回值为一个非零值，表示_____。

【题 10.28】fseek (fp,100L,1)函数的功能是_____。

【题 10.29】对磁盘文件的操作顺序是"先_____，后读写，最后关闭"。

【题 10.30】ftell (fp)函数的作用是_____。

四、程序填空题。请在以下程序空白处填入合适的语句。

【题 10.31】以下程序用来统计文件中字符的个数，请填空。

注解：程序中 if 语句用来检测文件是否能正确打开，while 循环用来统计字符个数，读取文件，记录读到的字符个数，一直到文件结束，所以循环能够执行的条件是文件没有结束。

```
#include"stdio.h"
int main( )
{    FILE *fp;  long num=0L;
     if((fp=fopen("fname.dat","r")==NULL)
     {   printf("Open error\n");
         exit(0);
     }
     while(_____)
     {   fgetc(fp);
         num++;
     }
     printf("num=%ld\n",num-1);
     fclose(fp);
     return 0;
}
```

【题 10.32】以下程序把从终端读入的文本（用@作为文本结束标志）输出到一个名为"bi.dat"的新文件中，请填空。

```
#include "stdio.h"
FILE *fp;
{ char ch;
  if((fp=fopen ( _____ ))== NULL)exit(0);
  while(;(ch=getchar(·)) !='@') fputc (ch,fp);
  fclose(fp);
}
```

【题 10.33】以下程序将从终端读入的 5 个整数以二进制方式写入文件"zheng.dat"中，

请填空。

```
#include "stdio.h"
#include "stdlib.h"
int main( )
{   FILE *fp;
    int i,j;
    if((fp=fopen("zheng.dat",_____))==NULL)
        exit(0 );
    for(i=0;i<5;i++)
    {   scanf("%d",&j);
        fwrite(_____,sizeof(int),1,___);
    }
    fclose(fp);
    return 0;
}
```

五、编程题。对以下问题编写程序并上机验证。

【题 10.34】 在文本文件 file1.txt 中有若干个句子, 现在要求把它们按每行一个句子的格式输出到文本文件 file2.txt 中。

【题 10.35】 统计文本文件 file.txt 中所包含的字母、数字和空白字符的个数。

【题 10.36】 将磁盘文件 f1.txt 和 f2.txt 中的字符按从小到大的顺序输出到磁盘文件 f3.txt 中。

【题 10.37】 统计磁盘文件 file.txt 中的单词个数。

【题 10.38】 有两个磁盘文件 A 和 B, 各存放一行字母, 要求把这两个文件中的信息合并(按字母顺序排列), 输出到一个新文件 C 中。

【题 10.39】 编写程序, 将一个文本文件的内容连接到另一个文本文件的末尾。

【题 10.40】 设计 disp 程序, 此程序的用法如下:

disp   文件1,文件2,…,文件n

它将依次显示上述所有文件的内容, 相邻文件之间空两行。

【题 10.41】 编写程序, 将磁盘中当前目录下名为 "file1.txt" 的文本文件复制在同一目录下, 文件名改为 "file2.txt"。

【题 10.42】 从键盘输入 10 名职工的数据, 然后送到磁盘文件 worker.rec 中保存。设职工数据包括职工号、姓名、工资。然后从磁盘读入这些数据, 并依次显示在屏幕上(要求用 fread()函数和 fwrite()函数), 试编写程序。

【题 10.43】 设职工数据文件(worker.dat)中有 10 条记录, 编写程序, 要求在屏幕上输出职工号为偶数的职工的记录。

【题 10.44】 编写程序, 打开一个文本文件, 按逆序显示文件内容。

【题 10.45】 设文件 student.dat 中存放着学生的基本情况, 这些情况由以下结构体描述:

```
struct student
{   long int num;                   //学号
    char name[10];                  //姓名
    int age;                        //年龄
    char speciality[20];            //专业
};
```

请编写程序, 输出学号为 97010~97020 的学生学号、姓名、年龄和性别。

所有的数据在计算机内部都是用二进制的位序列来表示的，连续的 8 个二进制位构成一个字节，一个字节只可用于存储 ASCII 的一个字符，不同数据类型的变量占用不同内存空间的存储单元。

位运算只适用于整型操作数，不能用来操作实型数据。这些适合位运算的操作数的数据类型包括有符号的 char、short、int、long 类型和无符号的 unsigned char、unsigned short、unsigned int、unsigned long 类型。通常将位运算的操作作用于 unsigned 类型的整数。

需要指出的是，位运算与计算机有关。

C 语言的位运算符分为只有一个操作数的单目运算符和有左、右两个操作数的双目运算符两种类型，如表 11-1 所示。

表 11-1　C 语言的位运算符

运算符	含义	运算符	含义
～	按位取反	&	按位与
<<	按位左移	|	按位或
>>	按位右移	^	按位异或

表 11-1 中只有按位取反运算符 "～" 属于单目运算符。

> **注意**：为简便起见，在下面的描述中，将整型变量（int 型和 unsigned int 型）设为 2 个字节，对于 4 个字节的整型变量，其计算方法是相同的。

11.1　按位取反运算

按位取反是对二进制的每一位取反，即将 1 变成 0，将 0 变成 1。例如，下面的语句：

```
int i=85;
printf("~i=%d\ n", ~i);
```

执行的结果为：

```
~i=-86
```

在这里，i 的值为 $(85)_{10}=(0000000001010101)_2$。

按位取反后成为 $(1111111110101010)_2$。

这时，最高位为 1，表示按位取反后为负数。在计算机中，负数是以补码的形式存放的，因此，$(1111111110101010)_2$ 的补码为它的真值。

$$(1111111110101010)|_{\text{补码}} = (1111111110101010)|_{\text{反码}} + 1$$
$$= (1000000001010101)_2 + 1$$
$$= (1000000001010110)_2$$
$$= (-86)_{10}$$

所以，当 int i=85 时，$\sim$i=$(1000000001010110)_2$=$(-86)_{10}$。

例如，有如下语句：

```
unsigned int i=85;
printf("~i=%u\n", ~i);
```

语句执行结果为$\sim$i=65450。

在这里 i 的值为 $(85)_{10}$=$(0000000001010101)_2$

按位取反后，成为$(1111111110101010)_2$。

因为 i 为无符号型，所以$\sim$i 值就是 i 按位取反后的值：

```
(~i)=(1111 1111 010101)₂=(65450)₁₀
```

从上面的例子可以看出，虽然 C 语言允许对有符号数进行位运算，但在一般情况下，不便于掌握和控制程序本身的计算结果，因此，建议读者在程序设计时，将需要进行位运算操作的变量定义成 unsigned 型。

【例 11-1】阅读以下程序，了解不同类型的变量进行按位取反运算的规则。

```
/*example11_1.c    了解按位取反运算的规则*/
#include <stdio.h>
#include <stdlib.h>
#include <conio.h>
int main()
{
    int i1=32767,i2=-32767,i3=10,i4=-10,i;
    unsigned int u1=65535,u2=0,u3=10,u;
    printf("i1=%d,~i1=%d\n",i1,~i1);
    printf("i2=%d,~i2=%d\n",i2,~i2);
    printf("i3=%d,~i3=%d\n",i3,~i3);
    printf("i4=%d,~i4=%d\n",i4,~i4);
    printf("u1=%u,~u1=%u\n",u1,~u1);
    printf("u2=%u,~u2=%u\n",u2,~u2);
    printf("u3=%u,~u3=%u\n",u3,~u3);
    return 0;
}
```

程序运行结果：

```
i1=32767,~i1=-32768
i2=-32767,~i2=32766
i3=10,~i3=-11
i4=-10,~i4=9
u1=65535,~u1=4294901760
u2=0,~u2=4294967295
u3=10,~u3=4294967285
```

在程序中，各变量的值采用的都是十进制，其实这些变量的值也可以采用八进制或十六进制来表示，计算机运算时，实际采用的是二进制数。

请根据程序的运行结果，分析数据的二进制运算规则，验证计算结果，注意边界值及负数值的取反运算。

11.2 按位左移运算

按位左移表达式的形式为：

```
m<<n;
```

其中，m 和 n 均为整型，且 n 的值必须为正整数。

表达式 m<<n;是将 m 的二进制位全部左移 n 位，右边空出的位补零。例如，对于下面的语句：

```
unsigned int m=65;
printf("m<<2=%u\n",m<<2);
```

语句执行的结果为：

```
m<<2=260
```

在这里，m 的值为$(65)_{10}=(0000000001000001)_2$。

```
m<<2= 0 0......0 0 0 0 0 0 0 1 0 0 0 0 0 1 0 0
         └→丢弃                      └→补入
```

于是，$m<<2=(0000000100000100)_2=260$。

请注意，对于有符号的整型数，符号位是保留的，例如，对下面的语句：

```
int n=-65
printf("n<<1=%u\n",n<<1);
```

语句执行的结果为：

```
n<<1=-130
```

在这里，n 的值为$(-65)_{10}=(1000000001000001)_2$，在计算机中，是对其补码进行运算的：

```
  1 1 1 1 1 1 1 1 1 0 1 1 1 1 1 0   →-65 的反码
+ 0 0 0 0 0 0 0 0 0 0 0 0 0 0 0 1
  1 1 1 1 1 1 1 1 1 0 1 1 1 1 1 1   →-65 的补码
(n)补< <1=(1丢弃1 1 1 1 1 1 1 0 1 1 1 1 1 1 0)补码
          └→保留                      └→补入
```

因为负号仍然保留，所以，最后的结果应为 1111111101111110 的补码：

```
n<<1=(1111111101111110)补码=(1000000010000010)2=-130
```

从上面的例子可以看出，左移 1 位相当于原操作数乘以 2，因此，左移 n 位，相当于操作数乘以 2^n。

请注意以下这种情况：若 n 为有符号整型变量，则语句 n<<14;表示 n 的每一个二进制位向左移 14 位，这样 n 的最低位就移到了除符号位外的最高位；如果 n<<15，则 n 的最低位左移后溢出，将舍弃不起作用。

因此，对于 n<<15 而言，只有两种结果。

（1）当 n 为偶数时，n<<15=0。

（2）当 n 为奇数时，n<<15=-32768（与具体的编译器有关）。

同理，不难推出，当 n 为无符号整型值，对于 n<<15 而言，也只有两种结果。

（1）当 n 为偶数时，n<<15=0。

（2）当 n 为奇数时，n<<15=32768。

【例 11-2】阅读以下程序，了解按位左移运算的规则。

```
/*example11_2.c   了解按位左移运算的规则*/
#include <stdio.h>
int main()
{
    int i;
    unsigned int u;
```

```
        printf("变量为有符号的整型数：\n");
        i=11<<3;
        printf("11<<3=%d\n",i);
        i=-11<<3;
        printf("-11<<3=%d\n",i);
        i=17<<15;
        printf("17<<15=%d\n",i);
        i=-17<<15;
        printf("-17<<15=%d\n",i);
        i=18<<15;
        printf("18<<15=%d\n",i);
        i=-18<<15;
        printf("-18<<15=%d\n",i);
        printf("变量为无符号的整型数：\n");
        u=23<<3;
        printf("23<<3=%u\n",u);
        u=17<<15;
        printf("17<<15=%u\n",u);
        u=18<<15;
        printf("18<<15=%u\n",u);
        return 0;
}
```

程序运行结果：

```
变量为有符号的整型数：
11<<3=88
-11<<3=-88
17<<15=557056
-17<<15=-557056
18<<15=589824
-18<<15=-589824
变量为无符号的整型数：
23<<3=184
17<<15=557056
18<<15=589824
```

请根据程序的结果，分析二进制数的位运算规则，验证程序结果。

11.3 按位右移运算

按位右移表达式的形式为：

```
m>>n;
```

其中，m 和 n 均为整型，且 n 的值必须为正整数。

表达式 m>>n;是将 m 的二进制位全部右移 n 位，对左边空出的位，分两种情况处理。

（1）m 为正数，则 m 右移 n 位后，左边补 n 个零。

（2）n 为负数，则 m 右移 n 位后，左边补 n 个符号位。

例如，下面的语句：

```
int m=65,n=-65;
printf("m>>2=%d\n n>> 2=%d\n",m>>2, n>>2);
```

执行的结果为：

```
m>>2=16
n>>2=-17
```

在这里，m=$(65)_{10}$=$(0000000001000001)_2$。

```
m >>2= 0 0 0 0 0 0 0 0 0 0 1 0 0 0 0 ┊0 1
       └─┐                         └─┐
         →补入                        →丢弃
```

于是，m>>2=(0000000000010000)$_2$=16。

对于变量 n 而言，n=(−65)$_{10}$=(1000000001000001)$_2$。

在计算机中，−65 的补码为 1111111110111111。

(n)$_{补码}$>>2=1 1 1 1 1 1 1 1 1 1 0 1 1 1 1 1
　　　　└→补入　　　　　　　└→丢弃

因为负号仍然保留，所以，最终结果应对其再求补码，即：

n>>2=(1111111111101111)$_{补码}$
　　　=(1000000000010001)$_2$
　　　=−17

在 C 语言中，按位右移后左边补零的情况称为"逻辑右移"，左边补 1 的情况称为"算术右移"。也就是说，对于整型变量 m：若 m>0，则 m>>n 为逻辑右移；若 m<0，则 m>>n 为算术右移。

对于逻辑右移的情况，m>>n 的值相当于 m/2^n，也就是说，每右移一位，相当于原操作数除以 2。实际操作时，注意不要移出数据的有效范围，以避免数据出现恒为零值的情况。

对于算术右移的情况，m>>n 的值相当于 m/2^n+1，这时每右移一位，相当于原操作数除以 2 再加 1。实际操作时，注意移出的位数不要超出数据的有效范围，以避免数据出现恒为−1 的情况。

【例 11-3】 阅读以下程序，了解按位右移的运算规则。

```c
/*example11_3.c    了解按位右移的运算规则*/
#include <stdio.h>
int main()
{
    int i;
    unsigned int u;
    printf("有符号的整型变量: \n");
    i=11>>3;                        /*逻辑右移*/
    printf("1--(11>>3)=%d\n",i);
    i=-11>>3;                       /*算术右移*/
    printf("2--(-11>>3)=%d\n",i);
    i=65>>37;                       /*错误，奇数逻辑右移，最高位移出最低位*/
    printf("3--(65>>17)=%d --错误右移\n",i);
    i=-65>>-5;                      /*错误: 右移位数为负数*/
    printf("4--(-65>>-5)=%d--错误右移\n",i);
    i=18>>15;                       /*偶数逻辑右移，最高位移到最低位*/
    printf("5--(18>>15)=%d\n",i);
    i=-18>>15;                      /*偶数算术右移，最高位移到最低位*/
    printf("6--(-18>>15)=%d\n",i);
    printf("无符号的整型变量: \n");
    u=23>>3;
    printf("7--(23>>3)=%u\n",u);
    u=65>>15;                       /*奇数逻辑右移，最高位移到最低位*/
    printf("8--(65>>15)=%u\n",u);
    u=224>>15;                      /*偶数逻辑右移，最高位移到最低位*/
    printf("9--(224>>15)=%u\n",u);
    return 0;
}
```

程序运行结果：

```
有符号的整型变量:
1--(11>>3)=1
2--(-11>>3)=-2
3--(65>>17)=0--错误右移
4--(-65>>-5)=-2080--错误右移
5--(18>>15)=0
6--(-18>>15)=-1
```

```
无符号的整型变量:
7--(23>>3)=2
8--(65>>15)=0
9--(224>>15)=0
```

请注意：编译器并不对程序中一些错误的表达式进行检查，相反还会给出计算结果，显然这种结果是不可信的。在程序设计中尤其要避免这样的情况发生。

在上面这个程序中，还要注意逻辑右移和算术右移的区别，并注意当最高位移出最低位的情况（符号位除外）和右操作数为负数的情况。

请根据程序的结果，分析二进制数的位运算规则，验证程序结果。

11.4 按位与运算

按位与运算是对两个参与运算的数据进行"与"运算，其结果如表 11-2 所示。

表 11-2　按位与运算的结果

位 1	位 2	表达式	运算结果
1	1	1&1	1
1	0	1&0	0
0	1	0&1	0
0	0	0&0	0

例如，对于以下语句：

```
unsigned int a=73,b=21;
printf("a&b=%u\n",a&b);
```

语句执行结果为：

```
a&b=1
```

在这里，$a=(73)_{10}=(0000000001001001)_2$，$b=(21)_{10}=(0000000000010101)_2$。

```
        0000000001001001
    &   0000000000010101
   a&b= 0000000000000001  →二进制值
```

所以，a&b 的十进制值为 1。

如果将变量 b 的值取为负值，如 int a=73，b=−21，则 a&b 的结果为 73。这是因为：

```
b|原码=(-21)10=(1000000000010101)2
b|补码=1111111111101011
```

a&b 就成为：

```
        0000000001001001
    &   1111111111101011
   a&b= 0000000001001001  →二进制值
```

所以，a&b=73。

对于按位与运算，由于其结果不容易直观地判断出来，因此，在程序中常常利用按位与运算的特点，进行一些特殊的操作，如清零、屏蔽等，而不能随意地对两个变量的值进行与运算。

显然，按位与运算的特点是：与 1 按位与运算，原数不变；与零按位与运算，原数变零。根据按位与运算的特点，我们可以完成一些特殊的操作。

1. 清零

对于任何整型变量，a&0 的结果总为零。事实上，两个不为零的整数进行按位与运算，结果也有可能为零。

例如，unsigned a = 84,b=35;，则 a&b = 0。

因为 a=$(84)_{10}$=$(0000000001010100)_2$，b=$(35)_{10}$=$(0000000000100011)_2$。

2. 屏蔽

可以通过与某个特定值进行与运算，将一个 unsigned 整型数据低位字节的值取出来，用这个特定的值与 255 进行按位与运算即可。

例如，unsigned a=25914,b=255;，则 a&b=58。

因为 a=$(25914)_{10}$=01100101　00111010，b=$(255)_{10}$=0000000011111111，于是：

```
        高位字节      低位字节
                      0110010100111010
          &           0000000011111111
          a&b=0000000000111010
```

即 a&b=$(0000000000111010)_2$=$(58)_{10}$，恰好是 a 的低位字节的值。

利用按位运算的特性，可以对任何无符号整数输出其对应的二进制值。

【例 11-4】 编写程序，从键盘输入一个无符号数，输出该数的二进制值，以 "Ctrl+Z" 组合键或数字 0 作为输入的结束。

程序如下：

```c
/*example11_4.c 用按位与运算的方法输出整型数的二进制值*/
#include <stdio.h>
int main()
{
    unsigned int x,c,temp=1;
    temp=temp<<15;
    printf("请输入 1 个正整数: ");
    scanf("%u",&x);
    do
    {
        printf("%u 的二进制值为\n",x);
        for(c=1;c<=16;c++)
        {
            putchar(x&temp?'1':'0');
            x=x<<1;
        }
        printf("\n--------------------\n");
        printf("请输入 1 个正整数: ");
        scanf("%u",&x);
    }while(x);
    printf("程序结束! \n");
    return 0;
}
```

程序运行结果：

```
请输入 1 个正整数: 32↵
32 的二进制值为
0000000000100000
--------------------
请输入 1 个正整数: 164↵
164 的二进制值为
0000000010100100
--------------------
请输入 1 个正整数: 189↵
189 的二进制值为
0000000010111101
--------------------
```

```
请输入1个正整数：289↵
289 的二进制值为
0000000100100001
--------------------
请输入1个正整数：0
程序结束!
```

这个程序是通过一个屏蔽变量temp(temp=1000000000000000)将一个无符号数值x的二进制值从高位到低位依次输出。利用按位与运算 x&temp 来判断 x 的最高位是 1 还是 0，然后 x 向左移 1 位，通过 16 次循环，依次输出 x 变量的二进制值。

请读者思考该程序的算法，并分析程序中有可能出现的问题。

该程序只适用于长度为 2 个字节的整型变量，若整型变量的长度为 4 个字节，程序应怎样修改？请读者自行修改并验证。

11.5 按位或运算

按位或运算是对两个参与运算的数据进行"或"运算，其结果如表 11-3 所示。

表 11-3 按位或运算的结果

位 1	位 2	表达式	运算结果
1	1	1 | 1	1
1	0	1 | 0	1
0	1	0 | 1	1
0	0	0 | 0	0

例如，下面的语句：

```
unsigned int a=73,b=21;
printf("a|b=%u \n",a|b);
```

执行结果为：

```
a|b=93
```

在这里，a=$(73)_{10}$=$(0000000001001001)_2$，b=$(21)_{10}$=$(0000000000010101)_2$。

```
       0000000001001001
  |    0000000000010101
   a|b= 0000000001011101    →二进制值
```

所以，a|b 的十进制值为 93。

若将变量 b 取负值，如 int a=73，b=-21，则 a|b 的结果为-21，这个结果请读者参照 11.4 节按位与 a&b 中 a 和 b 的二进制值自行推导。请读者注意，千万不要认为一个正值与一个负值进行按位与运算，其结果就是这个负值，这仅仅是数值上的巧合，没有任何规律。

在按位或运算中，任何二进制位（0 或 1）与 0 相"或"时，其值保持不变，与 1 相"或"时其值为 1。根据按位或运算的特性，可以把某个数据指定的二进制位全部改成 1，例如，要将变量 a 值低字节的 8 个位值全变成 1，只需要将变量 a 与 255（0000 0000 1111 1111）进行按位或运算即可。

```
a 的值:   x x x x   x x x x   x x x x   x x x x   （x表示即可为0也可为1）
b 的值:   0 0 0 0   0 0 0 0   1 1 1 1   1 1 1 1
a|b 的值: x x x x   x x x x   1 1 1 1   1 1 1 1
```

从上面的结果可以看出，任何二进制数（0 或 1）与 0 进行"或"运算的结果将保持自身的值不变，与 1 进行"或"运算的结果将变成 1，不论它的原值是 0 还是 1。同按位与运算一样，由于按位或运算的结果不容易直观地判断出来，且容易出现不同的值按位或运算得到相同结果的情况，因此，设计程序时，往往利用按位或运算的特点来达到某种目的。

【例 11-5】编写程序，从键盘输入一个无符号的整型数 x，将 x 从低位数起的奇数位全部变成 1（如果原来该位为 1，则仍为 1 不变），偶数位保持不变。

假如有 x=00001111000111100011011100011011，则改变后 x=01011111010111110111011101011111。

分析：这个问题的关键就是要找到一个合适的过滤值 y，通过按位或运算，使 x 的奇数位变成 1，而使 x 的偶数位保持不变。根据位运算的规则，这个过滤值 y 可以取为：

```
y=01010101010101010101010101010101
```

通过位运算 x=x|y 可以求得变化后的 x 值。

程序如下：

```c
/*example11_5.c      将变量的奇数位变成 1，偶数位不变*/
#include <stdio.h>
#include <math.h>
void showbitvalue(unsigned int x);
int main()
{
      unsigned int x,y=1,i;
      printf("请输入变量 x 的值: ");
      scanf("%u",&x);
      printf("整型变量 x 的二进制值: ");
      showbitvalue(x);          /*输出 x 的二进制值*/
      for(i=0;i<32;i++)
      {
            y=y<<2;
            y++;
      }
      printf("过滤器 y 的二进制值: ");
      showbitvalue(y);          /*输出 y 的二进制值*/
      printf("执行位运算(x|y)后，x 的二进制值: ");
      x=x|y;
      showbitvalue(x);      /*输出(i|j)的二进制值*/
      printf("执行位运算(x|y)后，x 的十进制值: %u\n",x);
      return 0;
}
/* 输出无符号整型变量 x 的二进制值 */
void showbitvalue(unsigned int x)
{
      unsigned int c,temp=1;
      temp=temp<<31;
      for(c=1;c<=32;c++)
      {
            putchar(x&temp?'1':'0');
            x=x<<1;
      }
      printf("\n");
}
```

程序运行结果：

```
请输入变量 x 的值: 189
整型变量 x 的二进制值: 00000000000000000000000010111101
过滤器 y 的二进制值: 01010101010101010101010101010101
执行位运算(x|y)后，x 的二进制值: 01010101010101010101010111111101
执行位运算(x|y)后，x 的十进制值: 1431655933
```

请读者分析程序的算法，特别是过滤值 y 的生成方法，尝试使用其他算法来实现，并编写程序进行验证。

11.6 按位异或运算

按位异或运算是对两个参与运算的数据进行"异或"运算，其结果如表 11-4 所示。

表 11-4   按位异或运算的结果

位 1	位 2	表达式	运算结果
1	1	1^1	0
1	0	1^0	1
0	1	0^1	1
0	0	0^0	0

例如，下面的语句：

```
unsigned int a=73,b=21;
printf("a^b =%u \ n", a^b);
```

执行结果为：

```
a^b=92
```

在这里，a 为 $(73)_{10}=(0000000001001001)_2$，b 为 $(21)_{10}=(0000000000010101)_2$。

```
        0000000001001001
 ^      0000000000010101
a^b=0000000001011100  →二进制值
```

所以，a^b 的十进制值为 92。

若将变量 b 取负值，如 int a=73，b=-21，则 a^b 的结果为-94。这个结果可参照 11.4 节中 73 的二进制值的表示和-21 的二进制值的表示自行推导。

在按位异或的运算中，任何二进制值（0 或 1）与 0 相"异或"时，其值保持不变，与 1 相"异或"时，其值取反。根据这个特性，可以完成以下特定的任务。

（1）将变量指定位的值取反。设有 unsigned int a=841，对其低 8 位的二进制值取反，则只需将其与 255（0000000011111111）进行按位异或运算。因为 255 的二进制数为 0000000011111111。所以，只用 a^255 即可。

```
        0000001101001001       →十进制数 841
 &      0000000011111111       →十进制数 255
a&b=0000000001001001       →十进制数 73
```

（2）交换两个变量值。对于这个问题，常规的方法是使用一个临时变量，然后进行变量赋值、转换。利用按拉异或运算，可以不使用这个临时变量而将两变量的值进行交换，如要交换 a 和 b 的值，只需通过下面的语句即可。

```
a=a^b;→a 的值变成了其他的值
b=b^a;→b 的值变成了原 a 的值
a=a^b;→a 的值变成了原 b 的值
```

请读者分析上面 3 条语句所完成的交换。

【例 11-6】编写程序，将两个无符号的整数 x 和 y 从低位数开始的奇数位上的值取反，偶数位上的值保持不变，改变后再交换两变量的值。

假如有 x=0000111100011110001101110001101 1，将 x 从低位数开始的奇数位上的值取反，改变后，x=0101101001001011011000100100 1110。

分析：这个问题的关键在于要找到一个合适的过滤值 k，通过异或运算，可使 x 奇数位的值取反，而使偶数位保持不变。根据位运算的规则，这个过滤值 k 可以取为：

```
k=01010101010101010101010101010101
```

通过位运算 x=x^k 求得变化后的 x 值。

程序如下：

```c
/*example11_6.c    将两个变量值的奇数位取反后进行交换*/
#include <stdio.h>
void showbitvalue(unsigned int x);
int main()
{
    unsigned int a,b,i,k=1;
    printf("请输入 a 和 b 的值: \n");
    scanf("%u%u",&a,&b);
    printf("输入的值分别为\n");
    printf("a=%u, a 二进制值为 a=",a);
    showbitvalue(a);
    printf("b=%u, b 二进制值为 a=",b);
    showbitvalue(b);
    for(i=0;i<32;i++)
    {
        k=k<<2;
        k++;
    }
    printf("--------------------------------\n");
    printf("过滤值 k 的二进制值为 k=",k);
    showbitvalue(k);
    printf("--------------------------------\n");
    printf("用表达式(a^k)将 a 的奇数位取反: a=");
    a=a^k;
    showbitvalue(a);
    printf("--------------------------------\n");
    printf("用表达式(b^k)将 b 的奇数位取反: b=");
    b=b^k;
    showbitvalue(b);
    printf("--------------------------------\n");
    printf("奇数位取反后, a, b 的值分别为\n");
    printf("a=%u\tb=%u\n",a,b);
    /* 交换 a,b 的值 */
    a=a^b;
    b=b^a;
    a=a^b;
    printf("--------------------------------\n");
    printf("交换后, a, b 的值分别为: \n");
    printf("a=%u,二进制为 a=",a);
    showbitvalue(a);
    printf("b=%u,二进制为 b=",b);
    showbitvalue(b);
    return 0;
}
/* 输出 x 的二进制值 */
void showbitvalue(unsigned int x)
{
    unsigned int c,temp=1;
    temp=temp<<15;
    for(c=1;c<=16;c++)
    {
        putchar(x&temp?'1':'0');
        x=x<<1;
    }
    printf("\n");
}
```

程序运行结果：

```
请输入 a 和 b 的值：
87691↵
72463↵
输入的值分别为
a=87691, a 二进制值为 a=0101011010001011
b=72463, b 二进制值为 a=0001101100001111
------------------------------
过滤值 k 的二进制值为 k=0101010101010101
------------------------------
用表达式 (a^k) 将 a 的奇数位取反：a=0000001111011110
------------------------------
用表达式 (b^k) 将 b 的奇数位取反：b=0100111001011010
------------------------------
奇数位取反后，a，b 的值分别为
a=1431569374      b=1431588442
------------------------------
交换后，a，b 的值分别为
a=1431588442,二进制为 a=0100111001011010
b=1431569374,二进制为 b=0000001111011110
```

请读者分析程序的算法，并思考是否还有其他算法。注意程序中交换 a 和 b 两个变量的值所用的算法：

```
a=a^b;
b=b^a;
a=a^b;
```

修改程序，使程序具有更好的模块化功能。

11.7 复合位运算赋值运算符

与算术运算符一样，位运算符和赋值运算符一起可以组成复合位运算赋值运算符，如表 11-5 所示。

表 11-5　复合位运算赋值运算符

运算符	表达式	等价的表达式
&=	a&=b;	a=a&b;
|=	a|=b;	a=a|b;
<< =	a< <=b;	a=a<<b;
>> =	a> >=b;	a=a>>b;
^=	a^=b;	a=a^b;

在编写程序时，可以根据自己的喜好和风格，选择其中一种表达形式。

11.8 程序范例

【例 11-7】 在互联网中，计算机都是通过 IP 地址进行通信的，计算机中的每一个 IP 地址都用一个 32 位的 unsigned long 型变量保存，它分别记录了这台计算机的网络 ID 和主机 ID。请编写程序，从一个正确的 IP 地址中分离出它的网络 ID 和主机 ID。

要解决这个问题，实际上还需要用到该计算机的子网掩码，子网掩码为一个 32 位的 unsigned long 型变量，用来控制该网络段中所能容纳的主机数量。

分析：一个 32 位的 IP 地址可以分解成 4 个字节，每一个字节代表了 IP 地址的段，如

202.103.96.68 就代表了一个合法的 IP 地址。

如果用 ip 表示某计算机的 IP，用 mask 表示其子网掩码，则可以通过 ip&mask 获得该计算机的网络 ID；其主机 ID 为 ip-(ip&mask)。

用 sect1～sect4 代表 IP 地址从高到低 4 个字节的值；ip 代表计算机的 IP 地址；netmask 代表计算的子网掩码；netid 和 hostid 分别代表计算机的网络 IP 和主机 IP。

IP 地址和子网掩码的值都通过键盘输入来模拟获取，设计函数 unsigned long getIP()来获取 IP 和子网掩码的值。

程序如下：

```c
/*example11_7.c    位运算实例：模拟分离 IP 地址*/
#include <stdio.h>
unsigned long getIP();
int main()
{
    unsigned int sect1,sect2,sect3,sect4;
    unsigned long IP,netmask,netid,hostid;
    printf("请输入一个合理的 IP 地址: \n");
    IP=getIP(); /*完成模拟生成 IP 的值*/
    printf("请输入一个合理的子网掩码: \n");
    netmask=getIP();       /*完成模拟生成子网掩码变量 netmask 的值*/
    printf("--------------------------\n");
    netid=IP&netmask;          /*获取网络 ID*/
    hostid=IP-netid;           /*获取主机 ID*/
    printf("32 位 IP 的值: %lu\n",IP);
    printf("子网掩码的值: %lu\n",netmask);
    /* 分离网络 IP */
    sect1=netid>>24;
    sect2=(netid>>16)-((long)sect1<<8);
    sect3=(netid>>8)-((long)sect1<<16)-((long)sect2<<8);
    sect4=0;                        /*完成分离 IP 地址变量各 IP 段的值*/
    printf("网络 IP: %u.%u.%u.%u\n",sect1,sect2,sect3,sect4);
    printf("主机 IP: %lu\n",hostid);
    return 0;
}
unsigned long getIP()
{
    unsigned int ip;
    unsigned int sect1,sect2,sect3,sect4;
    scanf("%u.%u.%u.%u",&sect1,&sect2,&sect3,&sect4);
    ip=sect1;
    ip=ip<<8;
    ip+=sect2;
    ip=ip<<8;
    ip+=sect3;
    ip=ip<<8;
    ip+=sect4;
    return ip;
}
```

程序运行结果：

```
请输入一个合理的 IP 地址:
220.181.38.148
请输入一个合理的子网掩码:
255.255.255.0
--------------------------
32 位 IP 的值为: 3702859412
子网掩码的值为: 4294967040
网络 IP: 220.181.38.0
主机 IP: 148
```

程序中的变量 IP 和 netmask 分别代表 IP 地址变量和子网掩码变量，它们是通过对键盘输入的值进行位运算而模拟获取的，实际应用时，可采用其他方法直接获取到它们的值，然后对它们进行分离。

由于实际应用时 IP 地址的值和子网掩码的值都不是通过键盘输入的，因此，为了减少无关的程序代码，在程序中没有对其输入值的合法性进行判断，如果输入了不正确的 IP 值和不正确的子网掩码的值，程序的结果将不具有真实性。

请读者分析程序的算法，通过程序理解位运算的作用，并灵活应用到实际中。

【例 11-8】编写程序，设计函数 unsigned power2(unsigned number,unsigned pow)，通过调用函数，计算 number$\times 2^{pow}$。将计算结果返回并分别用整数形式和二进制形式输出。

分析：因为 number$\times 2^{pow}$ 相当于将 number 乘以 pow 个 2，如 5×2^3，相当于 $5\times 2\times 2\times 2$。对于无符号整型变量，左移 1 位相当于将其乘以 2，因此，计算 number$\times 2^{pow}$ 的值可采用这样的左移表达式进行运算。

```
number=number<<pow;
```

程序如下：

```
/*example11_8.c 用位运算计算指数的相乘 */
#include <stdio.h>
unsigned power2(unsigned int number,unsigned int pow);
void showbit(unsigned int bit);
int main()
{
    unsigned int number,pow,result;
    printf("请输入 number 和 pow 的值：\n");
    scanf("%u%u",&number,&pow);
    printf("number=%u,pow=%u\n",number,pow);
    printf("----------------------------------\n");
    printf("计算%u 乘以 2 的%u 次方：\n",number,pow);
    result=power2(number,pow);    /*调用函数，计算 number 乘以 2 的 pow 次方*/
    printf("计算结果为 result=%u \n",result);
    printf("二进制值为 result=");
    showbit(result);
    putchar('\n');
    return 0;
}
/* 计算 number 乘以 2 的 pow 次方 */
unsigned power2(unsigned int number,unsigned int pow)
{
    number=number<<pow;
    return number;
}
/* 输出 bit 的二进制值 */
void showbit(unsigned int bit)
{
    int i;
    unsigned mask=1<<31;
    for(i=1;i<=32;i++)
    {
        putchar((bit & mask)? '1':'0');
        bit<<=1;
        if(i%8==0)
                putchar(' ');
    }
}
```

程序运行结果：

```
请输入 number 和 pow 的值：
5↵
3↵
```

```
number=5,pow=3
-----------------------------------
计算 5 乘以 2 的 3 次方：
计算结果为 result=40
二进制值为 result=00000000 00000000 00000000 00101000
```

请读者分析程序的算法，进一步了解和掌握二进制运算的应用，分析程序中可能存在的问题。需要注意的是：如果输入了一个不正确的数，程序并没有进行检测。请修改程序，对输入的数据进行合法性检测，并思考其他计算 number×2^{pow} 的算法。

如果要求计算 number/2^{pow}，请修改程序，并验证计算结果。

11.9 本章小结

本章介绍的位运算是对数据的二进制进行操作，在实际应用时，位运算的方法常用于对文件进行信息提取、信息隐藏、加密、解密，等等。虽然计算机可以对有符号整型值进行各种运算，但对负数进行位运算的意义不大，因此，建议在程序中将要进行位运算的变量定义为 unsigned 型的整数，另外，位运算不适用浮点型的数据。同时要注意按位左移(<<)和按位右移（>>）运算时，运算符右边的操作数的值不要大于数值的有效位数，也不要是负数，以避免因运算结果的不正确而导致程序发生错误。

位运算及其使用规则并不复杂，若将它们灵活地应用，能够解决许多实际问题。有关这方面的应用，读者可以在今后的学习中进一步深入研究。

习题

一、单选题。在以下每一题的四个选项中，请选择一个正确的答案。

【题 11.1】设 int b=2;，表达式(b>>2)/(b>>1);的值是_____。
  A. 0   B. 2   C. 4   D. 8

【题 11.2】以下程序的输出结果是_____。

```
int main( )
{   char x=040;
    printf("%o\n",x<<1);
    return 0;
}
```

  A. 100   B. 80   C. 64   D. 32

【题 11.3】以下叙述不正确的是_____。
  A. 表达式 a&=b 等价于 a=a&b   B. 表达式 a|=b 等价于 a=a|b
  C. 表达式 a!=b 等价于 a=a!b   D. 表达式 a^=b 等价于 a=a^b

【题 11.4】以下程序：

```
Int main()
{    unsigned char a,b;
     a=26;
     b=~a;
     printf("%x\n",b);
     return 0;
}
```

其输出结果是_____。

      A. 1a   B. 1b   C. 229   D. e5

【题 11.5】二进制数 a 为 10011010，二进制数 b 为 01010110，将 a 和 b 做按位异或运算后，得到的结果是_____。

      A. 10110100   B. 11000110   C. 11001100   D. 00110011

【题 11.6】在位运算中，操作数每右移两位，其结果相当于_____。

      A. 操作数乘以 2   B. 操作数除以 2
      C. 操作数乘以 4   D. 操作数除以 4

【题 11.7】在 C 语言中，要求运算数必须是整型的运算符是_____。

      A. ^   B. %   C. !   D. >

【题 11.8】下列程序段：

```
int x=10;
printf("%d\n", ~x);
```

其输出结果是_____。

      A. 02   B. −20   C. −21   D. −11

【题 11.9】设有以下语句：

```
char x=3, y=6, z;
z=x^y<<2;
```

则 z 的十六进制值是_____。

      A. 14   B. 1b   C. 1c   D. 18

【题 11.10】若有以下程序段：

```
int x=1,y=2;
x^=y; y^=x; x^=y;
```

则执行以上语句后 x 和 y 的值分别是_____。

      A. x=1,y=2   B. x=2,y=2   C. x=2,y=1   D. x=1,y=1

二、判断题。判断下列各叙述的正确性，若正确，则在（　　）内标记"√"；若错误，则在（　　）内标记"×"。

【题 11.11】（　　）在 C 语言中，&运算符作为单目运算符时表示的是按位与运算。

【题 11.12】（　　）在 C 语言中，&运算符作为双目运算符时表示的是取地址运算。

【题 11.13】（　　）按位或运算，如果参与运算的对应位全为 0，则结果值为 0；否则结果值为 1。

【题 11.14】（　　）若二进制数 a 的值为 10010011，则取反运算"~a"是对 a 的最后一个二进制位取反，得到 10010010。

【题 11.15】（　　）参与运算的两个运算量，如果对应位相同，则结果值为 0，不相同时，结果值为 1，这种逻辑运算是按位异或运算。

【题 11.16】（　　）进行右移位运算时，对于有符号数，若原符号位为 0，则补 0；若原符号位为 1，则全补 1。

【题 11.17】（　　）左移运算是将一个数的各个二进制位全部向左平移若干位，左边移出的部分予以忽略，右边空出的位置补 1。

【题 11.18】（　　）|| 运算符的优先级别比 | 运算符的优先级别低。

【题 11.19】（　　）在位运算中，操作数每左移 3 位，其结果相当于操作数乘以 3。

【题 11.20】（　　）设 x 是一个 16bit 的二进制数，若要通过 x&y 使 x 低 8 位清 0，高 8 位不变，则 y 的八进制数是 177400。

三、填空题。请在以下各叙述的空白处填入合适的内容。

【题 11.21】若 x=2，y=3，则 x|y<<2 的结果是_____。

【题 11.22】若 x=2，y=3，则(x&y)<<2 的结果是_____。

【题 11.23】设有 char a,b，若要通过 a&b 运算屏蔽掉 a 中的其他位，只保留 a 中的第 4 和第 6 位（右起为第 1 位），则 b 的二进制数是_____。

【题 11.24】设有 char a,b，若要通过 a|b 运算使 a 中的第 4 位和第 6 位不变，其他位置为 1（右起为第 1 位），则 b 的二进制数是_____。

【题 11.25】测试 char 型变量 a 的第 6 位是否为 1 的表达式是_____（设最右端是第 1 位）。

【题 11.26】测试 char 型变量 a 的第 6 位是否为 0 的表达式是_____（设最右端是第 1 位）。

【题 11.27】设二进制数 x 的值是 11001101，若想通过 x&y 运算使 x 中的低 4 位不变，高 4 位清零，则 y 的二进制数是_____。

【题 11.28】设 x 是一个 16bit 的二进制数，若要通过 x|y 使 x 低 8 位置 1，高 8 位不变，则 y 的八进制数是_____。

【题 11.29】设 x=10100011，若要通过 x^y 使 x 的高 4 位取反，低 4 位不变，则 y 的二进制数是_____。

【题 11.30】执行如下语句后，变量 z 的十进制数是_____。

```
char x=8, y=6, z;
z=x>>1*2;
```

四、编程题。对以下问题编写程序并上机验证。

【题 11.31】编写函数，将一个二进制整数的奇数位翻转（0 变 1，1 变 0）。

【题 11.32】编写程序，取一个整数 *a* 从右端开始的 4～7 位。

【题 11.33】编程实现对从键盘输入的任意一个字符，输出其对应的十进制 ASCII 值。

【题 11.34】编写函数，求一个 32 位的二进制数的偶数位（从右至左取 0,2,4,…,28,30 位）的值。

【题 11.35】编写函数，实现左右循环移位，函数原型为 int shift(unsigned value, int n);，其中，value 为要循环移位的整数，*n* 为移动的位数，*n*<0 表示左移，*n*>0 表示右移。

【题 11.36】编写程序，对无符号整数 *x* 中从右至左的第 *p* 位开始的 *n* 位求反，其他位保持不变。

【题 11.37】编写程序，对从键盘随机输入的正整数进行累加，直至输入 0 时为止，输出这些正整数的个数及累加和。

【题 11.38】编写程序，完成对任一整型数据实现高、低位的交换（要求用位运算实现）。

【题 11.39】编写程序，对从键盘随机输入的偶数进行累加，直至输入-1 时为止，输出这些偶数的累加和。

C 语言的关键字

关键字指的是已被编程语言本身使用的标识符，它不能用作变量名、函数名等其他用途。在 C 语言中，由 ANSI 标准定义的关键字共 32 个，如表 A-1 所示。

表 A-1　C 语言的关键字

序号	关键字	用途	序号	关键字	用途
1	int	定义变量类型	17	if	分支结构
2	float	定义变量类型	18	else	分支结构
3	double	定义变量类型	19	switch	分支结构
4	char	定义变量类型	20	case	分支结构
5	short	定义变量类型	21	default	分支结构
6	long	定义变量类型	22	break	分支结构、循环结构
7	signed	定义变量类型	23	for	循环结构
8	unsigned	定义变量类型	24	do	循环结构
9	const	定义常量	25	while	循环结构
10	struct	自定义结构类型	26	continue	循环结构
11	enum	自定义结构类型	27	goto	无条件转移
12	union	自定义结构类型	28	static	存储类型
13	typedef	自定义结构类型	29	register	存储类型
14	sizeof	计算变量占用的空间	30	extern	存储类型
15	return	返回	31	auto	存储类型
16	volatile	其说明的变量有可能被修改	32	void	空类型

不同的编译器有一些不同的关键字。Turbo C 2.0 扩展的关键字共 11 个，如表 A-2 所示。

表 A-2　Turbo C 2.0 扩展的关键字

asm	_cs	_ds	_es	_ss	cdecl
far	near	huge	interrupt	pascal	

有兴趣的读者可以自己了解这些扩展的关键字的用途。

ASCII 字符表

ASCII（American Standard Code for Information Interchange，美国标准信息交换码）是计算机中用得最广泛的字符集及其编码，由美国国家标准局（ANSI）设计。ASCII 由 7 位二进制数进行编码，可表示 128 个字符。在计算机的存储单元中，一个 ASCII 实际占用 1 个字节（8 位），因此，标准 ASCII 的最高位为 0。

标准 ASCII 与二进制和十进制值的对应关系如表 B-1 和表 B-2 所示。

表 B-1　ASCII 对应的二进制的值

低四位二进制	高四位二进制							
	0000	0001	0010	0011	0100	0101	0110	0111
0000	NUL	DEL	SP	0	@	P	`	p
0001	SOH	DC1	!	1	A	Q	a	q
0010	STX	DC2	"	2	B	R	b	r
0011	ETX	DC3	#	3	C	S	c	s
0100	EOT	DC4	$	4	D	T	d	t
0101	ENQ	NAK	%	5	E	U	e	u
0110	ACK	SYN	&	6	F	V	f	v
0111	BEL	ETB	'	7	G	W	g	w
1000	BS	CAN	(	8	H	X	h	x
1001	HT	EM	)	9	I	Y	i	y
1010	LF	SUB	*	:	J	Z	j	z
1011	VT	ESC	+	;	K	[	k	{
1100	FF	FS	,	<	L	\	l	|
1101	CR	GS	−	=	M	]	m	}
1110	SO	RS	.	>	N	^	n	~
1111	SI	US	/	?	O	_	o	DEL

从表 B-1 可以看出，字符 A 的十六进制为 41，其二进制值为 01000001，其余依此类推。

十进制值	ASCII值	十进制值	ASCII值	十进制值	ASCII值	十进制值	ASCII值	十进制值	ASCII值	十进制值	ASCII值	十进制值	ASCII值	十进制值	ASCII值
0	NUL	16	DEL	32	SP	48	0	64	@	80	P	96	`	112	p
1	SOH	17	DC1	33	!	49	1	65	A	81	Q	97	a	113	q
2	STX	18	DC2	34	"	50	2	66	B	82	R	98	b	114	r
3	ETX	19	DC3	35	#	51	3	67	C	83	S	99	c	115	s
4	EOT	20	DC4	36	$	52	4	68	D	84	T	100	d	116	t
5	ENQ	21	NAK	37	%	53	5	69	E	85	U	101	e	117	u
6	ACK	22	SYN	38	&	54	6	70	F	86	V	102	f	118	v
7	BEL	23	ETB	39	'	55	7	71	G	87	W	103	g	119	w
8	BS	24	CAN	40	(	56	8	72	H	88	X	104	h	120	x
9	HT	25	EM	41	)	57	9	73	I	89	Y	105	i	121	y
10	LF	26	SUB	42	*	58	:	74	J	90	Z	106	j	122	z
11	VT	27	ESC	43	+	59	;	75	K	91	[	107	k	123	{
12	FF	28	FS	44	,	60	<	76	L	92	\	108	l	124	|
13	CR	29	GS	45	−	61	=	77	M	93	]	109	m	125	}
14	SO	30	RS	46	.	62	>	78	N	94	^	110	n	126	~
15	SI	31	US	47	/	63	?	79	O	95	−	111	o	127	DEL

从表 B-2 可以看出，字符 A 的十进制为 65，其余依此类推。

ASCII 表中的特殊字符说明如下。

（1）第 0 号～第 32 号及第 127 号（共 34 个）为不可见的控制字符，主要用于通信等方面。其中有 7 个已用作 C 语言的转义字符。控制字符的作用如表 B-3 所示。

表 B-3　控制字符的作用

顺序号	二进制值	十六进制值	十进制值	ASCII 字符	作用	C 语言的转义字符
0	00000000	0	0	NUL	空	
1	00000001	1	1	SOH	标题开始	
2	00000010	2	2	STX	正文开始	
3	00000011	3	3	ETX	正文结束	
4	00000100	4	4	EOT	传输结束	
5	00000101	5	5	ENQ	询问字符	
6	00000110	6	6	ACK	确认	
7	00000111	7	7	BEL	报警	\a
8	00001000	8	8	BS	退一格	\b
9	00001001	9	9	HT	横向列表	\t
10	00001010	A	10	LF	换行	\n
11	00001011	B	11	VT	垂直制表	\v
12	00001100	C	12	FF	走纸控制（换页）	\f
13	00001101	D	13	CR	回车	\r
14	00001110	E	14	SO	移位输出	
15	00001111	F	15	SI	移位输入	
16	00010000	10	16	DEL	数据链换码	
17	00010001	11	17	DC1	设备控制 1	
18	00010010	12	18	DC2	设备控制 2	
19	00010011	13	19	DC3	设备控制 3	

顺序号	二进制值	十六进制值	十进制值	ASCII 字符	作用	C 语言的转义字符
20	00010100	14	20	DC4	设备控制 4	
21	00010101	15	21	NAK	否定	
22	00010110	16	22	SYN	空转同步	
23	00010111	17	23	ETB	信息组传送结束	
24	00011000	18	24	CAN	作废	
25	00011001	19	25	EM	纸尽	
26	00011010	1A	26	SUB	换置	
27	00011011	1B	27	ESC	换码	
28	00011100	1C	28	FS	文字分隔符	
29	00011101	1D	29	GS	组分隔符	
30	00011110	1E	30	RS	记录分隔符	
31	00011111	1F	31	US	单元分隔符	
32	00100000	20	32	SP	空格	
127	01111111	7F	127	DEL	删除	

（2）第 33 号～第 126 号为可见字符，包括大、小写英文字母，0～9 阿拉伯数字，标点符号和运算符。

（3）若最高位为 1，则可表示另外 128 个扩展 ASCII，其字符为制表符等其他字符，其中每两个扩展 ASCII 可用来表示一个汉字的机内码。

C　预备知识

C.1　定点数和浮点数的概念

在数学上，实数与数轴上的点一一对应，由于计算机只能存储有限的小数位数，因此，在计算机中常用浮点数来表示实数。

浮点型数是程序语言用来表示浮点数的一种数据类型。

在 C 语言程序中，各种类型的变量大多是以十进制的形式来描述的，但实际上这些变量在计算机中是以二进制的形式存储的，C 语言允许对二进制数直接进行位操作来完成特殊的要求。因此，我们在学习 C 语言程序设计之前，有必要了解变量的十进制数和二进制数的关系，以及它们之间的转换规则。

计算机中的数，通常用定点数或浮点数表示。

定点数是小数点位置固定的数，整型数和纯小数通常是用定点数来表示的，分别称为定点整数和定点纯小数。

浮点数的小数点位置是不固定的，可以浮动。不论是定点数还是浮点数，小数点都不单独占 1 个二进制位。对于既有整数部分又有小数部分的数，一般用浮点数表示。

例如，234、6278、0.1942、0.0056 等是定点数；而 629.314、38.96、2836.635 等是浮点数。

对于定点整型数，小数点的位置默认在数值位最低位的右边。计算机能表示的定点整型数的大小范围并不是任意的，它与计算机本身的字长有关，还与程序语言的实现环境有关。

例如，24、678、9325 等均为定点整型数。

对于定点纯小数，小数点的位置固定在符号位与最高数值位之间，显然，定点纯小数所能表示数的范围较小，并不能满足实际问题的需要。定点纯小数的精度不仅与计算机本身的字长有关，还与程序语言的实现环境有关。

例如，0.4237、–0.61983、0.052 等均为定点纯小数。

对于浮点数，因为其既有整数部分又有小数部分，所以能表示的数值范围更大。在浮点数表示法中，小数点的位置是可以浮动的。

例如，61.329 就是一个浮点数，它还可以表示成如下几种形式：

61329×10^{-3}，6132.9×10^{-2}，613.29×10^{-1}，6.1329×10，0.61329×10^{2}。

在大多数计算机中，存储浮点数的时候，都会把浮点数转化成两个部分——整数部分和纯小数部分。因此，计算机存储浮点数 61.329 时，最终要将其转化成用二进制数来表示。

一般而言，计算机的存储数据是以 8 个位（bit）为一个单位的，每 8 个位构成一个字节。

C.2 整型数的二进制表示

整型数又分为有符号的和无符号的两种，有符号的整型数既可以是正数，也可以是负数，正负号由字节的最高位来表示，0 表示正数，1 表示负数。

1．有符号的二进制整型数

（1）1 个字节表示的数。

例如，10110100，其最高位的 1 为符号位，因此，$(10110100)_2$ 的十进制数为 $-(2^5+2^4+2^2)=-52$。

而 $(00110100)_2$ 的十进制数为 $2^5+2^4+2^2=52$。

必须提醒的是，为了不浪费计算机的存储空间，对于"正零"和"负零"有不同的处理，对于"正零"（00000000），代表数字 0；而"负零"（10000000），代表-128。

（2）2 个字节表示的数。

例如，1011010010101101，其最高位的 1 为符号位，因此，$(1011010010101101)_2$ 的十进制数为$-（2^{13}+2^{12}+2^{10}+2^7+2^5+2^3+2^2+2^0）=-13485$。

而 $(0011010010101101)_2$ 的十进制数为 $2^{13}+2^{12}+2^{10}+2^7+2^5+2^3+2^2+2^0=13485$。

对于"正零"（0000000000000000），代表数字 0；而"负零"（1000000000000000），代表-32768。

（3）4 个字节表示的数。

例如，10000000000000010000000010100000001，其最高位的 1 为符号位，因此，$(10000000000000010000000010100000001)_2$ 的十进制数为$-(2^{18}+2^8+2^7+2^0)=-262529$。

而 $(00000000000000010000000010100000001)_2$ 的十进制数为$(2^{18}+2^8+2^7+2^0)=262529$。

对于"正零"（00000000000000000000000000000000），代表数字 0；而"负零"（10000000000000000000000000000000），代表-2147483648。

2．无符号的二进制整型数

其最高位的 0 或 1 不再代表符号位，而代表具体的数值。

（1）1 个字节表示的数。

例如，10110100，它的十进制数为 $(2^7+2^5+2^4+2^2)=180$。

（2）2 个字节表示的数。

例如，1011010010101101，它的十进制数为 $(2^{15}+2^{13}+2^{12}+2^{10}+2^7+2^5+2^3+2^2+2^0)=46253$。

（3）4 个字节表示的数。

例如，10000000000000010000000010100000001，它的十进制数为 $(2^{31}+2^{18}+2^8+2^7+2^0)=2147746177$。

有符号的整型数和无符号的整型数的取值范围如表 C-1 所示。

表 C-1 　整型数据的取值范围

内存空间/字节	有符号的		无符号的	
	最小值	最大值	最小值	最大值
1	−128	+127	0	255
2	−32768	+32767	0	65535
4	−2147483648	+2147483647	0	4294967295

> 🔍 **提示**：整数的负数在计算机中是以其补码的形式存放并参与运算的。关于负数的补码表示及其运算，可参见本书第 11 章的内容或其他相关资料。在程序设计中，数据交换大多都是以十进制数来进行的，不需要考虑数据在计算机中的运算方式，除非要对数据的"位"进行操作，因此，了解一些数据在计算机中存储的基本方式就足够了。

C.3 　浮点型数的二进制表示

浮点数在计算机中的表示可根据系统分配的内存空间的不同而分成单精度浮点数和双精度浮点数，通常计算机会分配 4 个字节给单精度浮点数，分配 8 个字节给双精度浮点数。

计算机在存储浮点数的时候，要将十进制浮点数转化成二进制来表示。转化的方法是先将浮点数转化成整数部分和纯小数部分，再将整数部分和纯小数部分分别转化成二进制。

整数部分采用除 2 取余，直到商为 0 为止，最先得到的余数为最低位，最后得到的余数为最高位。

例如，十进制数 58，采用除 2 取余的方法可得到其二进制的表示为：
$(58)_{10}=(111010)_2$。

小数部分采用乘 2 取整，直到余下的小数为 0 或者满足精度要求为止，最先得到的整数为最高位，最后得到的整数位为最低位。

例如，十进制数 0.625，采用乘 2 取整的方法可得到其二进制的表示为：
$(0.625)_{10}=(0.101)_2$。

于是，$(58.625)_{10}=(111010.101)_2$。

计算机存储二进制表示的浮点数时，先要将其进行归一化，也就是要将其表示成整型数和纯小数的乘积形式。对于上面这个数，归一化后的二进制为：

$$(58.625)_{10}=(111010.101)_2=(10101)_2\times(1.11010101)_2$$

或

$$(58.625)_{10}=(111010.101)_2=2^5\times(1.11010101)_2$$

因为 $(10101)_2=2^5=(100000)_2$。

目前 C/C++语言都采用 IEEE-754 标准来表示浮点数的存储格式，在 IEEE-754 规定中，单精度浮点数用 4 字节（32 位）存储，双精度浮点数用 8 字节（64 位）存储，分为 3 个部分——符号位、指数位和尾数。符号位表示数值的正负；指数位用于计算阶码，代表 2 的幂次；尾数为有效小数位数。

1．单精度浮点数

单精度浮点数占用 4 个字节（32 位），其中，符号位占 1 位，指数位占 8 位，尾数占

23 位，在计算机中的存储方式如图 C-1 所示。

浮点数的一般表达形式为：

$$(-1)^S \times 2^e \times m \qquad (1)$$

表达式（1）中，e 是实际的阶码值，代表浮点数的取值范围；m 是尾数，代表浮点数的精度。

实际上，表达式（1）中的阶码 e 和尾数 m 与图 C-1 所示的 E 和 M 之间还存在一个转换关系。在图 1 所示的存储分配中：

图 C-1　单精度浮点数的按位存储方式

➢ S 代表符号位，占 1 位（0 代表正，1 代表负）；

➢ E 称为"移码"，代表指数位，占 8 位，E 的取值范围为 0～255，实际取值为 $E=127+e$（$e=E-127$，因此，e 的取值范围为−127～+128）；

➢ M 称为"小数"，代表有效位数，它取自尾数 m 的小数点后面的数，即 $m_2=(1.M)_2$（显然，将浮点数归一化后，小数点前面的 1 是不需要存储的，因为，对于所有的尾数 m，都有 $1 \leqslant m < 2$）。

下面列举几组浮点数的表达形式和其在计算机中的存储方式，要求精确到二进制小数点后面的 12 位。

（1）十进制数 58.625

$$(58.625)_{10}=(111010.101)_2=2^5 \times (1.110101010000)_2=(-1)^0 \times 2^5 \times (1.110101010000)_2$$

在此，符号位 $S=0$；阶码 $e=5$；尾数 $m=(1.110101010000)_2$。

因此，$E=127+e=132=(10000100)_2$；$M=(110101010000)_2$。

十进制数 58.625 在计算机中的存储方式如图 C-2 所示。

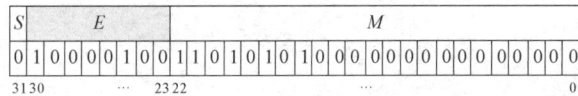

图 C-2　十进制数 58.625 的存储方式

（2）十进制数−58.625

−58.625 在计算机中的存储方式与图 C-2 所不同的只有符号位，即 $S=1$，其余的整数位和小数位都是相同的。

$$(-58.625)_{10}=(-111010.101)_2=-2^5 \times (1.110101010000)_2=(-1)^1 \times 2^5 \times (1.110101010000)_2$$

因此，十进制数−58.625 在计算机中的存储方式如图 C-3 所示。

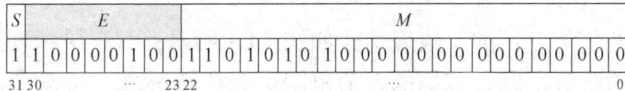

图 C-3　十进制数−58.625 的存储方式

（3）十进制数 0.29375

$$(0.29375)_{10}=(0.010010110011)_2=(-1)^0 \times 2^{-2} \times (1.0010110011)_2$$

在此，符号位 $S=0$；阶码 $e=-2$；尾数 $m=(1.0010110011)_2$。

因此，$E=127+e=125=(1111101)_2$；$M=(0010110011)_2$。

十进制数 0.29375 在计算机中的存储方式如图 C-4 所示。

（4）十进制数-0.29375

-0.29375 在计算机中的存储方式与图 C-4 所不同的只有符号位，即 $S=1$，其余的整数位和小数位都是相同的。

$$(-0.29375)_{10}=(-0.010010110011)_2=(-1)^1\times2^{-2}\times(1.0010110011)_2$$

因此，十进制-0.29375 在计算机中的存储方式如图 C-5 所示。

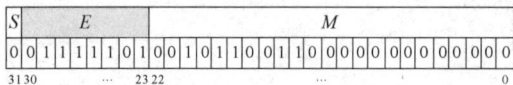

S	E	M
0	0111110	100010110011000000000000

3130 … 2322 … 0

S	E	M
1	0111110	100010110011000000000000

3130 … 2322 … 0

图 C-4　十进制数 0.29375 的存储方式　　　　图 C-5　十进制数-0.29375 的存储方式

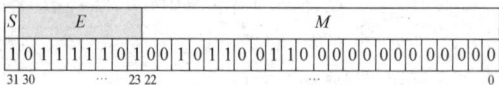

> **注意**：由式（1），根据 e 的取值范围，可以计算出单精度浮点数的大致取值范围为 $\pm(2^{-127}\sim2^{128})$，约为 $\pm(0\sim3.402824\times10^{38})$。

2．双精度浮点数

双精度浮点数占用 8 个字节（64 位），其中，符号位占 1 位，指数位占 11 位，尾数占 52 位，一共 64 位，在计算机中的存储方式如图 C-6 所示。

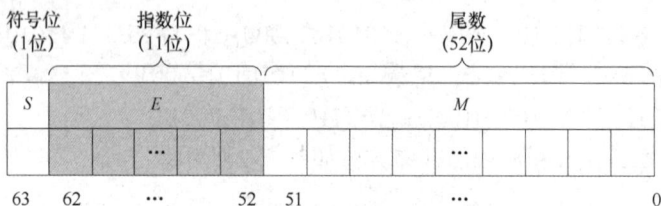

图 C-6　64 位浮点数的字节分配空间

同单精度浮点数的表示一样：

➢ S 代表符号位，占 1 位（0 代表正，1 代表负）；

➢ E 称为"移码"，代表指数位，占 11 位，E 的取值范围为 $0\sim2047$，实际取值为 $E=1023+e$（$e=E-1023$，因此，e 的取值范围为 $-1023\sim+1024$）；

➢ M 称为"小数"，代表有效位数，它的取值与单精度浮点数相同。

> **注意**：根据 e 的取值范围，可以计算出双精度浮点数的大致取值范围为 $\pm(2^{-1023}\sim2^{1024})$，即 $\pm(0\sim1.797693)\times10^{308}$。

综上所述，二进制浮点数的一般表达式如式（1）所示，对于单精度浮点数和双精度浮点数，由于阶码 e 的取值不同，它们的取值范围也会有所不同，如表 C-2 所示。

表 C-2　浮点型数据的取值范围

数据类型	内存空间	阶码（e）取值范围	最接近 0 的值	最大/最小值
单精度浮点数	4 字节（32 位）	$-127\sim128$	$\pm1.18\times10^{-39}$	$\pm3.402824\times10^{38}$
双精度浮点数	8 字节（64 位）	$-1023\sim1024$	$\pm2.23\times10^{-308}$	$\pm1.797693\times10^{308}$

有些编译器采用 80 位或者 128 位来支持更高精度的浮点数，在此不一一赘述。